大前端入门指南

任玉刚 曹建波 张玺 李晓萌 吴超 王浩 周及时 史少琰 李京雅◎著

電子工業出版社
Publishing House of Electronics Industry
北京•BEIJING

内 容 简 介

本书是一本大前端入门书籍，对大前端技术栈进行了全面的讲解，内容涉及 HTML/CSS、JavaScript、React Native、Flutter 和微信小程序等。在内容组织上，采用理论和项目实战相结合的方式，来帮助读者更好地入门大前端。

本书讲解了大前端方向中多个主流的技术栈，针对每个技术栈，本书选取入门必需的内容进行详细讲解。同时，书中还提供了三个难度适中的实战项目，非常适合开发者学习和入门。

图书在版编目（CIP）数据

大前端入门指南 / 任玉刚等著. 一北京：电子工业出版社，2019.6
ISBN 978-7-121-36627-7

Ⅰ. ①大… Ⅱ. ①任… Ⅲ. ①程序设计－指南 Ⅳ. ①TP311.1-62

中国版本图书馆 CIP 数据核字（2019）第 100410 号

责任编辑：陈晓猛
印　　刷：三河市华成印务有限公司
装　　订：三河市华成印务有限公司
出版发行：电子工业出版社
　　　　　北京市海淀区万寿路 173 信箱　　　　邮编：100036
开　　本：787×980　1/16　　印张：26.25　　字数：500 千字
版　　次：2019 年 6 月第 1 版
印　　次：2019 年 6 月第 1 次印刷
定　　价：89.00 元

凡所购买电子工业出版社图书有缺损问题，请向购买书店调换。若书店售缺，请与本社发行部联系，联系及邮购电话：（010）88254888，88258888。

质量投诉请发邮件至 zlts@phei.com.cn，盗版侵权举报请发邮件至 dbqq@phei.com.cn。

本书咨询联系方式：010-51260888-819，faq@phei.com.cn。

前言

从目前的形势来看，大前端的概念越来越火热了，但什么是大前端，如何学习大前端，很多人都不甚了解。

大前端到底是什么呢？直接来说，大前端就是所有前端的统称。在后端眼里，最接近用户的那一层都叫前端，比如 Android、iOS、Web、Watch 等。站在后端的角度，其实并不需要对各个前端都有明确的感知，最好它们能统一起来，这一切就是大前端，除了这些平台，所衍生的跨平台方案及周围生态也是大前端的一部分。

大前端领域有很多技术方案，包括 React Native、Flutter、小程序、PWA，到底谁才是未来胜出的那一个？谁知道呢！

其实事情并没有那么复杂，形势难以捉摸，与其猜测哪个方案会胜出，不如潜下心来，将各个技术方案都学习一下，以不变应万变。互联网上不缺学习资料，但是这些资料往往对初学者不友好，而本书刚好就解决了这个问题，相信读者能从书中收获良多。

本书适合移动开发者和 Web 前端开发者，以及其他对大前端技术感兴趣的读者阅读。

本书内容

本书共 10 章，每章的具体内容如下所述。

第 1 章讲述什么是大前端，并对主流跨平台方案进行简单的介绍。

第 2 章讲述 HTML 和 CSS 的入门知识，详细介绍相关语法及组件用法。

第 3 章讲述 JavaScript 的入门知识，详细介绍了 JavaScript 的语法及应用场景，丰富的小例子更加容易理解和学习。

第 4 章讲述 React Native 的入门知识，详细介绍 React Native 语法和环境搭建，介绍常用组件的用法及用例。

第 5 章针对 React Native 进行项目实战，理论结合实际项目，更快速地学习和理解 React Native。

第 6 章讲述微信小程序的入门知识，详细介绍小程序的环境搭建、架构、组件及常用 API。

第 7 章针对微信小程序进行项目实战，理论结合实际项目，更快速地学习和理解微信小程序。

第 8 章讲述 Flutter 的入门知识，详细介绍 Flutter 的环境搭建、Dart 语法、常用组件，以及如何构建 Flutter 插件。

第 9 章针对 Flutter 进行项目实战，理论结合实际项目，更快速地学习和理解 Flutter。

第 10 章简单地介绍 Weex、PWA 和快应用，帮助读者快速地了解它们。

通过这 10 章的学习，让读者对大前端有一个全面的理解，更快速地入门大前端，少走一些弯路。

致谢

感谢本书的策划编辑陈晓猛，他的高效是本书得以及时出版的一个重要原因。感谢我的公众号读者，他们为本书提了许多宝贵的建议。

由于技术水平有限，书中难免有疏漏，欢迎读者向我反馈：singwhatiwanna@gmail.com。读者也可以关注我的微信公众号，我会定期在上面发布勘误信息。

本书互动地址

微信公众号：玉刚说

QQ 交流群：1026603392

书中源码下载地址：

https://github.com/android-exchange/cross-platform-guide

任玉刚　2019 年 5 月于北京

读者服务

轻松注册成为博文视点社区用户（www.broadview.com.cn），扫码直达本书页面。

- **下载资源**：本书如提供示例代码及资源文件，均可在 下载资源 处下载。
- **提交勘误**：您对书中内容的修改意见可在 提交勘误 处提交，若被采纳，将获赠博文视点社区积分（在您购买电子书时，积分可用来抵扣相应金额）。
- **交流互动**：在页面下方 读者评论 处留下您的疑问或观点，与我们和其他读者一同学习交流。

页面入口：http://www.broadview.com.cn/36627

目录

第 1 章　大前端概述......1

1.1　什么是大前端......1

1.2　主流跨平台方案简介......2

第 2 章　HTML 和 CSS 入门......6

2.1　HTML 基础......6

2.1.1　HTML 简介......6

2.1.2　基本结构......6

2.1.3　常用标签......8

2.1.4　图片......12

2.1.5　列表......14

2.1.6　超链接......18

2.1.7　表格......23

2.1.8　表单......25

2.2　CSS 基础......31

2.2.1　选择器......31

2.2.2　常用属性......40

2.2.3　盒模型......50

2.2.4　定位......59

2.2.5　浮动......69

2.2.6　FlexBox 布局......77

第 3 章 JavaScript 入门 84

3.1 JavaScript 初探 84

3.1.1 搭建开发环境 84

3.1.2 第一个程序 85

3.2 数据类型 87

3.2.1 变量、常量和字面量 87

3.2.2 基本类型和对象类型 88

3.2.3 内置类型 89

3.2.4 类型转换 90

3.2.5 标识符命名 91

3.3 运算符和表达式 92

3.3.1 运算符 92

3.3.2 运算符优先级 98

3.4 控制流 98

3.4.1 逻辑判断 99

3.4.2 循环控制流 100

3.5 函数和闭包 104

3.5.1 函数 105

3.5.2 闭包 106

3.6 程序异常 108

3.6.1 常见异常 108

3.6.2 异常捕获 108

3.6.3 异常抛出 109

3.7 ES6 110

3.8 Node.js 110

3.8.1 安装 Node.js 110

3.8.2 NPM 的使用 111

第 4 章 React Native 入门 115

4.1 React 语法基础 115

4.1.1 React 简介 115

4.1.2 搭建 React 开发环境 116

4.1.3 JSX 语法 117
4.1.4 组件 118
4.1.5 组件的生命周期 122
4.2 环境搭建 124
4.2.1 React Native 开发环境搭建 124
4.2.2 WebStorm 代码编辑器环境搭建 127
4.2.3 Visual Studio Code 代码编辑器环境搭建 127
4.2.4 运行 React Native 项目 128
4.3 常用 UI 组件 128
4.3.1 View 组件 128
4.3.2 Image 组件 130
4.3.3 Text 组件 135
4.3.4 TextInput 组件 140
4.3.5 ScrollView 组件 144
4.3.6 ListView 组件 147
4.3.7 FlatList 组件 151
4.3.8 SwipeableFlatList 组件 155
4.3.9 SectionList 组件 158
4.4 网络 161
4.5 导航器 React Navigation 168
4.6 数据存储 183
4.7 原生模块开发 187
4.7.1 Android 原生模块的封装 187
4.7.2 iOS 原生模块的封装 191

第 5 章 React Native 实战 196
5.1 项目创建 196
5.1.1 创建 React Native 项目 196
5.1.2 项目结构介绍 197
5.2 完善功能页面 199
5.2.1 登录注册 199
5.2.2 首页 210

5.2.3 个人中心页面 215
5.2.4 书单详情 218
5.2.5 侧滑页面 222
5.3 打包 225
5.3.1 Android 打包 225
5.3.2 iOS 打包 227

第 6 章 微信小程序入门 229

6.1 认识小程序 229
6.1.1 小程序简介 229
6.1.2 开发前的准备 230
6.1.3 创建小程序 232
6.1.4 代码构成 233
6.1.5 小程序的能力 234
6.2 小程序框架 235
6.2.1 小程序配置 235
6.2.2 小程序的生命周期 236
6.2.3 路由 238
6.2.4 视图层 239
6.2.5 动画 243
6.3 常用组件 243
6.3.1 视图容器 243
6.3.2 基础内容 246
6.3.3 表单组件 247
6.3.4 媒体组件 251
6.3.5 地图 254
6.3.6 web-view 255
6.4 常用 API 255
6.4.1 网络 255
6.4.2 数据缓存 257
6.4.3 位置 257
6.4.4 设备 258

6.4.5 开放接口 259
6.4.6 更新 261

第 7 章 微信小程序实战 262
7.1 项目结构 262
7.2 项目实战 263
7.2.1 数据请求 264
7.2.2 登录与注册页面 265
7.2.3 首页 269
7.2.4 个人中心页面 276
7.2.5 图书详情页面 281
7.2.6 收藏页面 292
7.3 打包上线 295
7.3.1 上传代码 295
7.3.2 提交审核 296

第 8 章 Flutter 入门 299
8.1 前期准备 299
8.1.1 Flutter 简介 300
8.1.2 安装和配置编辑器 300
8.1.3 体验 Flutter 304
8.1.4 Dart 语法 306
8.2 构建用户界面 312
8.2.1 如何布局？布局文件跑哪去了 312
8.2.2 Widget 组件介绍 313
8.2.3 添加交互 316
8.2.4 手势监测和事件处理 318
8.2.5 在 Flutter 中添加资源和图片 320
8.3 使用设备和 SDK API 相关 321
8.3.1 异步 UI 321
8.3.2 页面跳转和生命周期事件 323
8.3.3 文件读写 324

8.3.4 网络和 HTTP 325
8.3.5 JSON 和序列化 327
8.3.6 数据库和本地存储 327
8.3.7 Flutter 插件 330
8.3.8 封装新 API 331
8.3.9 更多资料 336

第 9 章 Flutter 实战 337

9.1 项目结构 337
9.1.1 结构目录 337
9.1.2 项目概述 338
9.2 项目代码 339
9.2.1 登录、注册页面 339
9.2.2 首页 350
9.2.3 个人中心页面 365
9.2.4 图书详情页面 372
9.2.5 侧滑页面 377
9.3 多平台打包 381
9.3.1 Android 打包 381
9.3.2 iOS 打包 386

第 10 章 Weex、PWA 和快应用 390

10.1 Weex 390
10.1.1 Weex 简介 390
10.1.2 Weex 基础知识 391
10.1.3 Weex 项目之 Hello World 392
10.2 PWA 395
10.2.1 PWA 简介 395
10.2.2 PWA 基础知识 395
10.2.3 PWA 项目之 Hello World 398
10.3 快应用 402
10.3.1 快应用简介 402

10.3.2 快应用基础知识 402
10.3.3 快应用项目之 Hello World........ 406
10.4 小结 408

1 chapter

第1章 大前端概述

本章主要介绍大前端的基本概念及主流的几款跨平台方案。

1.1 什么是大前端

大前端技术的发展已经有一段时间了，但这个概念正式映入大家的眼帘是在2017年，当时以饿了么为代表的一些企业开始提出大前端的概念。在2018年年中，InfoQ举办了首届全球大前端技术大会（GMTC），在大会中为前后端分离、跨平台和PWA等技术设立了专场，这次大会具有重要的意义，它预示了大前端时代的正式到来。

大前端到底是什么呢？直接来说，大前端就是所有前端的统称。在后端眼里，最接近用户的那一层都叫前端，比如Android、iOS、Web、Watch等。站在后端的角度，其实并不需要对各个前端都有明确的感知，最好它们能统一起来，这一切就是大前端。除了这些平台，所衍生的跨平台方案及周围生态也是大前端的一部分。

最早期，在Web开发过程中，前后端是统一的。后端团队不但要处理业务逻辑，还需要考虑UI和特效。在这种情况下，后端工程师和Web工程师的协作就变得很重要，协作的好坏直接影响了开发进度和质量。为了解决这一问题，业界出现了前后端分离的概念，分离后，前后端的职责更加明确：前端只负责UI展示和特效，而后端则处理业务逻辑并对外提供JSON格式的Model，如图1-1所示。

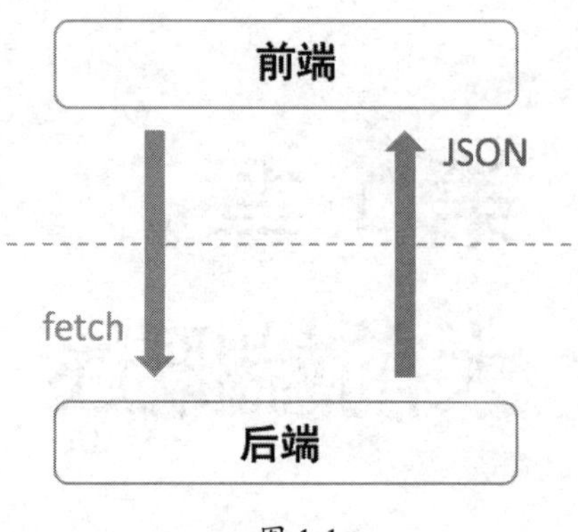

图 1-1

除了前后端分离，在企业开发中还会遇到这样一个头疼的问题。当企业需要上线一个新产品时，服务端只需要开发一次，但是面向用户的客户端却需要开发许多个版本，比如 Android 版、iOS 版、H5 版，甚至还需要开发微信小程序版。每一个版本的开发工作量都是无法复用的，这意味着企业需要付出更多冗余的人力成本。这个时候问题就来了：有没有一种技术可以同时适用于多个平台呢？这种技术就是跨平台技术。有了跨平台技术，各个平台的差异性就被“抹平”了，开发者只需要一套技术栈就可以开发出适用于多个平台的客户端，这就是大前端生态中最重要的一环。

可以看到，大前端的核心概念就是跨平台。虽然大前端的概念已经“炒”了好几年，但相关技术的发展却磕磕绊绊，好在后面 JavaScript 大有“一统江湖”的趋势，目前来看 JavaScript 和 Dart 在跨平台中是首选的语言。JavaScript 是 React Native、Weex、PWA 的语言，而 Dart 则是 Flutter 的语言，下面将对这些技术方案做初步的介绍，更详细的介绍请阅读后续内容。

1.2 主流跨平台方案简介

目前主流的跨平台方案有 React Native、Weex、微信小程序、PWA 和 Flutter，下面一一介绍。

React Native

React Native 是 Facebook 推出的跨平台方案，它使用 JavaScript 作为开发语言。使用 React Native 编写的 App 可以同时运行在 Android 和 iOS 上，极大地节约了开发成本。它在设计原理上和 React 一致，通过声明式的组件机制来搭建丰富多彩的用户界面。令人惊喜的是，React Native 产出的并不是“网页应用”或“HTML5 应用”，也不是“混合应用”，它最终产出的是一个真正的 App，从使用体验上来说，它和原生应用几乎是没有差异的。

React Native 所使用的基础 UI 组件和原生应用完全一致，开发人员要做的就是把这些基础组件使用 JavaScript 和 React 的方式组合起来。React Native 可以快速迭代，比起原生应用漫长的编译过程，开发人员可以在瞬间刷新应用。在开启 Hot Reloading 的情况下，React Native 能在保持应用运行状态的情况下实现代码的热更新。目前 Facebook、Instagram、Uber 等 App 都使用了 React Native。

Weex

Weex 是阿里巴巴推出的解决方案，在各方面都和 React Native 很类似。不同的是 React Native 使用 react.js 作为开发框架，而 Weex 使用 vue.js 作为开发框架。其实，react.js 和 vue.js 堪称目前前端领域最火的两款 JavaScript 框架，它们在易用性和功能性上来说都异常强大。Weex 目前在阿里巴巴的产品（比如淘宝）中得到了广泛的应用。

微信小程序

严格来说，微信小程序算不上跨平台方案，因为它不是运行在手机系统上的，而是运行在微信里，并不是所有的国家和地区都用微信。顾名思义，微信小程序是微信推出的一种技术方案，只要手机可以使用微信 App，就可以使用微信小程序。开发者使用 JavaScript 来开发小程序，通过微信审核后即可上线。用户必须安装微信才能使用小程序，目前微信小程序主要集中在小游戏、工具和生活助手等领域，大型企业也会上线微信小程序，但是一般作为原生 App 的辅助。

PWA

PWA（Progressive Web App）是一种理念，使用多种技术来增强 Web App 的功能，可以让网站的体验变得更好，能够模拟一些原生功能，比如离线能力、本地缓存和通知推送。在移动端利用标准化框架，让网页应用呈现和原生应用相似的体验。PWA 完全使用前端技术栈，它需要手机系统和浏览器的支持。目前支持 Service Worker 和 Google Play Service 的 Android 手机，以及搭载 iOS 11.3 以上版本的手机可以使用 PWA，很显然 PWA 更适合国外，由于国内手机厂商和浏览器厂商的统一性问题，其在国内的发展遇到了很大的阻力。

Twitter 和 Flipboard 都推出了 PWA，你可以将它放在 Android 或 iOS 的桌面上，使用起来和原生 App 类似，不但可以离线使用，还可以收到后台的推送，如图 1-2 所示。

但是，PWA 不能包含原生 OS 相关代码，PWA 仍然是网站，只是在缓存、通知、后台功能等方面表现更好，使其看起来像是一个原生 App 而已。

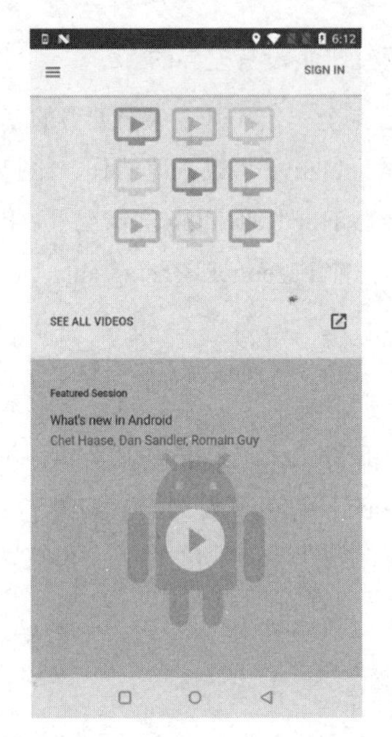

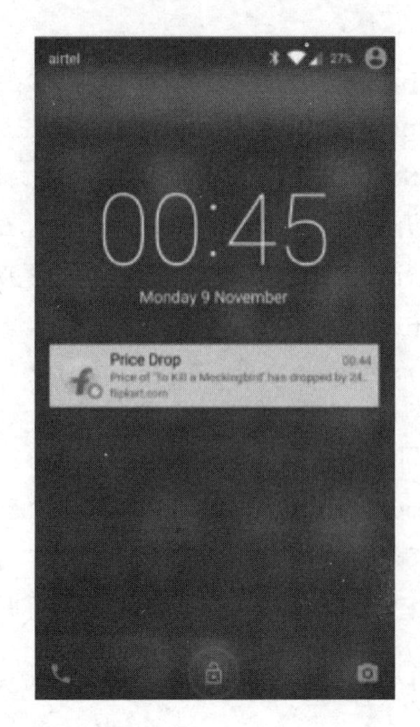

图 1-2

Flutter

Flutter 是 Google 的高性能 UI 框架，它适用于 Android 和 iOS 平台。和上面几个方案都不同，Flutter 另辟蹊径，它没有使用 JavaScript 作为开发语言。Flutter 使用 Dart 语言来开发应用程序，但是它依然允许开发人员使用平台 API、第三方框架及原生代码（Java、Swift 和 Object-C）。

Flutter 可以让开发者快速地开发出漂亮灵活的 UI 界面，用一套代码库就能开发 iOS 和 Android 应用，最关键的是，Flutter 程序的运行效率和原生应用一模一样。Flutter 支持程序的热更新，可以帮助我们快速地进行实验、开发 UI、给程序添加新功能、修复 bug——不管是 Android，还是 iOS 平台。

Flutter 提供了丰富的 UI 组件库，还提供了各种 API，比如手势检测、平滑滚动等，除此之外，Flutter 还预置了 Android 平台的 Material Design 风格，以及 iOS 平台的 Cupertino（iOS-flavor）。通过 Flutter 的响应式框架和许多平台、布局及基础组件，开发者可以快速地构建 UI 界面。而且，开发者还可以使用更多强大的 API（2D、动画、手势和特性等）来完成复杂棘手的 UI 展示，图 1-3 是 Flutter 开发的 App 示例。

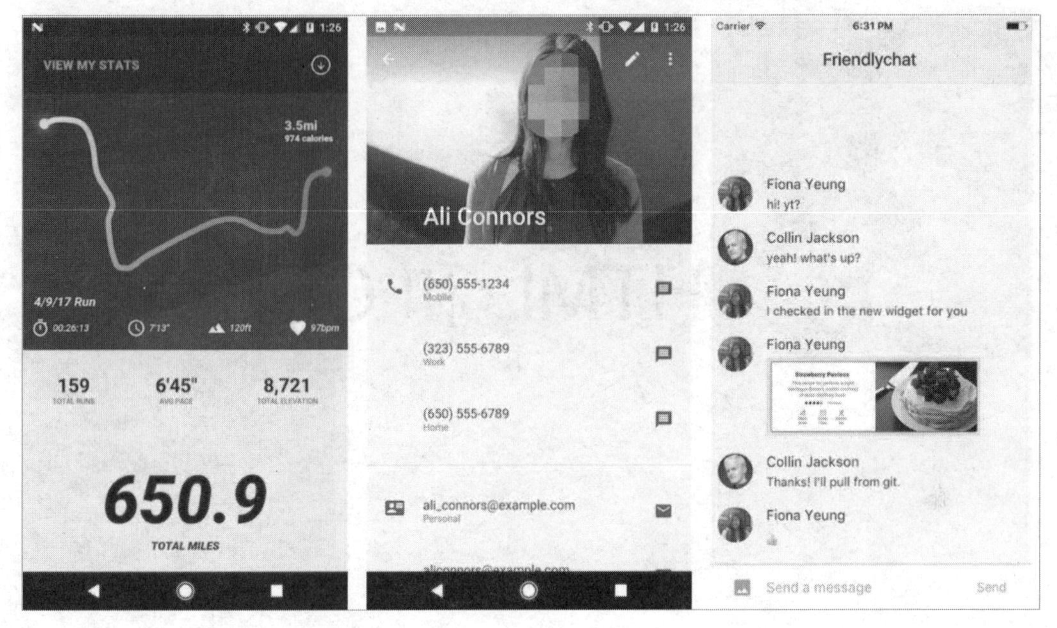
VIEW MY STATS
3.5mi
974 calories
4/9/17 Run
00:26:13
7'13"
120ft
97bpm
159
TOTAL RUNS
6'45"
AVG PACE
8,721
TOTAL ELEVATION
650.9
TOTAL MILES
Ali Connors
(650) 555-1234
Mobile
(323) 555-6789
Work
(650) 555-6789
Home
ali_connors@example.com
Personal
Carrier
6:31 PM
Friendlychat
Fiona Yeung
hi! yt?
Collin Jackson
yeah! what's up?
Fiona Yeung
I checked in the new widget for you
Fiona Yeung
Collin Jackson
Thanks! I'll pull from git.
Fiona Yeung
Send a message
Send

图 1-3

2 chapter 第 2 章 HTML 和 CSS 入门

2.1 HTML 基础

2.1.1 HTML 简介

超文本标记语言（Hyper Text Markup Language，简称 HTML）是一种构建网页的标准标记语言。

- 超文本：可以展示动画、图片、音视频等多媒体等内容，还可以进行文本之间的跳转。
- 标记语言：HTML 全部是由标记标签组成的。这些标签用来表述网页的结构特点。

HTML 与 CSS、JavaScript 通常一起组合使用，来完成网页、网页应用程序、移动应用程序界面的开发。

HTML 是构建一个网页的基础，CSS 会让网页变得更好看，JavaScript 会让网页实现更多的交互行为。同时 CSS 和 JavaScript 都可以嵌入 HTML 的结构中。所以 HTML 在网页开发中是非常重要的。

2.1.2 基本结构

HTML 是构建一个网页的基础，也是网页的骨架。

下面我们来看一下 HTML 的结构到底是怎样的。

我们来看一个例子，代码如下：

```
<!DOCTYPE html>
<html>

    <head>
        <meta charset="UTF-8">
        <title>HTML 学习</title>
    </head>

    <body>
        <h1>Hello world</h1>
    </body>

</html>
```

- 创建一个文本文件 studyHtml.txt；
- 将上述代码复制到 txt 文本中；
- 将 studyHtml.txt 的后缀改为 studyHtml.html；
- 双击 studyHtml.html 文件，会看到打开了一个网页，如图 2-1 所示。

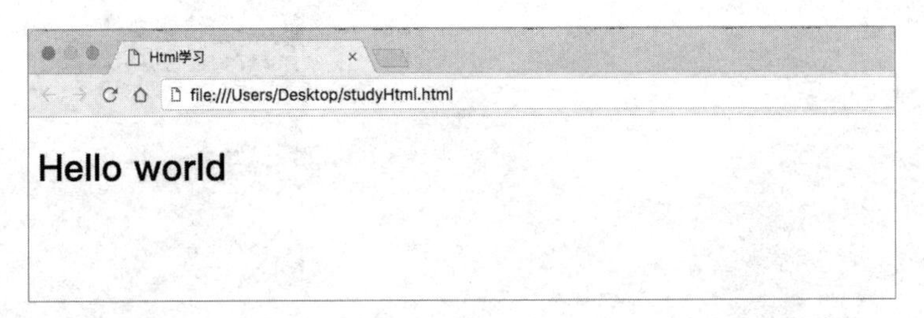

图 2-1

此时我们的第一个网页就创建好了。下面分析一下每一句代码的含义。

- `<!DOCTYPE html>`：告诉浏览器我们使用的 HTML 版本是 HTML5，然后浏览器就按照 HTML5 的规则进行解析。
- `<html> </html>`：HTML 标签中的根节点标签。
- `<head> </head>`：HTML 标签中的头标签，是对页面进行一系列的配置。比如使用的编码格式、网页的标题，等等。这里面编辑的内容都不会展示到网页的内容区域。

- </body> </body>：HTML 标签中的内容标签，网页上展示的内容都是由 body 标签完成的。

上面四种标签是 HTML 的骨架标签，非常重要。

- <meta>：提供对页面进行配置的一些元素信息，该标签位于 head 标签中。
- <meta charset="UTF-8">：表示使用 UTF-8 的编码格式。如果没有特殊要求，则全部代码编写都使用这种格式。
- <title></title>：整个文档的标题标签，代表网页标题要展示的内容。我们在上面的头标签里面写了“HTML 学习”，然后就展示在了网页的标题上。
- <h1> </h1>：内容的标题标签。

2.1.3 常用标签

学会了 HTML 的基本结构，接下来我们要学习常用标签，由于标签很多，这里讲解一下最常用的标签。学完本节，我们就可以编写一个简单的网页了。

1. 标题标签

HTML 定义了 6 个标题标签<h1>、<h2>、<h3>、<h4>、<h5>、<h6>。从 h1 到 h6，显示的标题大小逐渐减小，效果如图 2-2 所示。

```
<body>
        <h1>标题标签  1</h1>
        <h2>标题标签  2</h2>
        <h3>标题标签  3</h3>
        <h4>标题标签  4</h4>
        <h5>标题标签  5</h5>
        <h6>标题标签  6</h6>
</body>
```

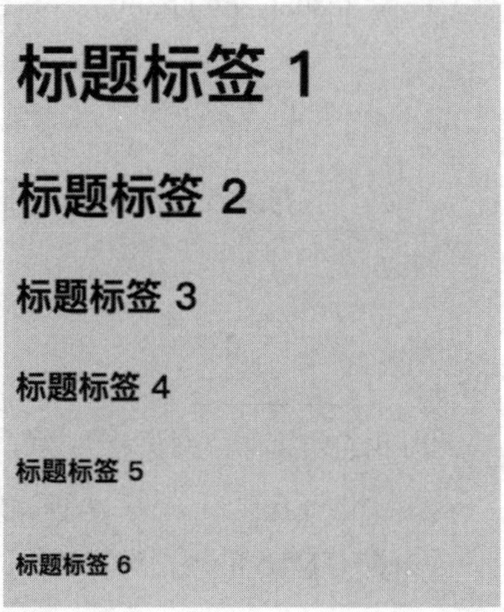

标题标签 1

标题标签 2

标题标签 3

标题标签 4

标题标签 5

标题标签 6

图 2-2

2. 段落标签

HTML 定义段落标签为：<p>显示内容</p>，如图 2-3 所示。

```
<body>
    <p>这是第一段落</p>
    <p>这是第二段落</p>
</body>
```

这是第一段落

这是第二段落

图 2-3

3.换行标签和分割线标签

：换行标签。

<hr/>：分割线标签。

```
    <body>
        <hr/>
        苏轼（1037 年 1 月 8 日—1101 年 8 月 24 日），字子瞻，又字和仲，<br/>号铁冠道人、
东坡居士，世称苏东坡、苏仙。<br/>
        汉族，眉州眉山（今属四川省眉山市）人，祖籍河北栾城，<br/>北宋文学家、书法家、画家。
        <hr/>
</body>
```

可以看到文字自动换行，文字的上下有两条分割线，如图 2-4 所示。

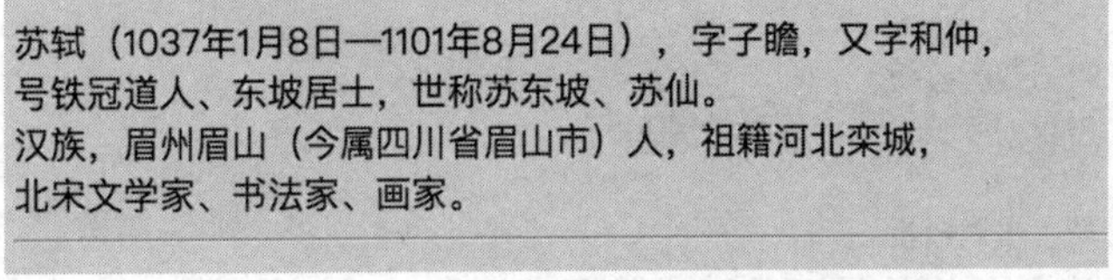

苏轼（1037年1月8日—1101年8月24日），字子瞻，又字和仲，
号铁冠道人、东坡居士，世称苏东坡、苏仙。
汉族，眉州眉山（今属四川省眉山市）人，祖籍河北栾城，
北宋文学家、书法家、画家。

图 2-4

4. 格式化标签

<b>：字体加粗。

<strong>：字体加粗，加强语义。

<i>：字体倾斜。

<em>：字体倾斜，加强语义。

<s>：删除线。

<del>：删除线，加强语义。

<u>：下画线。

<ins>：下画线，加强语义。

<q>：加双引号。

<sub>：下标。

<sup>：上标。

```
<body>
    <b>商店衣服打折</b>
    <br/>
    <u>衬衣</u>
    <i>:原价</i><s>100 元</s>,
    <i>折后价格</i><b>80 元</b>
    <br/>
    <br/>
    <strong>商店水果打折</strong>
    <br/>
    <ins>苹果</ins>
    <em>:原价</em><del>10 元/斤</del>,
       <em>折后价格</em><strong>8 元/斤</strong>
       ，等于 2<sup>3</sup><sub>每斤</sub>
</body>
```

效果如图 2-5 所示。

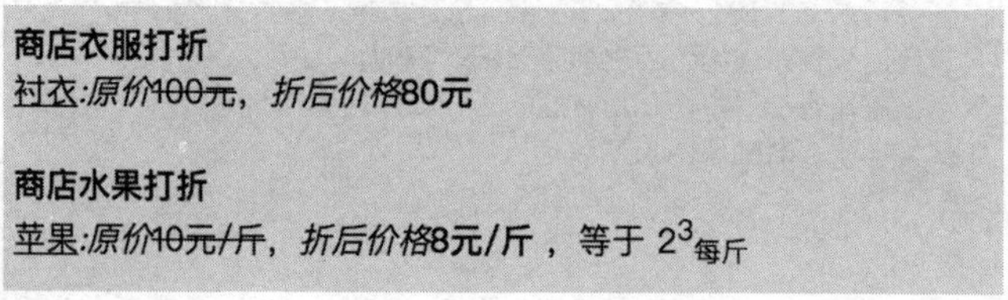

商店衣服打折
衬衣:*原价*~~100元~~，*折后价格***80元**

商店水果打折
苹果:*原价*~~10元/斤~~，*折后价格***8元/斤**，等于 2^3每斤

图 2-5

5. div 和 span 标签

div：被 div 包裹的内容，以分块的形式横向排列在网页上，通常使用 div+CSS 来对包裹的元素进行属性的配置。每个 div 都会占用一行，默认宽度就是容器的 100%。

span：对行内元素进行组合，纵向排列在网页上，通常使用 div+CSS 来对包裹的元素进行属性的配置，和相邻元素在一行上。

```
<body>
    <span style="font-size: xx-large">HTML 常用标签</span>
    : <span style="font-style:italic">span 的使用方法</span>
<hr/>
    <div style="font-size:xx-large"> HTML 常用标签：div 的使用方法</div>
    <div style="font-style:italic"> HTML 常用标签：div 的使用方法</div>
</body>
```

效果如图 2-6 所示。

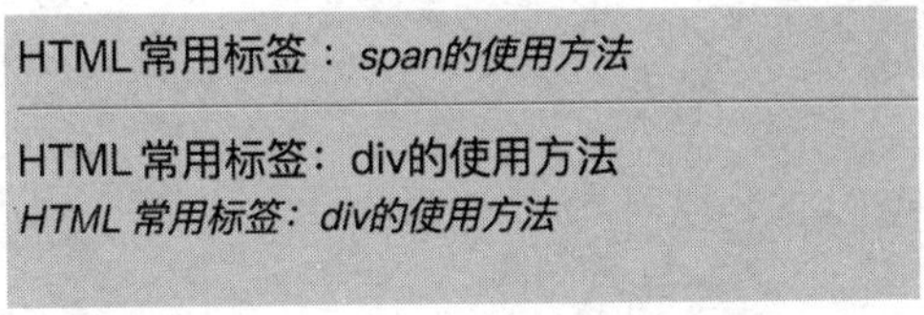

HTML 常用标签 ： *span的使用方法*

HTML 常用标签：div的使用方法

HTML 常用标签：div的使用方法

图 2-6

- 使用了两个 span。左边是增大字体，右边是斜体。在一行上面显示，说明 span 将被包裹的内容在一行上分成了两部分，然后分别进行属性的配置。
- 使用了两个 div。上面是增大字体，下面是变成斜体，说明 div 将两句话分成了上下两部分，分别对包裹的内容进行属性的配置。

div 和 span 很重要，这里只是简单地介绍，后面还会继续讲解该标签的用法。

6. 练习总结

接下来我们使用之前学习的标签来实现一个功能：

```
<body  style="background-color:gainsboro">
    <h1>宋词</h1>
    <h3> 念奴娇 赤壁怀古</h3>
    <b>[</b>宋<b>]</b> 苏轼
    <p> 大江东去，浪淘尽，千古风流人物。</p>
    <p> 故垒西边，人道是，三国周郎赤壁。</p>
    <p> 乱石穿空，惊涛拍岸，卷起千堆雪。</p>
    <p> 江山如画，一时多少豪杰。</p>
    <p> 遥想公瑾当年，小乔初嫁了，雄姿英发。</p>
    <p> 羽扇纶巾，谈笑间，樯橹灰飞烟灭。</p>
    <p> 故国神游，多情应笑我，早生华发。</p>
    <p> 人生如梦，一樽还酹江月。</p>
```

```
        <hr/>
        <h3> 个人简介</h3>
        <div style="font-style:oblique">
            <p>苏轼（1037年1月8日—1101年8月24日），字子瞻，又字和仲，号铁冠道人、东
坡居士，世称苏东坡、苏仙。<br/>
                汉族，眉州眉山（今属四川省眉山市）人，祖籍河北栾城，北宋文学家、书法家、画
家。</p>
        </div>
        <div style="font-style:unset" >
            <p>嘉祐二年（1057 年），苏轼进士及第。宋神宗时曾在凤翔、杭州、密州、徐州、湖州
等地任职。<br/>元丰三年（1080 年），因"乌台诗案"被贬为黄州团练副使。宋哲宗即位后，曾任翰林
学士、侍读学士、礼部尚书等职，并出知杭州、颍州、扬州、定州等地，晚年因新党执政被贬惠州、儋州。
<br/>宋徽宗时获大赦北还，途中于常州病逝。宋高宗时追赠太师，谥号"文忠"。</p>
        </div>
    </body>
```

效果如图 2-7 所示。

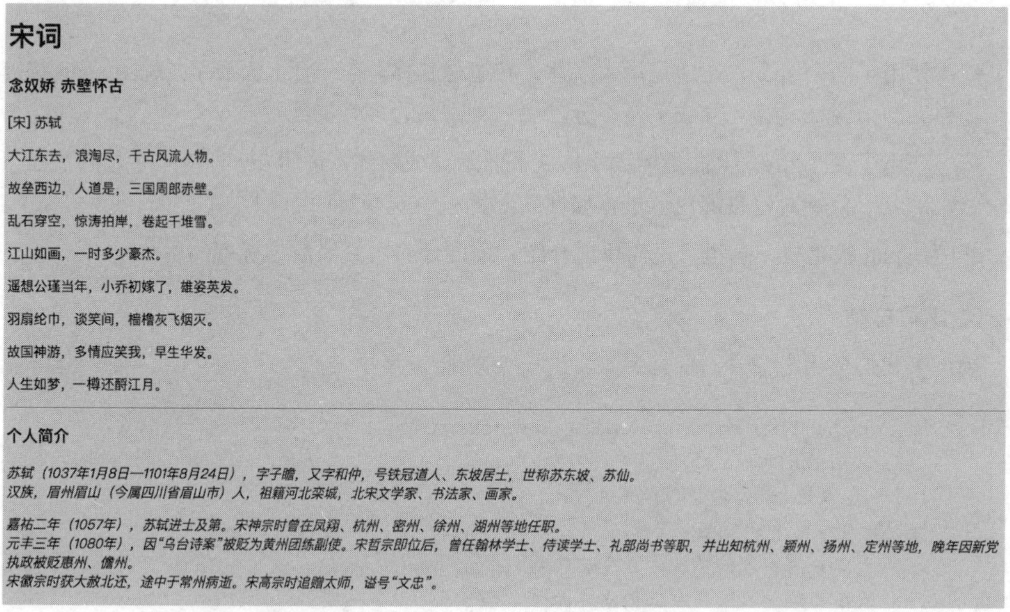

宋词

念奴娇 赤壁怀古

[宋] 苏轼

大江东去，浪淘尽，千古风流人物。

故垒西边，人道是，三国周郎赤壁。

乱石穿空，惊涛拍岸，卷起千堆雪。

江山如画，一时多少豪杰。

遥想公瑾当年，小乔初嫁了，雄姿英发。

羽扇纶巾，谈笑间，樯橹灰飞烟灭。

故国神游，多情应笑我，早生华发。

人生如梦，一樽还酹江月。

个人简介

苏轼（1037年1月8日—1101年8月24日），字子瞻，又字和仲，号铁冠道人、东坡居士，世称苏东坡、苏仙。
汉族，眉州眉山（今属四川省眉山市）人，祖籍河北栾城，北宋文学家、书法家、画家。

嘉祐二年（1057年），苏轼进士及第。宋神宗时曾在凤翔、杭州、密州、徐州、湖州等地任职。
元丰三年（1080年），因"乌台诗案"被贬为黄州团练副使。宋哲宗即位后，曾任翰林学士、侍读学士、礼部尚书等职，并出知杭州、颍州、扬州、定州等地，晚年因新党执政被贬惠州、儋州。
宋徽宗时获大赦北还，途中于常州病逝。宋高宗时追赠太师，谥号"文忠"。

图 2-7

2.1.4 图片

图片在 HTML 开发中也是非常常见的，下面介绍一些常见的图片使用技巧。

<img>：图片标签。

src：显示图片的属性。

width height：定义图片宽高的属性。

alt：当图片无法显示时，代替图片显示的文字的属性。

title：鼠标停留在图片上，显示的文字的属性。

1. 图片的使用

准备一张图片，然后创建一个名为img.html的文本。将图片和img.html文本放在一个文件夹下。

```
<body>
    <img src="tupian.jpg" alt="图片加载失败了" title="Android 开发艺术探索"
width="300px" height="300px"/>
    <br/>
    <br/>
    <br/>
    <br/>
    <img src="../tupian.jpg" alt="图片加载失败了" title="Android 开发艺术探索"
width="300px" height="300px"/>
</body>
```

上面两行代码的内容几乎完全一样，唯一区别就是它们的路径不同，已经将图片和HTML放在了一个文件夹下，所以显示成功了，并且鼠标停留在图片上显示了“Android 开发艺术探索”的提示。

第二段代码的图片没有显示成功，因为图片不在“../tupian.jpg”路径下。“..”两个点代表该文件夹的父级文件夹。因为图片加载失败了，所以显示“图片加载失败了”的字样。

效果如图2-8所示。

图 2-8

2. 路径的使用

上文提到了图片存储的位置，这里面就涉及一个路径的问题。

绝对路径

- PC 或服务器的某一个文件："F://Html/tupian.jpg"。
- 网络路径（一个网络连接）："http://renyugang.io/wp-content/themes/twentyseventeen/assets/images/header.jpg"。

相对路径：相对的对象是谁使用图片。

比如我们上文是 img.html 使用的图片，那么这个路径就是 tupian.jpg 文件相对于 img.html 来说的。

- 图片和 img.html 在同一个文件夹下：`<img src="tupian.jpg" />`。
- 图片在 img.html 所在文件夹的父文件夹下：`<img src="../tupian.jpg" />`，".." 可以多次使用，比如 "../../../tupian.jpg"。
- 图片在 img.html 所在文件夹的子文件夹下：`<img src="folder/tupian.jpg" />`，文件夹 "folder" 和 "tupian.html" 在同一个文件夹下。

2.1.5 列表

网页中基本都是使用列表来展示内容的，列表会让网页看起来更加规范、简洁明了，所以列表在 HTML 中是非常常见的。

下面介绍一些常见的列表使用技巧。

<ul>：无序列表。

<ol>：有序列表。

<li>：有序、无序列表的项。

<dl>：描述列表。

<dt>：描述列表的项。

<dd>：描述列表的项的内容。

1. 无序列表的基本使用方法

```
<body>
    <h2>无序列表</h2>
    <ul>
      <li>Gradle 从入门到实战</li>
      <li>RxJava</li>
      <li>Google 新技术</li>
      <li>大前端专题</li>
```

```
    </ul>
</body>
```

效果如图 2-9 所示。

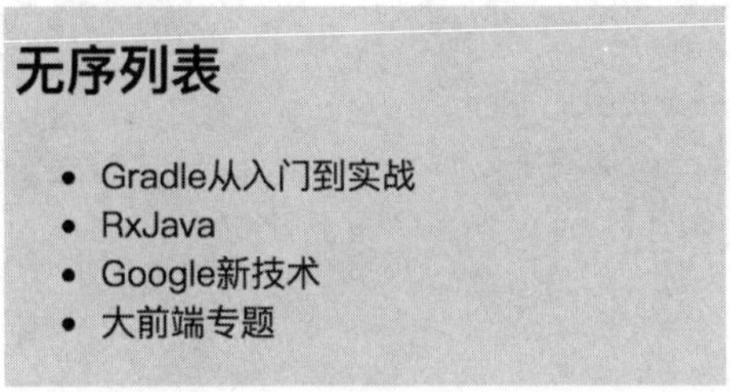

图 2-9

可以配置列表的标识：

disc：原点标识（默认效果）。

circle：空心圆标识。

square：方块儿标识。

none：不显示标识。

```
<body">
    <h2>无序列表</h2>
    <ul>
        <li style="list-style-type:disc">Gradle 从入门到实战</li>
        <li style="list-style-type:circle">RxJava</li>
        <li style="list-style-type:square">Google 新技术</li>
        <li style="list-style-type:none">大前端专题</li>
    </ul>
</body>
```

效果如图 2-10 所示。

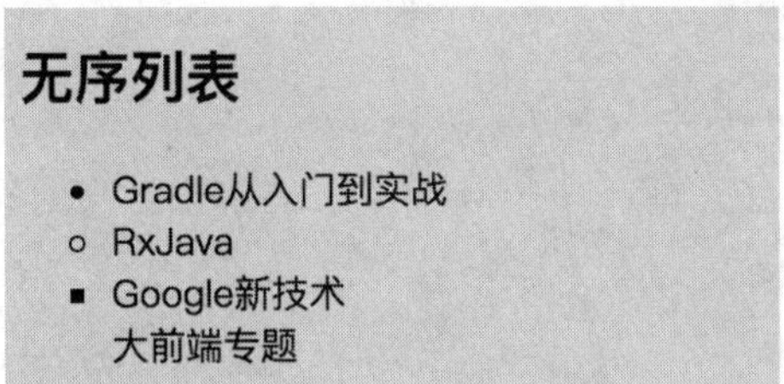

图 2-10

2. 有序列表的基本使用方法

```
<body">
    <h2>有序列表</h2>
    <ol>
        <li>Groovy 基础</li>
        <li>全面理解 Gradle </li>
        <li>如何创建 Gradle 插件</li>
        <li>分析 Android 的 build tools 插件</li>
        <li>实战，从 0 到 1 完成一款 Gradle 插件</li>
    </ol>
</body>
```

效果如图 2-11 所示。

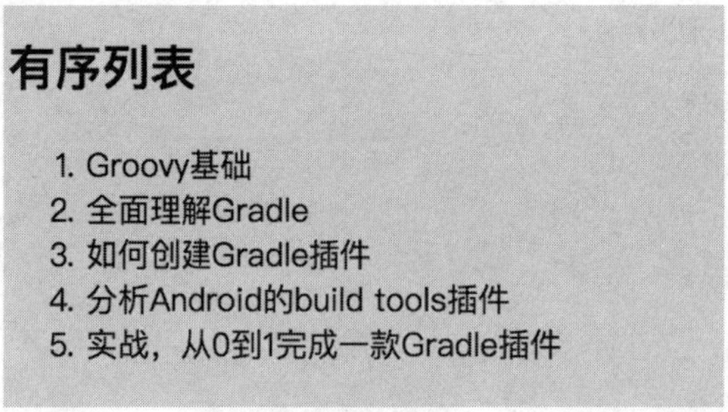

有序列表

1. Groovy基础
2. 全面理解Gradle
3. 如何创建Gradle插件
4. 分析Android的build tools插件
5. 实战，从0到1完成一款Gradle插件

图 2-11

可以看到每一项前面的标识是按顺序排列的。

也可以通过属性来更改标识的样式：

1：按照阿拉伯数字排序（默认）。

A：按照大写字母排序。

a：按照小写字母排序。

I：按照大写罗马字母排序。

i：按照小写罗马字母排序。

```
<body>
    <h2>有序列表</h2>
    <ol type="I">
        <li>Groovy 基础</li>
        <li>全面理解 Gradle </li>
```

```
        <li>如何创建 Gradle 插件</li>
        <li>分析 Android 的 build tools 插件</li>
        <li>实战，从 0 到 1 完成一款 Gradle 插件</li>
    </ol>
</body>
```

效果如图 2-12 所示。

有序列表

I. Groovy基础
II. 全面理解Gradle
III. 如何创建Gradle插件
IV. 分析Android的build tools插件
V. 实战，从0到1完成一款Gradle插件

图 2-12

通过 start 属性可以配置列表开始的位置：

```
<body">
    <h2>有序列表</h2>
    <ol type="I" start="5">
        <li>Groovy 基础</li>
        <li>全面理解 Gradle </li>
        <li>如何创建 Gradle 插件</li>
        <li>分析 Android 的 build tools 插件</li>
        <li>实战，从 0 到 1 完成一款 Gradle 插件</li>
    </ol>
</body>
```

效果如图 2-13 所示。

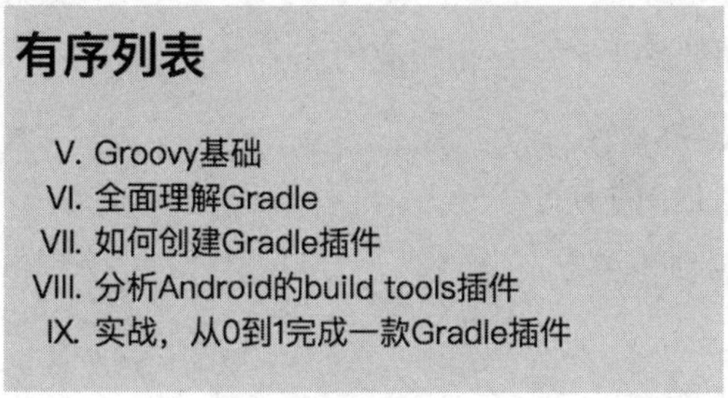

有序列表

V. Groovy基础
VI. 全面理解Gradle
VII. 如何创建Gradle插件
VIII. 分析Android的build tools插件
IX. 实战，从0到1完成一款Gradle插件

图 2-13

这里配置的是大写罗马字母，从 5 开始计算。

3. 描述列表的使用方法

```
<body">
    <h2>描述列表</h2>
    <dl>
        <dt>Gradle 从入门到实战</dt>
        <dd>- Gradle 用于辅助 Android 的开发</dd>
        <dt>RxJava</dt>
        <dd>- Java VM 上使用可观测的序列来组成异步的、基于事件的程序的库</dd>
    </dl>
</body>
```

效果如图 2-14 所示。

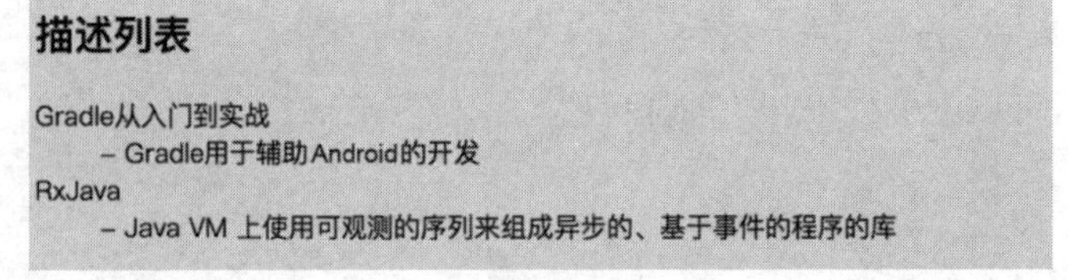

图 2-14

描述列表多以“标题+小标题”的形式出现在网页中。配合使用 CSS 可以做出很多的样式。

2.1.6 超链接

超链接在 HTML 开发中也是非常常见的，它允许用户从一个页面点击到另一个页面。下面介绍一些常见的超链接使用技巧。

`<a>`：超链接标签。

`href`：定义链接地址的属性。

`title`：鼠标停留在超链接上，会显示相应的文字。

`target`：网页的打开方式。

`id="value"`：定义页面中的书签。

`href="#value"`：链接到书签。

1. 超链接基本使用

使用`<a>`标签来创建超链接，首先创建一个 link.html，如图 2-15 所示。

click link

图 2-15

代码如下：

```
<body>
    <a href="http://renyugang.io">click link</a>
</body>
```

点击这个超链接就会跳转到 http://renyugang.io 网站。

让超链接以图片的形式展示，如图 2-16 所示。

```
<body>
    <a href="http://renyugang.io" title="Jump to renyugang.io">
            <img src="renyugang.jpg" alt="renyugang" style="width:42px;
height:42px;border:0;">
    </a>
</body>
```

图 2-16

鼠标停留，会显示“Jump to renyugang.io”的字样，点击图片，同样会跳转到 http://renyugang.io。

2. 网页的打开方式

_blank：在一个新的窗口打开网页。

_self：在当前窗口打开网页。

```
<a href="http://renyugang.io">click jump turenyugang.io</a>
<br/>
<br/>
<br/>
```

```
<a href="img.html" target="_blank">click jump to img</a>
<br/>
<br/>
<br/>
<a href="studyHtml.html" target="_self" >click jump to studyHtml</a>
```

效果如图 2-17 所示。

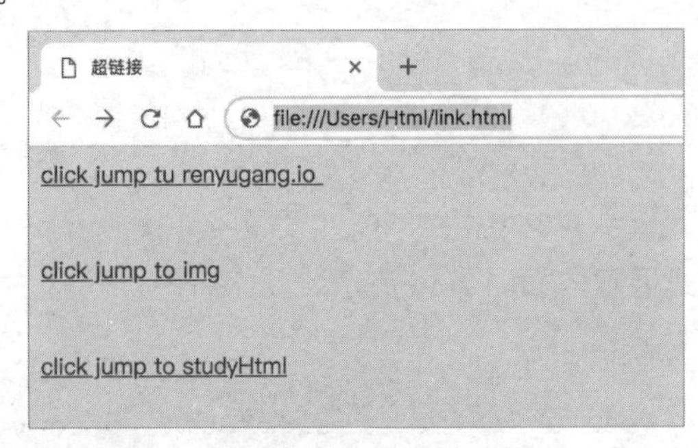

图 2-17

我们点击第二个超链接，它的打开方式是在新的窗口打开网页，如图 2-18 所示。

图 2-18

3. 书签定位

书签定位在开发中非常实用，也会提升用户体验。

`id="value"` 和 `href="#value"`配合使用：

```
<body">
    <h2>描述列表</h2>
    <ul type="disc">
        <a href="#A"> <li>Gradle 从入门到实战</li></a>
        <a href="#B"> <li>RxJava</li></a>
        <a href="#C"> <li>Google 新技术</li></a>
        <a href="#D"> <li>架构和网络</li></a>
        <a href="#E"> <li>Google I/O</li></a>
        <a href="#F"> <li>算法的世界</li></a>
        <a href="#G"> <li>Android 开发前沿</li></a>
    </ul>
    <ul type="disc">
        <li id="A">Gradle 从入门到实战</li>
        <ol>
            <li>Groovy 基础 </li>
            <li>全面理解 Gradle  </li>
            <li>如何创建 Gradle 插件 </li>
            <li>分析 Android 的 build tools 插件  </li>
            <li>实战，从 0 到 1 完成一款 Gradle 插件  </li>
        </ol>
        <li id="B">RxJava</li>
        <ol>
            <li> RxJava 入门和常见使用方式  </li>
            <li> RxJava 的消息订阅和线程切换原理  </li>
        </ol>
        <li id="C">Google 新技术</li>
        <ol>
            <li>2018 Google I/O 干货摘要和开发者影响 </li>
            <li>Flutter 从入门到实战   </li>
            <li>PWA 从入门到实战 </li>
            <li>instant App 入门和开发指南 tools 插件  </li>
            <li>GMTC 2018 干货总结 </li>
        </ol>
        <li id="D">架构和网络</li>
        <ol>
            <li>一篇文章彻底搞懂 MVP  </li>
            <li> MVC、MVP、MVVM,我到底该怎么选？</li>
            <li> 我对移动端架构的思考</li>
```

```
            <li>如何通俗理解设计模式及其思想   </li>
            <li>HTTP 和 HTTPS  </li>
            <li>TCP/IP、Socket 和连接  </li>
            <li> Android 组件化最佳实践 </li>
        </ol>
        <li id="E">Google I/O</li>
        <ol>
            <li>Android Architecture Components</li>
            <li>JetPack: Paging、WorkManager、Slices</li>
            <li> Android P 刘海屏适配  </li>
            <li>分析 Android 的 build tools 插件  </li>
            <li>Android Things 介绍和开发入门  </li>
        </ol>
        <li id="F">算法的世界</li>
        <ol>
            <li>字符串，数组，List </li>
            <li>链表  </li>
            <li>树 </li>
            <li>栈和队列，位运算  </li>
            <li>查找，排序  </li>
        </ol>
        <li id="G">Android 开发前沿</li>
        <ol>
            <li>Android Proguard 最佳实践  </li>
            <li>Android P 适配指南  </li>
            <li>Android webview hybrid 缓存方案解析 </li>
            <li>手把手教你发布自己的开源库到 jcenter  </li>
            <li>求职面试中的那些坑 </li>
        </ol>
    </ul>
</body>
```

我们从代码中可以看到，href 中的 value 值和 id 标签中的 value 值相同。效果如图 2-19 所示。

如果我们点击了“算法的世界”，页面会跳转到“算法的世界”那一栏。多用于网页内容过多，通过点击书签来快速定位到想要看的内容位置等场景。

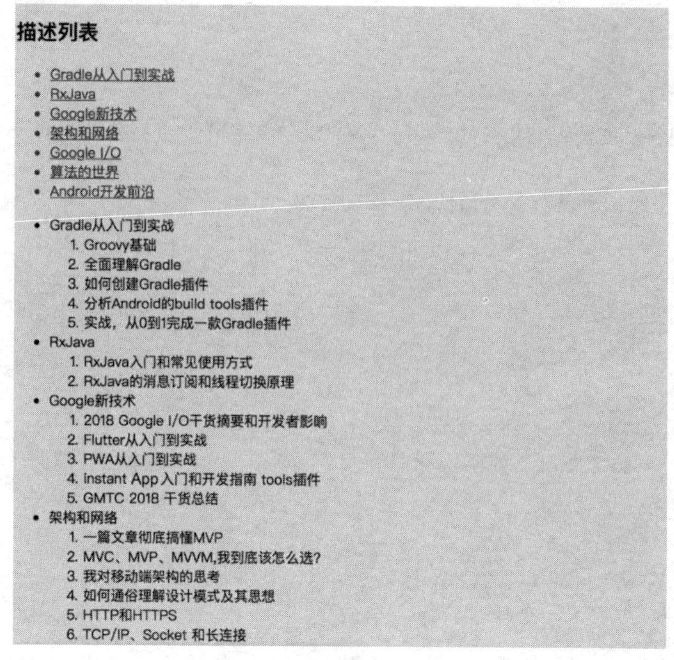

图 2-19

2.1.7 表格

表格和列表在网页中的作用相似，都可以让网页更加美观、清晰。

下面介绍一些常见的表格使用技巧。

`<table>`：定义一个表格。

`<tr>`：定义一个行。

`<td>`：定义表格的元素。

`<th>`：定义表格的头。

`<caption>`：设置表格标题。

`width height`：表格的宽高。

`border`：表格的边框。

`cellspacing`：单元格和单元格之间的距离。

`cellpadding`：单元格内容与边框之间的距离。

`align`：表格在网页中的位置。

1. 表格的使用

```
<body>
    <table width="400" border="1" align="center" cellspacing="20" cellpadding=
"10">
        <caption>表格标签及属性</caption>
        <tr align="center">
            <th>标签/属性 </th>
            <th>描述</th>
        </tr>
        <tr>
            <td> &lt;table&gt; </th>
            <td>定义一个表格</th>
        </tr>
        <tr>
            <td> &lt;tr&gt; </th>
            <td>定义一个行</th>
        </tr>
        <tr>
            <td> &lt;td&gt; </th>
            <td>定义表格的元素</th>
        </tr>
        <tr>
            <td> &lt;th&gt; </th>
            <td>定义表格的头</th>
        </tr>
        <tr>
            <td> width height</th>
            <td>表格的宽高</th>
        </tr>
        <tr>
            <td> border </th>
            <td>表格的边框</th>
        </tr>
    </table>

</body>
```

效果如图 2-20 所示。

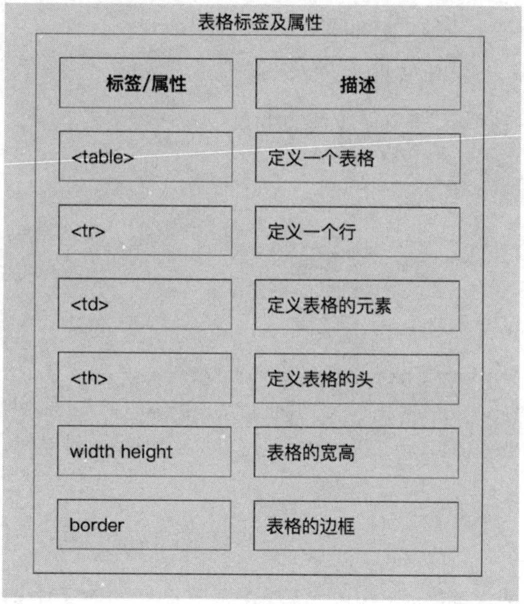

表格标签及属性

标签/属性	描述
<table>	定义一个表格
<tr>	定义一个行
<td>	定义表格的元素
<th>	定义表格的头
width height	表格的宽高
border	表格的边框

图 2-20

我们逐个标签解释一下：

在 table 标签中我们定义了表格的宽 `width`、表格边框 `border`、表格中每个单元格之间的距离 `cellspacing`、单元格中文字到边框的距离 `cellpadding`。使用`<caption>`定义了表格的标题。使用`<tr>`创建了若干行。在第一个`<tr>`中使用`<th>`来定义两个表格的头，并使用 `align` 配置`<th>`中内容的位置。在剩下的`<tr>`中使用`<td>`来定义单元格。

我们通过一个例子就使用了表格中的大部分标签，在开发中可以活学活用。

注意：

- <table>、<tr>、<td>、<th>的嵌套关系不能颠倒
    - <table>嵌套 <tr>
    - <tr> 嵌套 <td>
    - <tr>嵌套 <th>
- <caption>必须在<table>内部使用

2.1.8　表单

表单在网页中多用于输入用户名和密码，以及填写个人信息等输入操作。

1. 插入标签

<input type="text">：插入单行的文本信息。

<input type="radio">：单选框。

<input type="submit">：定义一个提交按钮。

```
<body>
    姓名：<br/>
    <input type="text" name="姓名">
    <br/>
    性别：<br/>
    <input type="radio" name="gender" value="男">男 <br/>
    <input type="radio" name="gender" value="男">女 <br/>
    <input type="submit" name="submit" value="提交"><input type="reset"
value="重置">
</body>
```

这里面的name是指提交表单时key的名称。在本节最后的例子中会体会到这个参数的用法。效果如图 2-21 所示。

图 2-21

插入标签的类型非常多，这里只是抛砖引玉。

2. 下拉标签

<select>：下拉标签。

<option>：下拉标签的项。

size：同时展示多少个标签。

```
<select name="language">
        <option value="Android">Android</option>
        <option value="Web">Web</option>
        <option value="Java" selected>Java</option>
```

```
        <option value="Php">Php</option>
        <option value="Python">Python</option>
        <option value="Ruby">Ruby</option>
        <option value="C++">C++</option>
        <option value="JavaScript">JavaScript</option>
    </select>
    <br><br>
    <input type="submit">
```

效果如图 2-22 所示。

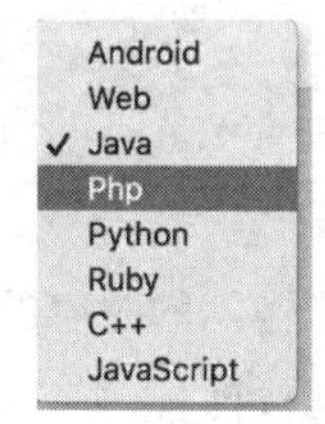

图 2-22

- `<select>`标签嵌套`<option>`标签；
- `<option>`中 selected 属性表示该条目默认是选中状态。

3. 输入多行信息

`<textarea>`：下拉标签。

`rows`：可以输入的可见行数。

`cols`：每一行可见的输入长度。

```
<body>
    自我介绍：
    <br/>
    <textarea name="message" rows="10" cols="30">To introduce myself.
    </textarea>
</body>
```

效果如图 2-23 所示。

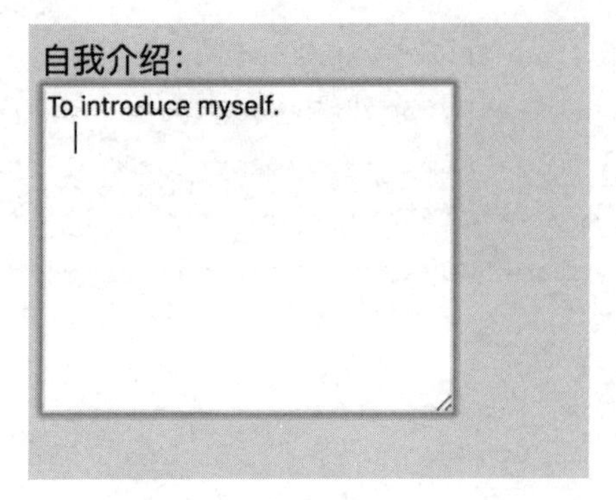

图 2-23

4. 表单域

上面介绍了几种常用的插入数据的方法，这些方法都属于表单内的元素，表单会将这些数据通过网络传输到服务器中。

`<form>`：用于收集用户输入的内容的表单。

`action`：提交代码服务器地址。

`method`：提交 GET、POST 方法等。

```
<body  style="background-color:gainsboro">
    <form action="" method="GET">
        <table  width="400"  align="center"  >
            <caption>面试登记</caption>
            <tr>
                <td>
                    姓名：
                    <input type="text"
                           name="姓名"
                           value="请输入姓名">
                </td>
            </tr>
            <tr>
                <td>
                    性别：
                    <input type="radio"
                           name="gender"
                           value="男">男
                    <input type="radio"
```

```
                name="gender"
                value="男">女
            <br/>
        </td>
    </tr>
    <tr>
        <td>
            <select name="language">
                <option value="Android">Android</option>
                <option value="Web">Web</option>
                <option value="Java" selected>Java</option>
                <option value="Php">Php</option>
                <option value="Python">Python</option>
                <option value="Ruby">Ruby</option>
                <option value="C++">C++</option>
                <option value="JavaScript">JavaScript</option>
            </select>
        </td>
    </tr>
    <tr>
        <td> 自我介绍:
            <br/>
            <textarea name="message"
                    rows="10"
                    cols="10">To introduce myself.
            </textarea>
        </th>

    </tr>
    <tr>
        <td>
            <input type="submit"
                name="submit"
                value="提交">
            <input type="reset"
                value="重置">
        </td>
    </tr>
```

```
        </table>
    </form>
</body>
```

手动填写信息。效果如图 2-24 和图 2-25 所示。

图 2-24

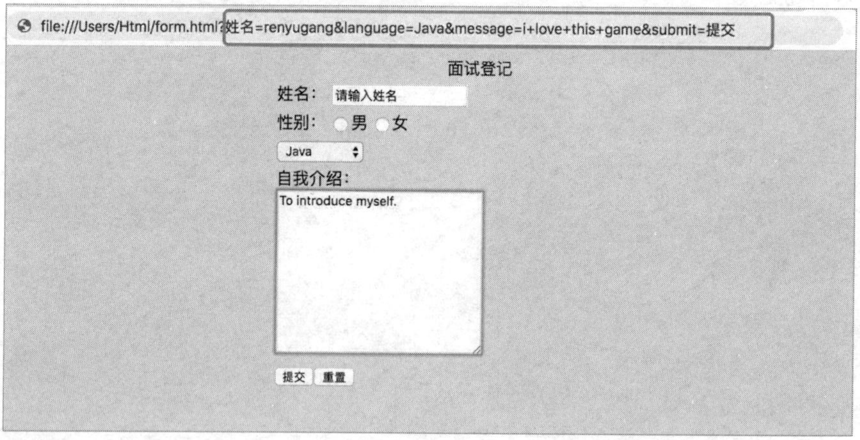

图 2-25

还记得本节开始的时候我们提到的 name 那个参数吗？在这里显示得很清楚了。因为 form 是 GET 请求，所以点击“提交”按钮后，输入的参数都会显示在 URL 中，并且将这些参数发送给服务器。

2.2　CSS 基础

2.2.1　选择器

1. CSS 的语法结构

选择器　{属性：值；属性：值}

- 选择器：想要设计成某种样式的 HTML 元素。
- 属性：希望设置的样式属性。
- 属性值：希望设置的样式属性的值。
- 声明：属性和值成对出现，组合在一起叫作声明。大括号内可以有多个声明，每个声明由分号隔开。属性和属性值之间由冒号隔开。

```
p {color: #ff2e43;font-size: 20px}
```

- 这段代码的选择器是 p，代表它修饰的是段落。
- 有两个声明：
  - 第一个声明的属性是 color，值是#ff2e43；
  - 第二个声明的属性是 font-size，值是 20px。
- 这段代码的含义就是让所有段落的颜色是#ff2e43，字体大小是 20px。
- 两个声明之间用分号隔开。

2. 元素选择器

元素选择器可以为页面中某一类型的所有标签指定统一的 CSS 样式。优点是简单快速，缺点是无法做到差异化。

```
<head>
    <style>
        h1 {
            font-family: Kai;
        }
        span{
            color: darkgray;
        }
        p {
            font-size: 20px;
```

```
            font-style: italic;
        }
    </style>
</head>
<body>
    <h1>望庐山瀑布</h1>
    <span> [唐] </span> <span>李白</span>
    <p>日照香炉生紫烟，遥看瀑布挂前川。</p>
    <p>飞流直下三千尺，疑是银河落九天。</p>
</body>
```

body 标签中有三类标签，分别是 h1、span、p。

此时我们在 style 标签中指定了 h1 标签的字体属性为楷体，span 标签的字体颜色为灰色，段落标签中字体大小为 20px，并且字体倾斜，如图 2-26 所示。

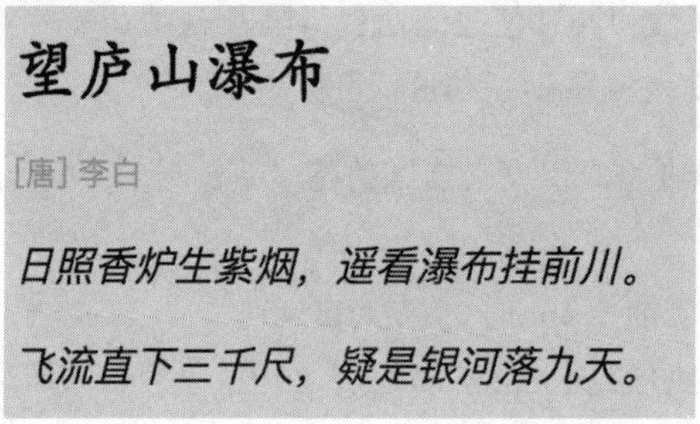

望庐山瀑布

[唐] 李白

日照香炉生紫烟，遥看瀑布挂前川。

飞流直下三千尺，疑是银河落九天。

图 2-26

3. 类选择器

类选择器：对指定的标签进行样式设置，可以进行相同标签的差异化设置。

- 定义类选择器：以“.类名”的形式定义。比如.xxx{属性 1:yuansu 1;属性 2:元素 2}。
- 使用类选择器：在标签里使用 class 属性，然后引用类名来定义标签的样式。

```
<head>
    <meta charset="UTF-8">
    <style>
        h1.kai {
            font-family: Kai;
        }
        .cu{
            font-weight: bold;
        }
```

```
        .color{
            color: darkgray;
        }
        .font2{
            font-style: italic;
            font-family: Songti;
            color: black;
        }
    </style>
</head>
<body>
    <h1 class="kai">望庐山瀑布</h1>
    <span class="cu"> [唐] </span> <span class="color">李白</span>
    <p class="color font">日照香炉生紫烟，遥看瀑布挂前川。</p>
    <p class="kai">飞流直下三千尺，疑是银河落九天。</p>
</body>
```

接下来我们详细分析一下上面的代码。

h1 标签中使用了 class 属性，引用了 style 标签中类名是“kai”的类选择器，将 h1 的字体样式定义为楷体。但我们注意到，类选择器的定义方式是“h1.kai”，这种使用方式是“元素选择器和类选择器的混合使用”，代表只有 h1 标签可以使用“kai”选择器定义的样式。

所以标签必须为 h1，同时 class 引用了“kai”。两个条件都满足才可以使用。

在 span 标签中，第一个 span 使用了 class 属性，引用了 style 标签中类型是“cu”的类选择器，将 span 的字体样式定义为粗体。

第二个 span 引用了类名为“color”的类选择器，将 span 的字体颜色定义为灰色。

在 p 标签中，第一个 p 标签使用了两个类选择器，分别是“color”和“font”。“color”选择器定义了字体颜色是灰色，“font”选择器定义了字体为倾斜、宋体和黑色，此时第一个 p 标签的样式为：倾斜、宋体和黑色。

第二个 p 标签使用了“kai”选择器，定义了字体为楷体。

效果如图 2-27 所示。

- 类标签可以为相同的标签根据不同的类名指定不同的样式。
- 一个标签可以引用多个选择器，每个选择器之间用空格隔开。
- 一个标签使用多个选择器，如果选择器之间有样式冲突，则以最后定义的属性值为准，与选择器调用的顺序无关。

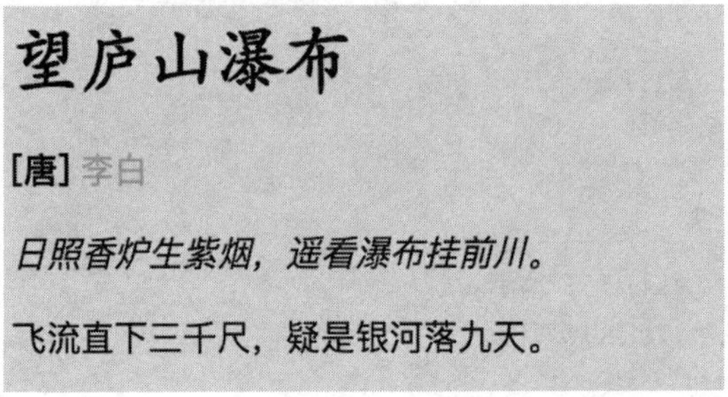

望庐山瀑布

[唐] 李白

日照香炉生紫烟，遥看瀑布挂前川。

飞流直下三千尺，疑是银河落九天。

图 2-27

- 当选择器是元素选择器和类选择器混合使用时，必须两个选择器的要求全部满足才能使用标签，这种使用方法也叫作交集选择器。
- 类选择器的优先级要高于元素选择器，即如果同时定义了类选择器和标签选择器，则以类选择器为标准。

4. 并集选择器

并集选择器：给不同指定的元素设置相同的样式。

- 定义类选择器：“`h1,span{font-family: Kai; }`”是将 **h1 span** 的字体定义为楷体。
- 使用类选择器：是否需要手动设置需要视情况而定，如果选择器是标签元素，则不需要手动设置，如果是类名，则需要手动设置。比如`.title,.name{font-family: Kai;}`。

```
<head>
    <meta charset="UTF-8">
    <style>
        h1, span {
            font-family: Kai;
        }
    </style>
</head>
<body>
    <h1>望庐山瀑布</h1>
    <span> [唐] </span> <span>李白</span>

    <p>日照香炉生紫烟，遥看瀑布挂前川。</p>
    <p>飞流直下三千尺，疑是银河落九天。</p>
</body>
```

效果如图 2-28 所示。

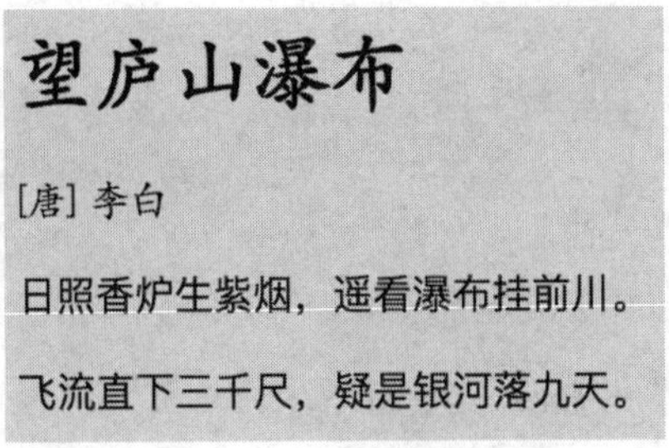

望庐山瀑布

[唐] 李白

日照香炉生紫烟，遥看瀑布挂前川。

飞流直下三千尺，疑是银河落九天。

图 2-28

这里将 h1 和 span 的字体设置为楷体。读者也可以尝试使用类加载器的方式进行样式的设置。

5. id 选择器

id 选择器：对指定的标签进行样式设置，id 选择器只能被一个标签引用，所以 id 选择器是独一无二的。

- 定义类选择器：以“#类名”的形式定义。比如#xxx{属性 1:yuansu 1;属性 2:元素 2}。
- 使用类选择器：在标签里使用 class 属性，然后引用类名来定义标签的样式。

```
<head>
    <meta charset="UTF-8">
    <style>
        #kai {
            font-family: Kai;
        }
    </style>
</head>
<body>
    <h1 id="kai">望庐山瀑布</h1>
    <span> [唐] </span> <span>李白</span>
    <p id="kai">日照香炉生紫烟，遥看瀑布挂前川。</p>
    <p id="kai">飞流直下三千尺，疑是银河落九天。</p>
</body>
```

效果如图 2-29 所示。

接下来我们详细分析一下上面的代码。

在 h1 标签中使用了 id 属性，引用了 style 标签中名字是“kai”的 id 选择器，将 h1 的字体样式定义为楷体。

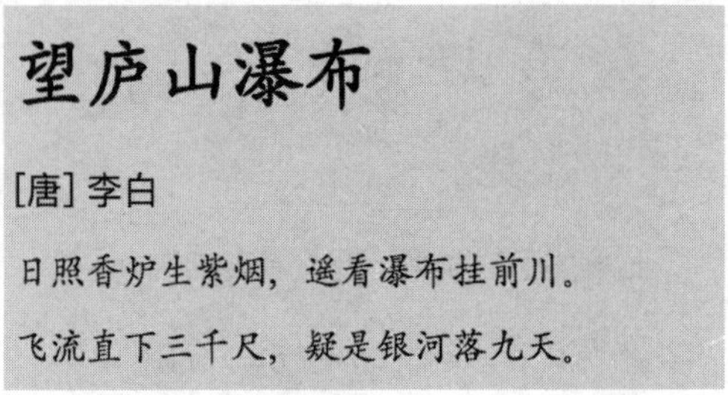

望庐山瀑布

[唐] 李白

日照香炉生紫烟，遥看瀑布挂前川。

飞流直下三千尺，疑是银河落九天。

图 2-29

在 p 标签中，两个 p 标签均使用了名字是“kai”的 id 选择器，但这种使用方式是错误的，因为 id 选择器只能被一个标签使用。但是运行上述代码也会将 p 标签设置成楷体，这是因为浏览器做了兼容，避免了代码错误无法运行。但是在编译器上会提示代码错误。

span 标签中没有引用。

注意：id 选择器的优先级高于类选择器。

6. 通配符选择器

通配符选择器：设置页面中所有元素的样式。

- 定义类选择器：以“*”的形式定义。比如`*{属性 1:yuansu 1;属性 2:元素 2}`。
- 使用类选择器：在标签中不用手动添加。

```
<head>
    <style>
        * {
            font-family: Kai;
        }
    </style>
</head>
<body>
    <h1>望庐山瀑布</h1>
    <span> [唐] </span> <span>李白</span>
    <p>日照香炉生紫烟，遥看瀑布挂前川。</p>
    <p>飞流直下三千尺，疑是银河落九天。</p>
</body>
```

效果如图 2-30 所示。

只定义了一个通配符选择器，body 中的标签等不用设置，就可以显示出楷体的字样。

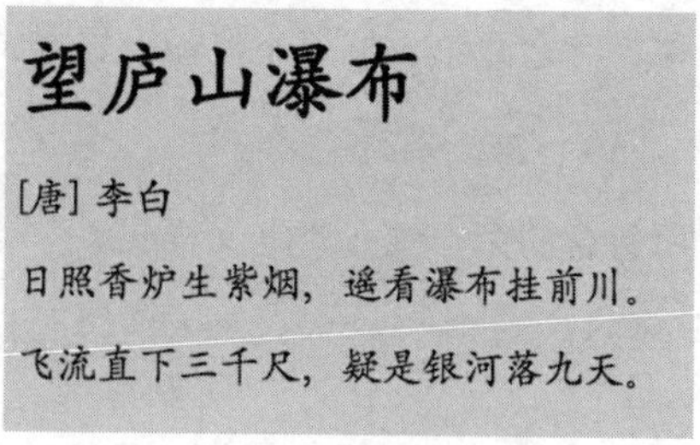

望庐山瀑布

[唐] 李白

日照香炉生紫烟，遥看瀑布挂前川。

飞流直下三千尺，疑是银河落九天。

图 2-30

7. 后代选择器（包含选择器）

后代选择器：给某个元素所包含的元素定义样式。

- 定义类选择器：比如 `div p {font-family: Kai;}`，将 div 标签中的所有 p 标签的字体定义为楷体，中间用空格隔开。
- 使用类选择器：在标签中不用手动添加。

```
<head>
    <style>
        div p {
            font-family: Kai;
        }
    </style>
</head>
<body>
    <p>望庐山瀑布</p>
    <p>[唐]李白 </p>
    <div><p>日照香炉生紫烟，遥看瀑布挂前川。</p></div>
    <div><p>飞流直下三千尺，疑是银河落九天。</p></div>
</body>
```

效果如图 2-31 所示。

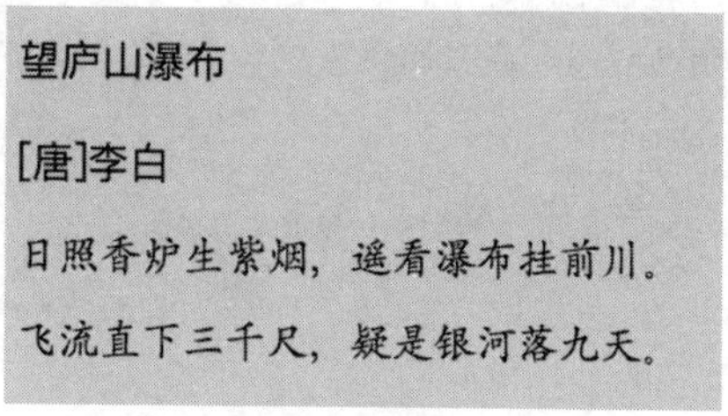

望庐山瀑布

[唐]李白

日照香炉生紫烟，遥看瀑布挂前川。

飞流直下三千尺，疑是银河落九天。

图 2-31

上述代码的 body 标签中有四个 p 标签。但是我们在 style 中使用后代选择器定义了 div 标签中的所有 p 标签的字体为楷体，其余两个 p 标签不能被设置样式。

8. 子代选择器

子代选择器：给某个元素所包含的第一级元素定义样式。

- 定义类选择器：比如 `ul>li {font-style: italic; }`，将 ul 标签中的第一级标签 li 的字体定义为楷体。
- 使用类选择器：在标签中不用手动添加。

```
<head>
    <style>
        ul>li {
            font-style: italic;
        }
    </style>
</head>

<body>
<ul>
    <li>Gradle 从入门到实战</li>
    <ol>
        <li>Groovy 基础</li>
        <li>全面理解 Gradle</li>
        <li>如何创建 Gradle 插件</li>
        <li>分析 Android 的 build tools 插件</li>
        <li>实战，从 0 到 1 完成一款 Gradle 插件</li>
    </ol>
    <li>RxJava</li>
    <ol>
        <li> RxJava 入门和常见使用方式</li>
        <li> RxJava 的消息订阅和线程切换原理</li>
    </ol>
</ul>
</body>
```

效果如图 2-32 所示。

上述代码的 body 标签中使用了 HTML 的有序列表和无序列表的嵌套。我们在 style 中定义了一个自类选择器 `ul>li`，表示只让 ul 的第一级标签 li 的字体设置为倾斜。ol 中的 li 不设置样式。

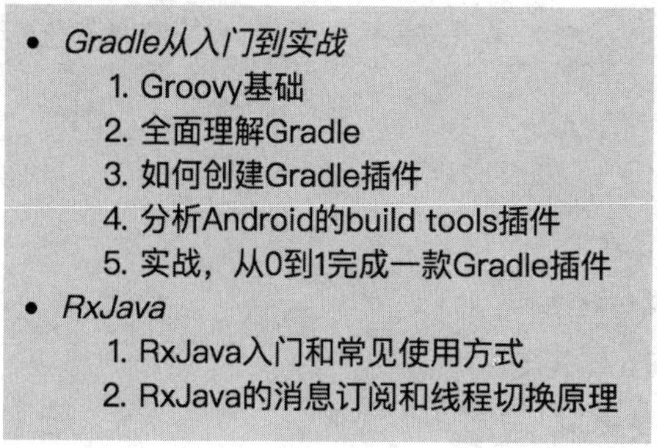

- *Gradle从入门到实战*
    1. Groovy基础
    2. 全面理解Gradle
    3. 如何创建Gradle插件
    4. 分析Android的build tools插件
    5. 实战，从0到1完成一款Gradle插件
- *RxJava*
    1. RxJava入门和常见使用方式
    2. RxJava的消息订阅和线程切换原理

图 2-32

9. 伪链接选择器

伪链接选择器：用于给链接设置各种状态的样式。

- 定义类选择器：比如 `ul>li {font-style: italic; }`，将 ul 标签中的第一级标签 li 的字体定义为楷体。
- 使用类选择器：在标签中不用手动添加。

```
<head>
    <meta charset="UTF-8">

    <style type="text/css">
        a:link {
            color: #FF0000
        }
        a:visited {
            color: #00FF00
        }
        a:hover {
            color: #FF00FF
        }
        a:active {
            color: #0000FF
        }
    </style>
</head>
<body>
<p>
    <b>
```

```
    <a href="http://renyugang.io" target="_blank">跳转到玉刚说</a>
    </b>
</p>
</body>
```

a:link：超链接默认样式。

a:visited：超链接访问过了。

a:hover：鼠标停留在超链接上。

a:active：选定的链接。

- 在 CSS 定义中，a:hover 必须被置于 a:link 和 a:visited 之后，才是有效的。
- 在 CSS 定义中，a:active 必须被置于 a:hover 之后，才是有效的。

2.2.2 常用属性

1. CSS 的使用方式

我们知道 CSS 是在 HTML 中使用的，那么是如何使用的呢？一共有三种方法：

- 内联样式；
- 内部样式表；
- 外部样式表。

内联样式：用于单个标签，应用唯一的样式。

```
<body>
    <p>学习 HTML</p>
    <p style="margin-left: 50px">学习 CSS</p>
</body>
```

效果如图 2-33 所示。

图 2-33

我们在“学习 CSS”段落中使用了“margin-left: 50px”的样式。

内部样式表：将样式定义在 style 标签中，style 定义在 head 标签中。

```
<head>
    <style>
        p{
            margin-left: 50px;
        }
    </style>
</head>
<body>
    <h4>学习 HTML</h4>
    <p>学习 CSS</p>
</body>
```

效果如图 2-34 所示。

图 2-34

我们在 head 标签中定义了 style 标签来修改页面的样式。

外部样式表：使用标签引用一个 CSS 文件来设置样式。

- 创建一个文本文件；
- 命名为 style.css；
- 将该文件和我们编写的 HTML 文件放在同一个文件夹下。

style.css 文件：

```
p{
    margin-left: 50px;
}
```

创建一个名为 studyCss.html 的文件：

```
<head>
    <meta charset="UTF-8">
```

```
    <link rel="stylesheet" href="style.css"/>
</head>
<body>
    <h4>学习 Html</h4>
    <p>学习 Css</p>
</body>
```

- rel="stylesheet"：告诉浏览器我们引用的文件是什么类型的，stylesheet 代表引用了一个样式表文本文件，必须使用。
- href="style.css"：引入我们在 style.css 中定义的 style 样式。

2. 字体样式

color：设置颜色。

font-size：字号大小，常用单位为 px。

font-style：normal（默认）、italic（斜体），等等。

font-family：字体样式。

font-weight：字体粗细（normal、bold、bolder、lighter，100 的整数倍，最大为 900）。

现在我们就使用这几种字体样式来练习一下：

```
<head>
    <style>
        div p{
            font-family: Kai;
            font-size: 50px;
            font-style: italic;
            font-weight: bold;
        }

        .span1{
            font-family: Kai;
            font-size: 25px;
            font-weight: bold;
        }

        .span2{
            color: aqua;
        }
        p {
```

```
            font-family: "Songti TC";
            font-style: italic;
        }
    </style>
</head>
    <body style="background-color:gainsboro">
    <div><p>望庐山瀑布</p></div>
    <span class="span1"> [唐] </span> <span class="span2">李白</span>
    <p>日照香炉生紫烟，遥看瀑布挂前川。</p>
    <p>飞流直下三千尺，疑是银河落九天。</p>
</body>
```

效果如图 2-35 所示。

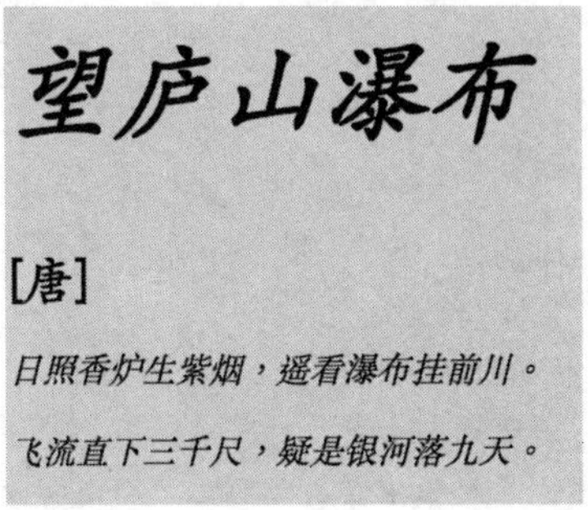

望庐山瀑布

[唐]

日照香炉生紫烟，遥看瀑布挂前川。

飞流直下三千尺，疑是银河落九天。

图 2-35

这段代码正好复习了我们前面学到的类加载器，读者可以自己练一下。

3. 文本样式

line-height：设置文本的行间距。

text-align：设置文本在水平方向上的位置。

text-indent：设置文本首行缩进，一般以 em 为单位。

text-decoration：None（无）、line-through（删除线）、overline（上画线）、underline（下画线），等等。

现在我们就使用文本样式和字体样式来练习一下。

```
<head>
    <meta charset="UTF-8">
    <style>
        *{
            font-family: "Songti TC";
```

```
        }
        .center {
            text-align: center;
        }
        div p{
            line-height: 10px;
            font-size: 15px;
        }
        .introduce p{
            text-indent: 2em;
            line-height: 20px;
        }
    </style>
</head>
<body>
<h1>宋词</h1>
<div class="center">
    <h3> 念奴娇 赤壁怀古</h3>
    <b>[</b>宋<b>]</b> 苏轼
    <p> 大江东去，浪淘尽，千古风流人物。</p>
    <p> 故垒西边，人道是，三国周郎赤壁。</p>
    <p> 乱石穿空，惊涛拍岸，卷起千堆雪。</p>
    <p> 江山如画，一时多少豪杰。</p>
    <p> 遥想公瑾当年，小乔初嫁了，雄姿英发。</p>
    <p> 羽扇纶巾，谈笑间，樯橹灰飞烟灭。</p>
    <p> 故国神游，多情应笑我，早生华发。</p>
    <p> 人生如梦，一樽还酹江月。</p>

</div>

<hr/>
<h3 class="center"> 个人简介</h3>


<div class="introduce">
    <p>苏轼（1037 年 1 月 8 日-1101 年 8 月 24 日），字子瞻，又字和仲，号铁冠道人、东坡居
士，世称苏东坡、苏仙。
    汉族，眉州眉山（今属四川省眉山市）人，祖籍河北栾城，北宋文学家、书法家、画家。</p>
</div>
<div class="introduce">
```

```
    <p>嘉祐二年（1057 年），苏轼进士及第。宋神宗时曾在凤翔、杭州、密州、徐州、湖州等地任职。
        元丰三年（1080 年），因"乌台诗案"被贬为黄州团练副使。
        宋哲宗即位后，曾任翰林学士、侍读学士、礼部尚书等职，
        并出知杭州、颍州、扬州、定州等地，晚年因新党执政被贬惠州、儋州。
        宋徽宗时获大赦北还，途中于常州病逝。
        宋高宗时追赠太师，谥号"文忠"。
    </p>
</div>

</body>
```

下面我们讲解一下上述代码。

- 使用通配符选择器，让全局文字都为宋体。
- 定义一个文字居中的类选择器，让整首宋词和个人简介使用该类选择器，使文字居中。
- 让所有 div 标签下的 p 标签的字体大小为 15px，行间距为 10px，此时该属性作用于宋词和个人简介。
- 创建类选择器让该选择器下的 p 标签的文字首行缩进，行间距为 20px。让个人简介下的两个 div 引用该类选择器，此时个人简介的字体大小由之前的 10px 变成了 20px。

效果如图 2-36 所示。

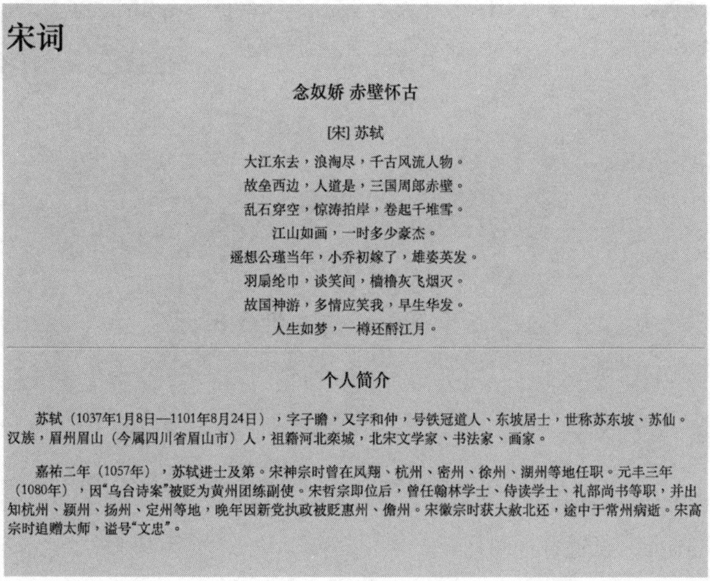

图 2-36

再看另一个练习的例子：

```
<head>
    <meta charset="UTF-8">
    <style>
        .underline {
            text-decoration: underline;
        }

        .delete {
            text-decoration: line-through;
        }

        .bold {
            font-weight: bold;
        }
    </style>
</head>
<body style="background-color:gainsboro">
    <p class="bold">商店衣服打折</p>
    <br/>
    <span class="underline">衬衣</span> :原价 <span class="delete">100 元
</span>，折后价格 <span class="bold">80 元 </span>
</body>
```

效果如图 2-37 所示。

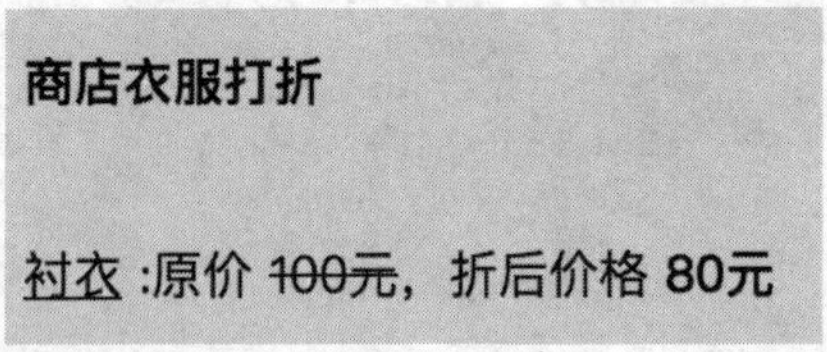

商店衣服打折

衬衣 :原价 ~~100元~~，折后价格 **80元**

图 2-37

3. 背景样式

background-color：设置背景颜色。

background-image：设置背景图片。

background-position：设置背景位置。

background-repeat：设置背景是否重复。

background-attachment：背景图片是否跟随页面滑动。

我们逐步来讲解这些属性的用法。

【案例 1】

```
<head>
    <meta charset="UTF-8">
    <style>

        h1 {
            height: 100px;
            width: 100px;
            padding: 20px;
            background-color: lemonchiffon;
        }

        div {
            height: 400px;
            width: 400px;
            background-image: url("../html/renyugang.jpg");

        }
    </style>
</head>
<body>
    <div>
        <h1 >学习背景属性</h1>
    </div>
</body>
```

h1 标签在 div 块中，给 h1 设置了宽高，并且添加了 padding，padding 就是内容到边界的距离，这样更加美观。然后给 h1 设置了背景颜色。

给 div 标签设置了背景，background-image 添加背景的方法就是使用 URL 来添加的。

我们看到了 background-image 添加的背景默认是重复出现的，并且背景的图片被 h1 标签遮挡了，如图 2-38 所示。

图 2-38

【案例 2】

background-repeat 属性

repeat：默认情况下，图片在水平和垂直方向上重复填充。

repeat-x：设置背景图片。

repeat-y：设置背景位置。

no-repeat：图片只显示一次。

background-attachment：背景图片是否跟随页面滑动。

background-position 属性

top、center、bottom：上、中、下。

left、center、right：左、中、右。

x 和 y：x 代表水平方向到左边距的距离，y 代表垂直方向到上边距的距离。

background-position 后面跟两个值的时候，是成对出现的，除了可以出现两个 center，其他方位不能同时出现。当后边跟一个值的时候，第二个值默认是 center。x 和 y 分别表示距离左边界和上边界的距离。

```
<head>
    <meta charset="UTF-8">
    <style>

        h1 {
```

```
            height: 100px;
            width: 100px;
            padding: 20px;
            background-color: lemonchiffon;
        }

        div {
            height: 600px;
            width: 600px;
            background-image: url("../html/renyugang.jpg");
            background-repeat: no-repeat;
            background-color: oldlace;
            background-position: center center;

        }
    </style>
</head>
<body style="background-color:gainsboro">

    <div>
        <h1 >学习背景属性</h1>
    </div>

</body>
```

让 div 的背景图片不再重复，给 div 设置了一个背景颜色，让图片在水平方向和垂直方向都居中，如图 2-39 所示。如果像 `background-position: center` 这样只写一个参数，那么第二个参数默认也是 center，所以效果一样。

图 2-39

2.2.3 盒模型

1. 盒子的边框

border 属性

border-width：边框的宽度。

border-style：边框的样式。

border-color：边框的颜色。

border-spacing：表格中边框的距离。

border-collapse：使用 collapse 值，让表格的边框合并。

border-style 常用属性

none：无边框。

dotted：点状边框。

dashed：虚线边框。

solid：实线边框。

double：双实线边框。

根据刚刚学会的几个属性来练习一下：

```
<head>
    <meta charset="UTF-8">
    <style>
        .div1 {
            width: 100px;
            height: 100px;
            border-style: dashed;
            border-color: green;
            border-width: 2px;
            display: inline-block;
        }

        .div2 {
            width: 100px;
            height: 100px;
            border: 10px dotted red;
```

```
            display: inline-block;
        }

        .div3 {
            width: 100px;
            height: 100px;
            border-right: blue  double  5px;
            border-top: 5px dashed green;
            border-left: 5px dashed green;
            border-bottom: 5px dashed green;        display: inline-block;
        }

    </style>
</head>
<body style="background-color:gainsboro">

<div class="div1"></div>
<div class="div2"></div>
<div class="div3"></div>

</body>
```

效果如图 2-40 所示。

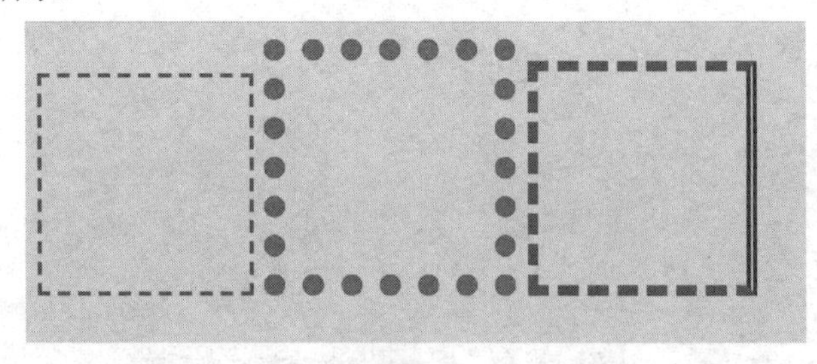

图 2-40

我们定义了三个 div 的样式，下面分别解释一下它们的写法。

- div1：使用三个属性分别定义了四个边的样式。
- div2：让三个属性通过一句代码来快速实现，`border: 10px dotted red` 这句代码中三个属性的位置可以互换。
- div3：使用三个属性分别定义了上下左右四个边的样式。这种是比较常见且快速的写法。可见 border 属性是非常自由的，可以任意地定义其属性值。

接下来我们练习一下盒模型在表格中的使用方法：

```
<head>
    <meta charset="UTF-8">
    <style>
        table {
            width: 100px;
            height: 100px;
        }

        table, td {
            border-spacing: 0px;
            text-align: center;
            border: 2px solid green;
        }
    </style>
</head>
<body style="background-color:gainsboro">
    <table>
        <tr>
            <td>首页</td>
            <td>文摘精选</td>
            <td>写作平台</td>
            <td>关于我</td>
        </tr>
    </table>
</body>
```

效果如图 2-41 所示。

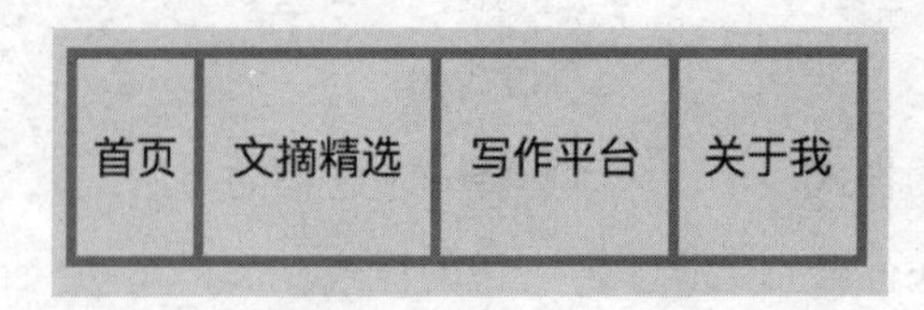

图 2-41

这里我们让表格中的字体居中，并设置了表格的样式。border-spacing 表示表格之间的距离，设置的值是 0px。但是我们发现，表格边框的宽度比想象中的要宽，这是因为每个表格都有自己的边框，两个边框挨在了一起，所以变宽了。这里使用一个新的属性 border-collapse:

collapse 就可以让表格中挨着的边框合并。

效果如图 2-42 所示。

```
table, td {
        border-collapse: collapse;
        border-spacing: 0px;
        text-align: center;
        border: 2px solid green;
    }
```

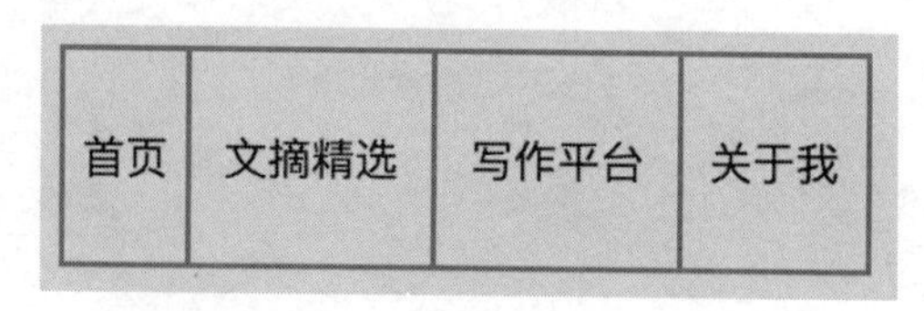

图 2-42

2. 盒子的内边距

内边距就是内容元素距离边框的距离，效果如图 2-43 所示。

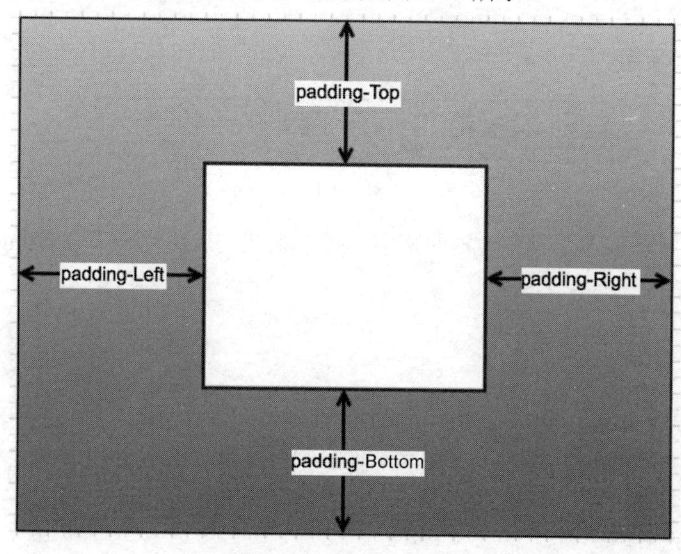

图 2-43

padding：属性的简写。

padding-Bottom：内容元素下边到边框的距离。

padding-Left：内容元素左边到边框的距离。

padding-Right：内容元素右边到边框的距离。

padding-Top：内容元素上边到边框的距离。

```
<head>
    <style>
        div {
            display: inline-block;
            border: 2px solid green;
        }
    </style>
</head>
<body>
    <div>首页</div>
    <div>文摘精选</div>
    <div>写作平台</div>
    <div>关于我</div>
    <div>订阅</div>
</body>
```

效果如图 2-44 所示。

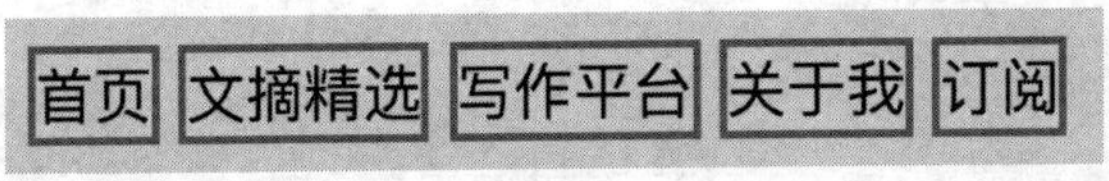

首页 文摘精选 写作平台 关于我 订阅

图 2-44

上面是用 div 展示了 5 个具有边框的文字，接下来我们就感受一下 padding 属性的用法。

```
<head>
    <style>
        div {
            display: inline-block;
            border: 3px solid green;
        }
        .padding0 {
            padding-left: 20px;
            padding-top: 10px;
            padding-right: 5px;
            padding-bottom: 0px;
        }
```

```
        .padding1 {
            padding: 10px;
        }
        .padding2 {
            padding: 20px 10px;
        }
        .padding3 {
            padding: 20px 10px 5px;
        }
        .padding4 {
            padding: 20px 10px 5px 0px;
        }
    </style>
</head>
<body>
<div class="padding0">首页</div>
<div class="padding1">文摘精选</div>
<div class="padding2">写作平台</div>
<div class="padding3">关于我</div>
<div class="padding4">订阅我</div>
</body>
```

效果如图 2-45 所示。

图 2-45

接下来分别讲解一下这 5 种类选择器的含义，除了 pandding0，其他 4 种写法均是简写，也是在开发中使用比较多的写法。

- padding0：通过 padding 的上下左右四个属性来定义文字距离边框的距离。
- padding1：1 个参数，定义内容元素的上下左右四边到边框的距离，这四个距离相同。
- padding2：2 个参数，第一个参数是定义内容元素的上下两边到边框的距离，第二个参数是左右两边到边框的距离（左右，上下）。
- padding3：3 个参数，第一个参数是定义内容元素的上边到边框的距离，第二个元素是左右两边到边框的距离，第三个参数是定义下边到边框的距离（上，左右，下）。

- padding4：4 个参数，第一个参数是定于内容元素的上边到边框的距离，第二个元素是右边到边框的距离，第三个参数是下边到边框的距离，第四个参数是左边道边框的距离（上，右，下，左）。

3. 盒子的外边距

外边距就是元素周围的空白区域，如图 2-46 所示。

margin：属性的简写。

margin-Bottom：设置下边框。

margin-Left：设置左边框。

margin-Right：设置右边框。

margin-Top：设置上边框。

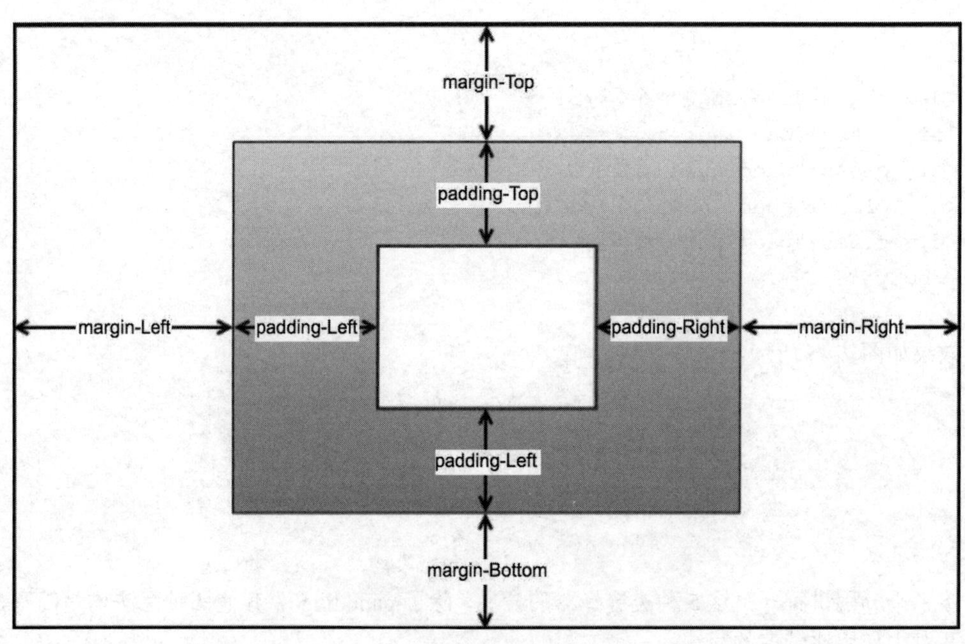

图 2-46

下面我们来练习一下 margin 的用法。

【案例 1】

```
<head>
    <meta charset="UTF-8">
    <style>
        .top {
```

```
            border-bottom: 2px green solid;
        }
        .bottom {
            border-bottom: 2px green solid;
        }
        .display {
            width: 40px;
            height: 40px;
            background-color: darkgray;
            display: inline-block;
            text-align: center;
            line-height: 40px;
        }

        .move{
        }

    </style>
</head>
<body style="background-color:gainsboro">

    <div class="top"></div>

    <div class="display"> 1</div>
    <div class="display move">2</div>
    <div class="display">3</div>

    <div class="bottom"></div>

</body>
```

效果如图 2-47 所示。

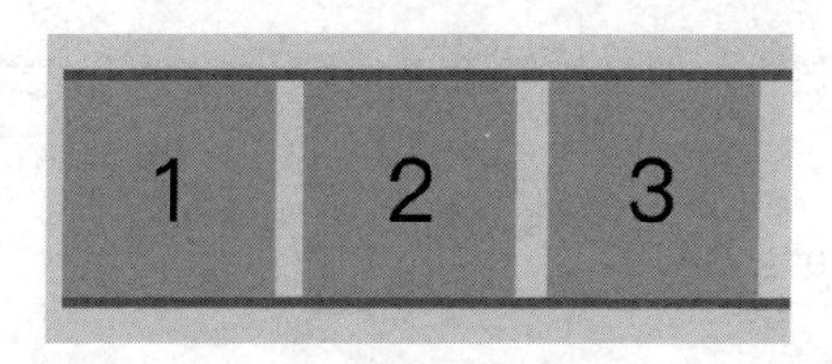

图 2-47

上面这段代码算是为练习 margin 做一个预热，因为这里还没有用到 margin。

这段代码中上下画了两条线，中间有 3 个方块。学完了之前的知识，这段代码应该可以很轻松地读懂。

为了说明 margin 的效果，我们开始为方块 2 设置 margin。我们就在名字叫 move 的选择器中设置 margin。

在 padding 中讲到的 padding 简写时后面分别跟的 1 到 4 个不同的参数代表什么含义呢？其实 margin 在简写时的参数和 padding 是一样的。

- 1 个参数：同时设置四个边。
- 2 个参数：上下边，左右边。
- 3 个参数：上边，左右边，下边。
- 4 个参数：上边，右边，下边，左边。

我们编写 4 个参数的代码来看一下效果，如图 2-48 所示。

```
.move{
    margin: 10px 20px 30px 40px;
}
...省略代码
<div class="display move">2</div>
```

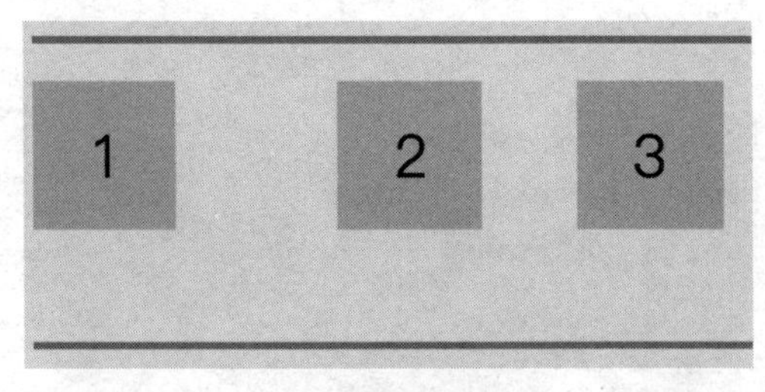

图 2-48

我们给方块 2 定义了 margin，分别是距离上边 10px、右边 20px、下边 30px、左边 40px。

【案例 2】

我们知道了如何让文本居中，但是如何让 div 居中呢？可以使用 auto 参数来让 div 居中：

```
<head>
    <meta charset="UTF-8">
    <style>
        div{
```

```
            width: 400px;
            height: 400px;
            background-color: darkgray;
            margin: auto;
        }
    </style>
</head>
<body style="background-color:gainsboro">
    <div></div>
</body>
```

效果如图 2-49 所示。

图 2-49

2.2.4　定位

定位就是让元素放在指定的位置。

定位的常用属性

position：定位方式。

top：设置内容元素的上边相对于父元素上边的偏移量。

bottom：设置内容元素的下边相对于父元素下边的偏移量。

right：设置内容元素的右边相对于父元素右边的偏移量。

left：设置内容元素的左边相对于父元素左边的偏移量。

定位方式的属性

static：静态定位（默认定位）。

relative：相对定位。

absolute：绝对定位。

fixed：固定定位。

1. 相对定位

相对定位就是内容元素相对于默认位置进行偏移，偏移后原来的位置依旧会被占用。

```
<head>
    <meta charset="UTF-8">
    <style>
        div {
            width: 100px;
            height: 100px;
            border-style: dashed;
            border-color: green;
            border-width: 2px;
            text-align: center;
            line-height: 100px;
        }
    </style>
</head>
<body>
    <div>1</div>
    <div>2</div>
    <div>3</div>
</body>
```

效果如图 2-50 所示。

图 2-50

编写了三个 div 盒子，设置了盒子的边框样式等属性。三个 div 盒子默认纵向依次排列。接下来使用一下相对定位：

```
<head>
    <meta charset="UTF-8">
    <style>
        div {
            width: 100px;
            height: 100px;
            border-style: dashed;
            border-color: green;
            border-width: 2px;
            text-align: center;
            line-height: 100px;
        }
        .position {
            left: 120px;
            top: 104px;
            position: relative;
        }
    </style>
</head>
<body>
    <div>1</div>
    <div class="position">2</div>
    <div>3</div>
</body>
```

效果如图 2-51 所示。

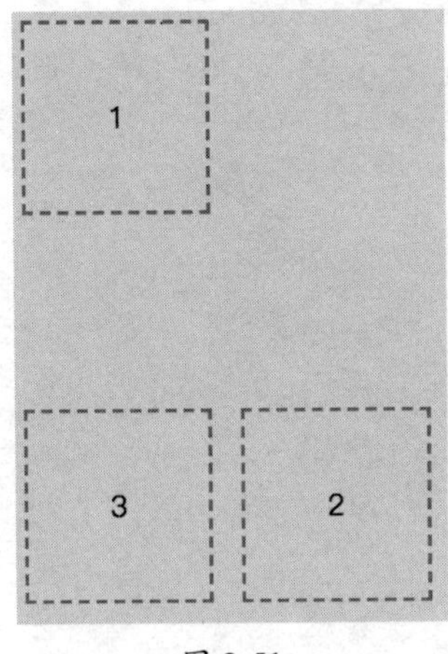

图 2-51

我们看到盒子2移动到了盒子3的右边，相对于原来的位置向右下方进行了位置上的偏移。而且盒子 3 并没有因为盒子 2 的移动而移动。说明盒子 2 原位置依然被占据。

2. 绝对定位

绝对定位就是内容元素相对于父层级进行偏移，如果没有父层级就相对于浏览器进行偏移。

接下来我们将相对定位的例子修改一下：

```
<head>
    <meta charset="UTF-8">
    <style>
        div {
            width: 100px;
            height: 100px;
            border-style: dashed;
            border-color: green;
            border-width: 2px;
            text-align: center;
            line-height: 100px;
            position: absolute;
        }

        .group {
            margin: 100px;
            width: 400px;
            height: 400px;
            background-color: darkgray;
            border: none;
        }
    </style>
</head>
<body>
    <div class="group">
        <div>1</div>
        <div>2</div>
        <div>3</div>
    </div>
</body>
```

效果如图 2-52 所示。

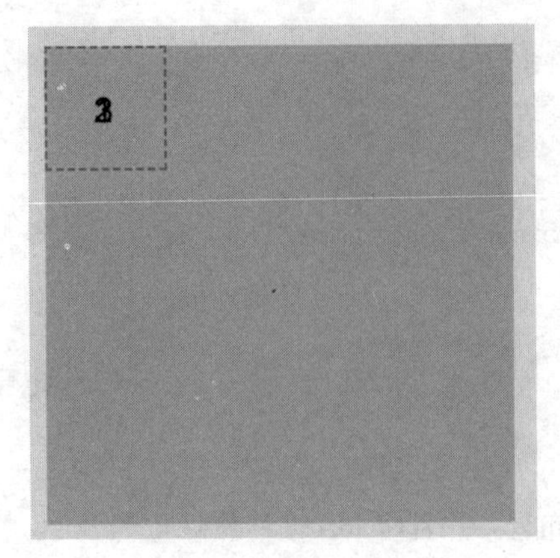

图 2-52

我们将 div 默认均使用相对布局。结果发现三个 div 叠在了一起，说明它们偏移后不会占用位置。

```
<head>
    <meta charset="UTF-8">
    <style>
        div {
            width: 100px;
            height: 100px;
            border-style: dashed;
            border-color: green;
            border-width: 2px;
            text-align: center;
            line-height: 100px;
        }
        .position1 {
            left: 500px;
            position: absolute;
        }
        .group {
            margin: 100px;
            width: 400px;
            height: 400px;
            background-color: darkgray;
            border: none;
```

```
        }
    </style>
</head>
<body>
    <div class="group">
        <div  class="position1">1</div>
        <div>2</div>
        <div>3</div>
    </div>
</body>
```

我们为盒子 1 添加绝对布局，并且将 left 偏移量设置为 500px，已经大于 group 的宽度。效果如图 2-53 所示。

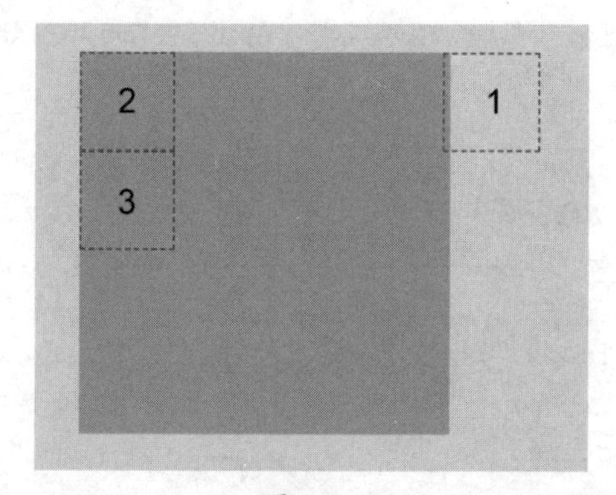

图 2-53

我们看到盒子 1 已经超出了父盒子，而且盒子 2 向上移动，占据了原来盒子 1 的位置。说明盒子 1 的偏移不是相对于父盒子的，而是相对于浏览器的。

此时修改一下 group 的样式：

```
.group {
    margin: 100px;
    width: 400px;
    height: 400px;
    background-color: darkgray;
    border: none;
    position: absolute;
}
```

效果如图 2-54 所示。

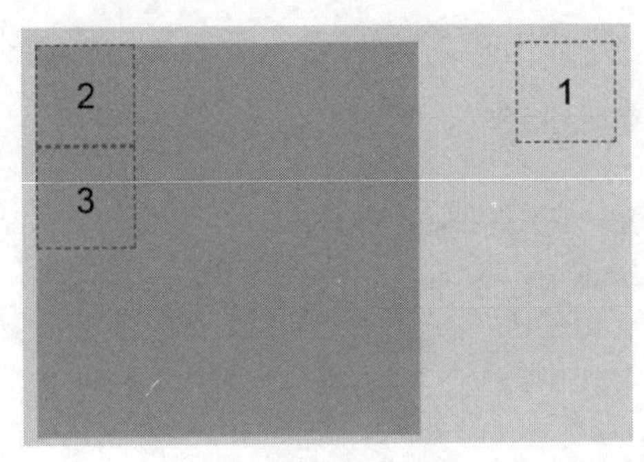

图 2-54

如果给 group 添加了绝对定位，则盒子 1 的偏移就是相对于父盒子，而不是相对于浏览器的了。

如果盒子有父盒子，且该父盒子设置了绝对定位，则子盒子的偏移是相对于父盒子的。

如果父盒子没有设置绝对定位，则子盒子的偏移是相对于浏览器的。

3. 固定定位

固定定位：内容元素只会相对于浏览器进行偏移，不会受父盒子的影响，偏移后也不会占用位置。

```
<head>
    <meta charset="UTF-8">
    <style>
        div {
            width: 100px;
            height: 100px;
            border-style: dashed;
            border-color: green;
            border-width: 2px;
        }

        .position {
            text-align: center;
            line-height: 100px;
            position: fixed;
            left: 10px;
        }
```

```
        .group {
            margin: 100px;
            width: 400px;
            height: 400px;
            background-color: darkgray;
            border: none;
            position: absolute;
        }
    </style>
</head>
<body style="background-color:gainsboro">
    <div class="group">
        <div class="position">1</div>
    </div>
</body>
```

效果如图 2-55 所示。

此时父盒子是绝对定位，子盒子 1 是固定定位，但是子盒子 1 并没有相对于父盒子进行偏移，而是依旧相对于浏览器进行偏移。另外，如果浏览器内容一页展示不开需要滚动，那么盒子 1 依然不会滚动，此时我们缩小浏览器，向下滑动。效果如图 2-56 所示。

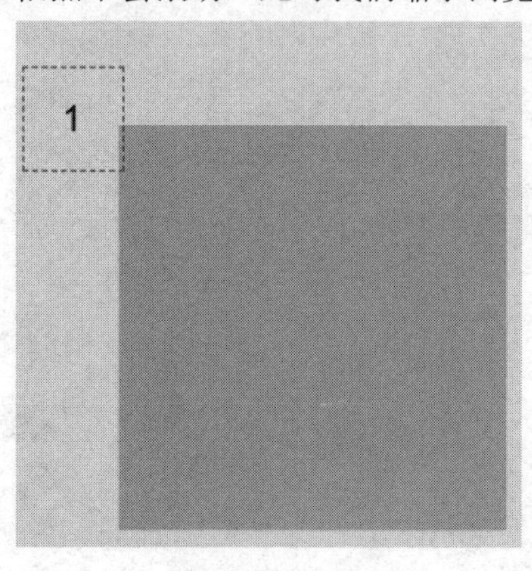

图 2-55

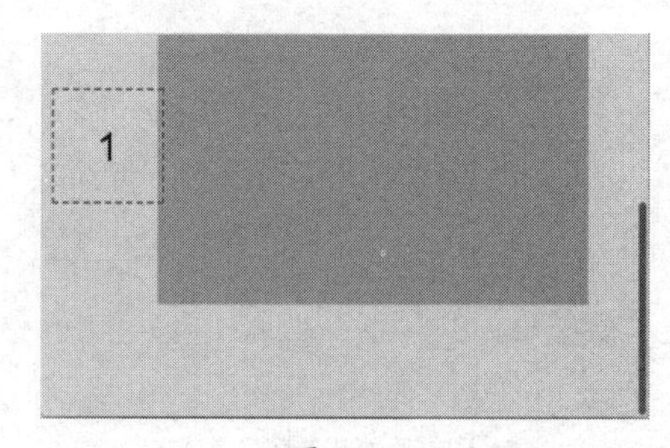

图 2-56

发现子盒子 1 依然没有滑动。

4. 静态定位

静态定位：内容元素的默认位置，常用于清除定位。

z-index 属性

我们回顾一下上面绝对定位的代码中3个盒子叠在一起的情景，从上向下依次为盒子3、2、1。如何更改这个顺序呢？这时就需要使用 z-index 属性了。

为了便于观察，我们给3个盒子添加颜色和偏移量：

```
<!DOCTYPE html>
<html lang="en">

<head>
    <meta charset="UTF-8">
    <style>
        div {
            width: 100px;
            height: 100px;
            border-style: dashed;
            border-color: green;
            border-width: 2px;
            text-align: center;
            line-height: 100px;
            position: absolute;
        }

        .position1 {
            background-color: darkgray;
        }

        .position2 {
            top: 80px;
            left: 80px;
            background-color: oldlace;
        }

        .position3 {
            left: 90px;
            background-color: red;
        }
    </style>
</head>

<div class="position1">1</div>
```

```
<div class="position2">2</div>
<div class="position3">3</div>

</body>


</html>
```

效果如图 2-57 所示。

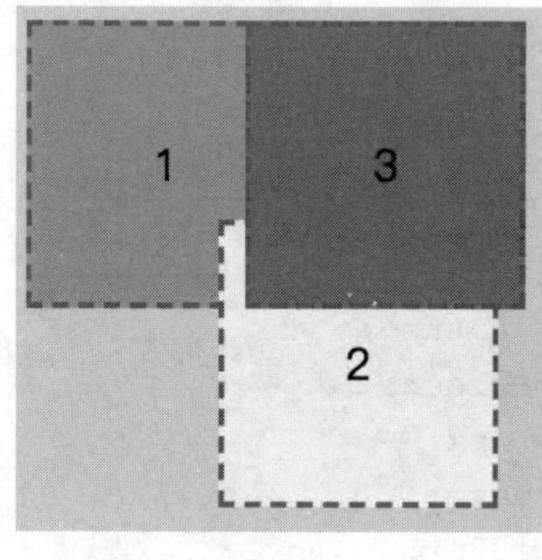

图 2-57

默认情况下从上到下是盒子 3、盒子 2、盒子 1。

接下来使用 z-index 属性来更改盒子 1 的位置。效果如图 2-58 所示。

```
.position1 {
    background-color: darkgray;
    z-index: 1;
  }
```

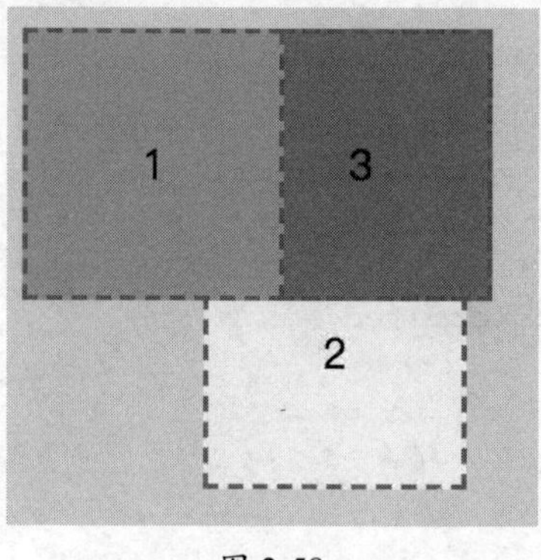

图 2-58

将盒子的 z-index 属性设置为 1，盒子 1 盖住了盒子 2 和盒子 3。z-index 属性通过设置值的大小来设定盒子的层叠位置。

2.2.5　浮动

1. 浮动特性

浮动和定位相似，作用是让盒子放置在指定的位置。

浮动属性

left：相对其他盒子居左浮动。

right：相对其他盒子居右浮动。

none：不浮动（默认值）。

```
<head>
    <style>
        div {
            border: 2px dashed green;
            float: left;
        }
        .float1 {
            width: 100px;
            height: 100px;
            background-color: darkgray;
        }
        .float2 {
            width: 120px;
            height: 120px;
            background-color: oldlace;
        }
        .float3 {
            width: 140px;
            height: 140px;
            background-color: red;
        }
    </style>
</head>
```

```
<body>
    <div class="float1"></div>
    <div class="float2"></div>
    <div class="float3"></div>
</body>
```

效果如图 2-59 所示。

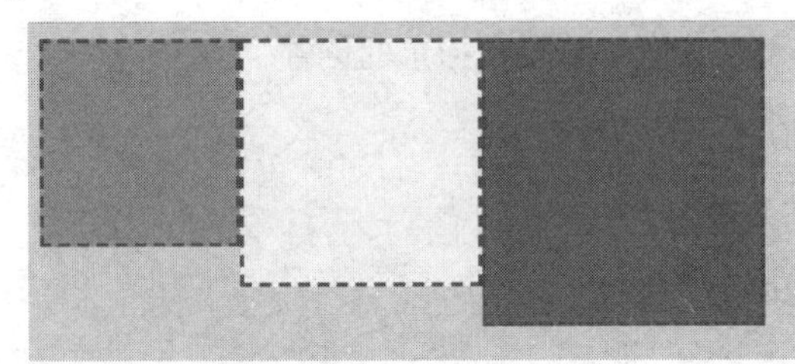

图 2-59

这里将 div 全部设置为 `float: left` 属性，发现三个 div 盒子在一行上显示了。

```
<head>
    <meta charset="UTF-8">
    <style>
        div {
            border: 2px dashed green;
            float: left;
        }

        .float1 {
            width: 100px;
            height: 100px;
            background-color: darkgray;
        }

        .float2 {
            width: 120px;
            height: 120px;
            background-color: oldlace;
        }

        .float3 {
            width: 140px;
            height: 140px;
```

```
            background-color: red;
        }

        .group{
            width: 300px;
            height: 400px;
            border: 2px solid green;
        }
    </style>
</head>
<body>
    <div class="group">
        <div class="float1"></div>
        <div class="float2"></div>
        <div class="float3"></div>
    </div>
</body>
```

效果如图 2-60 所示。

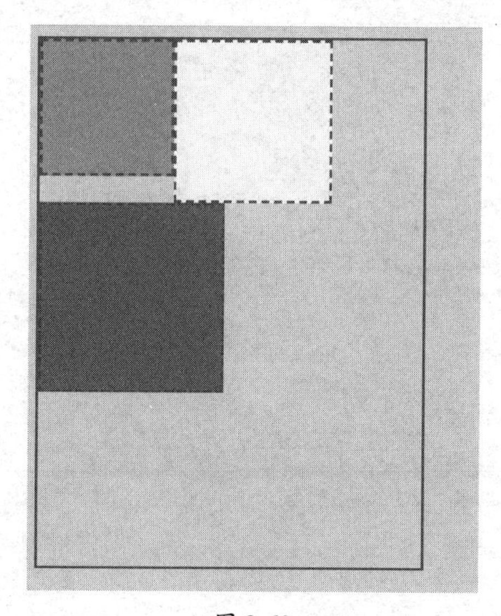

图 2-60

此时我们在 3 个盒子外面添加一个父盒子，父盒子的宽度比三个盒子宽度总和要小，发现 float 类型的盒子会换行。

注意：此时 4 个盒子均是 float 类型。

现在我们更改样式，只给灰色盒子设置 float 居左属性。

```
<head>
    <meta charset="UTF-8">
    <style>
        div {
            border: 2px dashed green;
        }

        .float1 {
            float: left;
            width: 100px;
            height: 100px;
            background-color: darkgray;
        }

        .float2 {
            width: 120px;
            height: 120px;
            background-color: oldlace;
        }

        .float3 {
            width: 140px;
            height: 140px;
            background-color: red;
        }

        .group{
            width: 300px;
            height: 400px;
            border: 2px solid green;
        }
    </style>
</head>
```

效果如图 2-61 所示。

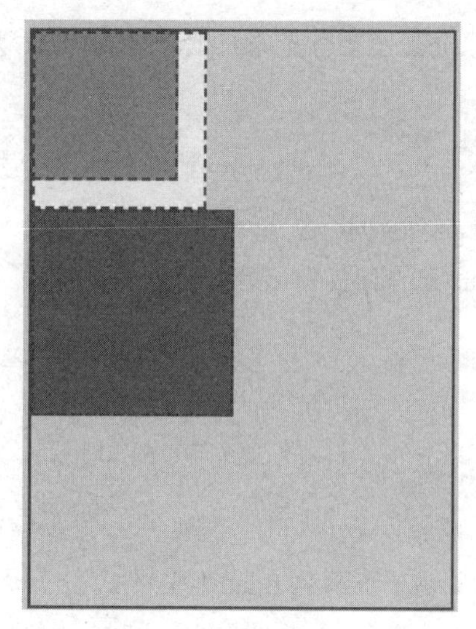

图 2-61

发现灰色盒子浮动在白色盒子的上面，说明 float 属性也不占用位置。

有时候父盒子的宽高是由子盒子来决定的，所以并不确定父盒子的宽高是多少。此时使用 float 属性能很好地解决这个问题：

```
.group {
   width: 300px;
   border: 2px solid green;
}
```

效果如图 2-62 所示。

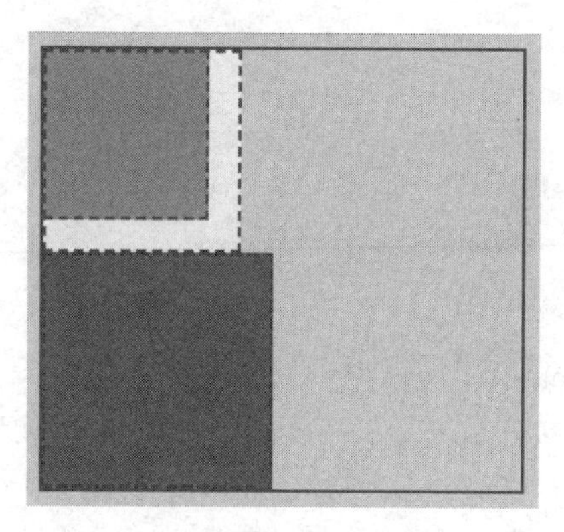

图 2-62

此时可以看到，父盒子的高度与子盒子高度的总和是一样的。

注意：此时 4 个盒子均是 float 类型。如果父盒子不是 float 类型，但我们又要实现这种效果，那么就要清除 float。

2. 清除浮动

使用 clear 属性在浮动盒子后面添加一个非浮动的盒子。

清除浮动的方法有很多，这里介绍最常用的几种。

clear 属性

left：清除左浮动。

right：清除右浮动。

both：清除左右浮动。

还是上面的代码，我们让父盒子不再是 float 类型：

```
<head>
    <meta charset="UTF-8">
    <style>
        div {
            border: 2px dashed green;
            float: left;;
        }
        .float1 {
            width: 100px;
            height: 100px;
            background-color: darkgray;
        }
        .float2 {
            width: 120px;
            height: 120px;
            background-color: oldlace;
        }
        .float3 {
            width: 140px;
            height: 140px;
            background-color: red;
        }
        .group {
            float: none;
```

```
            width: 300px;
            border: 2px solid green;
        }
    </style>
</head>
<body>
    <div class="group">
      <div class="float1"></div>
      <div class="float2"></div>
      <div class="float3"></div>
    </div>
</body>
```

效果如图 2-63 所示。

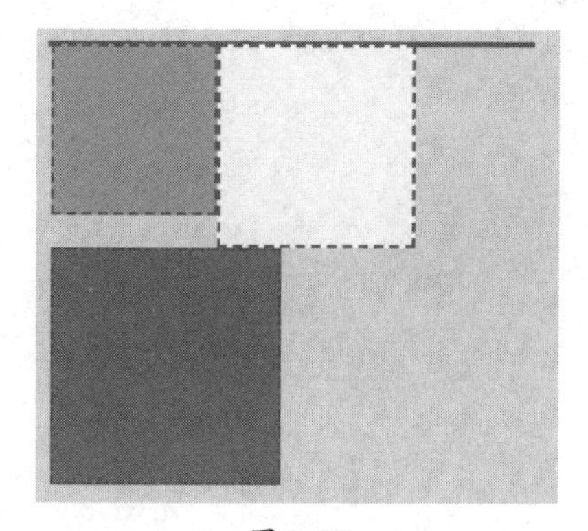

图 2-63

此时因为父盒子没有高度，所以就是一条线。

接下来使用 clear 清除浮动：

```
<head>
    <style>
        div {
            border: 2px dashed green;
            float: left;;
        }
        .float1 {
            width: 100px;
            height: 100px;
            background-color: darkgray;
```

```
        }
        .float2 {
            width: 120px;
            height: 120px;
            background-color: oldlace;
        }

        .float3 {
            width: 140px;
            height: 140px;
            background-color: red;
        }
        .float4 {
            float: none;
            border:none;
            clear: both;
        }
        .group {
            float: none;
            width: 300px;
            border: 2px solid green;
        }

    </style>
</head>
<body>
    <div class="group">
        <div class="float1"></div>
        <div class="float2"></div>
        <div class="float3"></div>
        <div class="float4"></div>
    </div>
</body>
```

效果如图 2-64 所示。

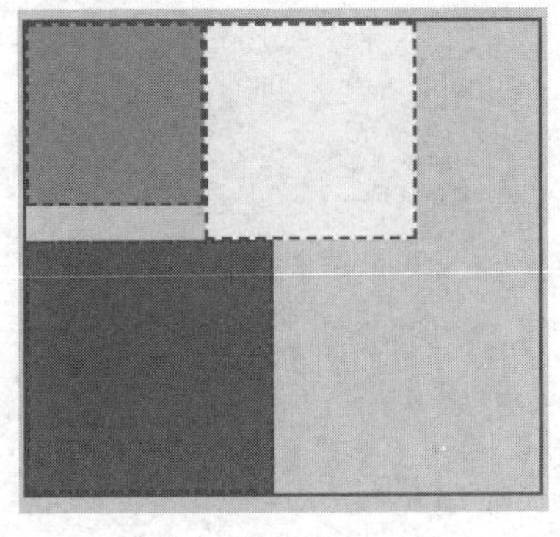

图 2-64

2.2.6　FlexBox 布局

FlexBox 布局可以让内容元素在一个方向上伸缩地摆放。

1. 伸缩方向与换行

row：横向摆放。

column：纵向摆放。

wrap：内容元素在一行显示不开的时候，可以换行显示。

继续使用 2.2.5 节的例子：

```
<head>
    <meta charset="UTF-8">
    <style>
        div {
            border: 2px dashed green;
        }
        .div1 {
            width: 100px;
            height: 100px;
            background-color: darkgray;
        }
        .div2 {
            width: 120px;
            height: 120px;
            background-color: oldlace;
        }
```

```
        .div3 {
            width: 140px;
            height: 140px;
            background-color: red;
        }
        .group {
            display: flex;
            flex-flow: row;
            width: 300px;
            border: 2px solid green;
        }
    </style>
</head>
<body>
    <div class="group">
        <div class="div1"></div>
        <div class="div2"></div>
        <div class="div3"></div>
    </div>
</body>
```

效果如图 2-65 所示。

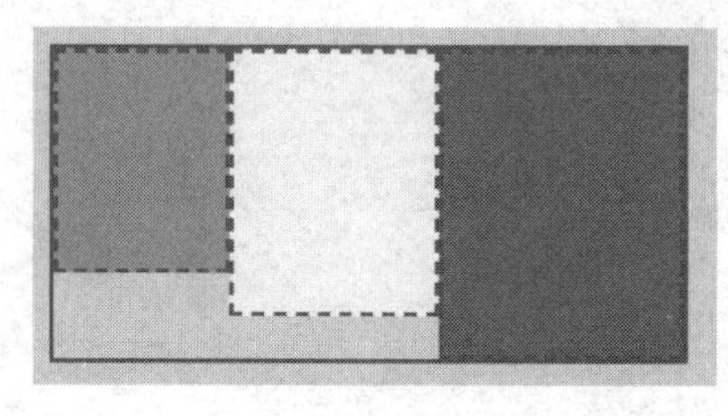

图 2-65

注意：

- 使用 flex-flow 的前提是使用 `display: flex` 属性。
- 3 个子盒子的宽度和大于父盒子的宽度，但因为使用了 FlexBox 布局，所以它们都会相应地伸缩。

更改 flex-flow 的属性：

```
.group {
        display: flex;
        flex-flow: row wrap;
```

```
    width: 300px;
    border: 2px solid green;
}
```

效果如图 2-66 所示。

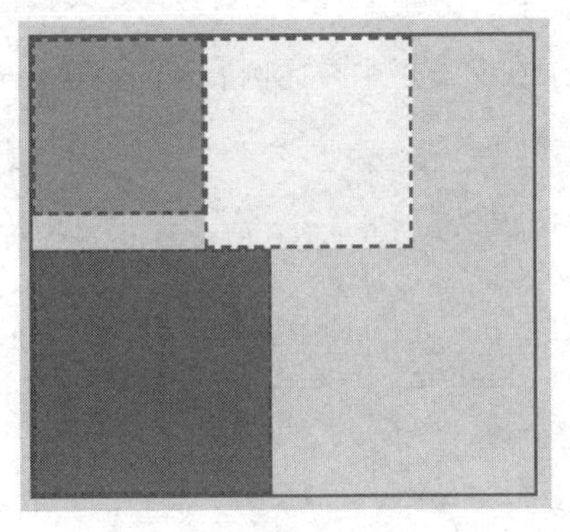

图 2-66

此时 flex-flow 的属性为 row 和 wrap。3 个子盒子都不会被压缩了，因为一行显示不开，所以就换行显示。

更改 flex-flow 的属性：

```
.group {
    display: flex;
    flex-flow: column;
    width: 300px;
    height: 200px;
    border: 2px solid green;
}
```

效果如图 2-67 所示。

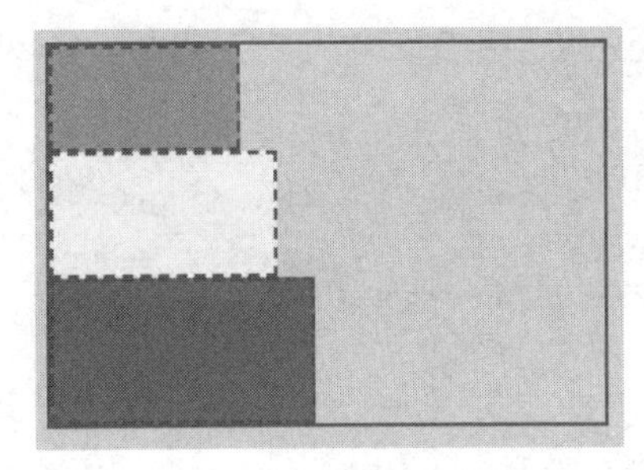

图 2-67

这里使用了 flex-flow 的 column 属性。但是 3 个子盒子的高度和大于父盒子的高度，所以也进行了伸缩，直至展示开为止。

2. 伸缩项目

flex：数值大小表示在盒子中的比例大小。

flex 属性适用于多个子盒子在父盒子中按比例展示的场景。

```
<head>
    <meta charset="UTF-8">
    <style>
        div {
            border: 2px dashed green;
        }
        .div1 {
            width: 50px;
            height: 100px;
            background-color: darkgray;
        }
        .div2 {
            width: 100px;
            height: 120px;
            background-color: oldlace;
        }
        .div3 {
            width: 200px;
            height: 140px;
            background-color: red;
        }
        .group {
            display: flex;
            flex-flow: row;
            width: 300px;
            height: 200px;
            border: 2px solid green;
        }
    </style>
</head>
<body>
```

```
    <div class="group">
        <div class="div1"></div>
        <div class="div2"></div>
        <div class="div3"></div>
    </div>
</body>
```

为了效果更明显，我们将 3 个子盒子的宽度差距变大，如图 2-68 所示。

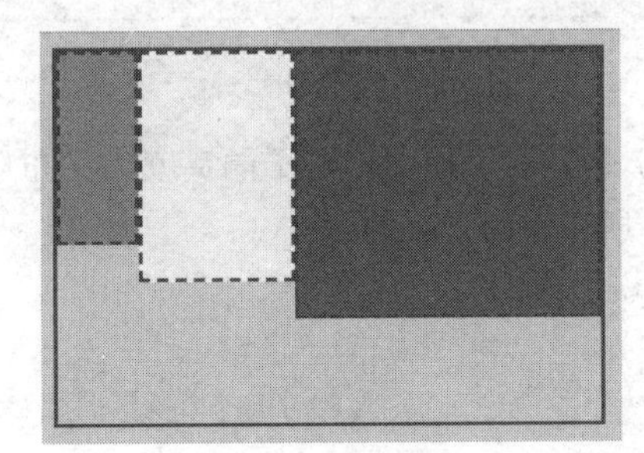

图 2-68

此时可以看到 3 个子盒子的宽度差距比较大。接下来使用 flex 属性：

```
        .div1 {
            width: 50px;
            height: 100px;
            background-color: darkgray;
            flex: 1;
        }

        .div2 {
            width: 100px;
            height: 120px;
            background-color: oldlace;
            flex: 1;
        }

        .div3 {
            width: 200px;
            height: 140px;
            background-color: red;
            flex: 1;
        }
```

效果如图 2-69 所示。

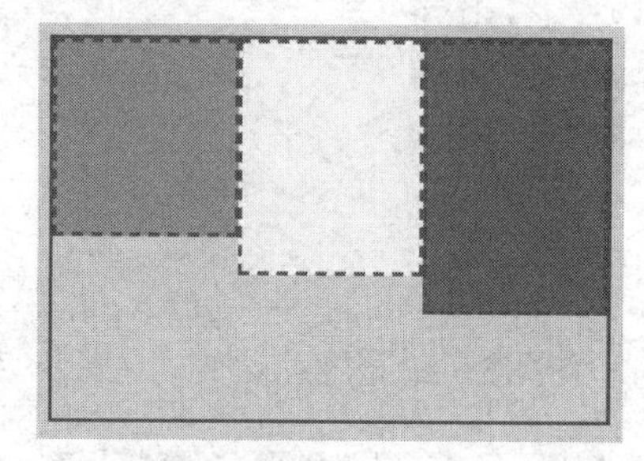

图 2-69

将 3 个子盒子分别设置为 `flex:1`，使 3 个盒子的宽度为父布局宽度的三分之一。因为每个子盒子都占一份，一共 3 份，所以每份是三分之一。

接下来更改一下 flex 的数值：

```
.div1 {
    width: 50px;
    height: 100px;
    background-color: darkgray;
    flex: 2;
}

.div2 {
    width: 100px;
    height: 120px;
    background-color: oldlace;
    flex: 3;
}

.div3 {
    width: 200px;
    height: 140px;
    background-color: red;
    flex: 1;
}
```

效果如图 2-70 所示。

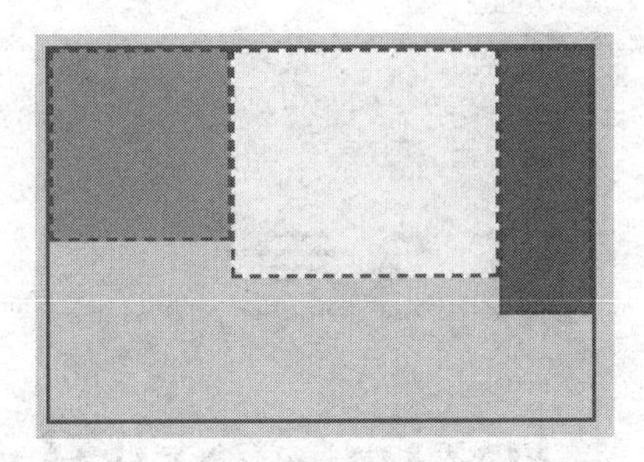

图 2-70

此时我们将 3 个子盒子的 flex 分别设置为 2、3、1，加在一起是 6。所以子盒子 1 占了二份，也就是宽度的六分之二；子盒子 2 占了三份，就是宽度的六分之三；子盒子 3 占了一份，就是宽度的六分之一。

尽管子盒子 3 的宽度设置得最大，但是如果设置了 flex，那么还是要以 flex 为准。

第 3 章 JavaScript 入门

3.1 JavaScript 初探

第 2 章我们系统地学习了超文本标记语言 HTML 和层叠样式表 CSS。了解了一个网页的基本组成，也看到了很多有趣的界面实现方式。但是，静态页面却有着很大的局限性。以第 2 章的第一个练习来说，我们可以轻松地完成一首诗的展示界面。但是，假设这样一种场景：要根据用户搜索，展现出相应诗词的界面。这时，你该怎么做？复制粘贴代码，修改内容吗？即使诗词的总量只有 20 首，这个工作量也不是我们愿意看到的。这时，你可能会想，如果只编写一次界面，根据不同的搜索数据去加载，是不是就可以一劳永逸了？没错，JavaScript 可以帮你解决这个难题。现在，欢迎来到 JavaScript 魔法世界！

3.1.1 搭建开发环境

运行一段 JS 代码有很多方式。在此，我们介绍两种：HTML 方式和 Google 浏览器 Chrome 方式。

- HTML 方式，使用`<script>`标签进行引入

```
<script type="text/javascript" src="jspath"></script>
```

将上述代码写在`<head>`或`<body>`标签中引用即可。

- Chrome 方式

（1）下载 Google 浏览器。

（2）打开浏览器，使用组合键 Ctrl+Shift+I / F12（Windows）或 Cmd+Opt+I（Mac），如图 3-1 所示。

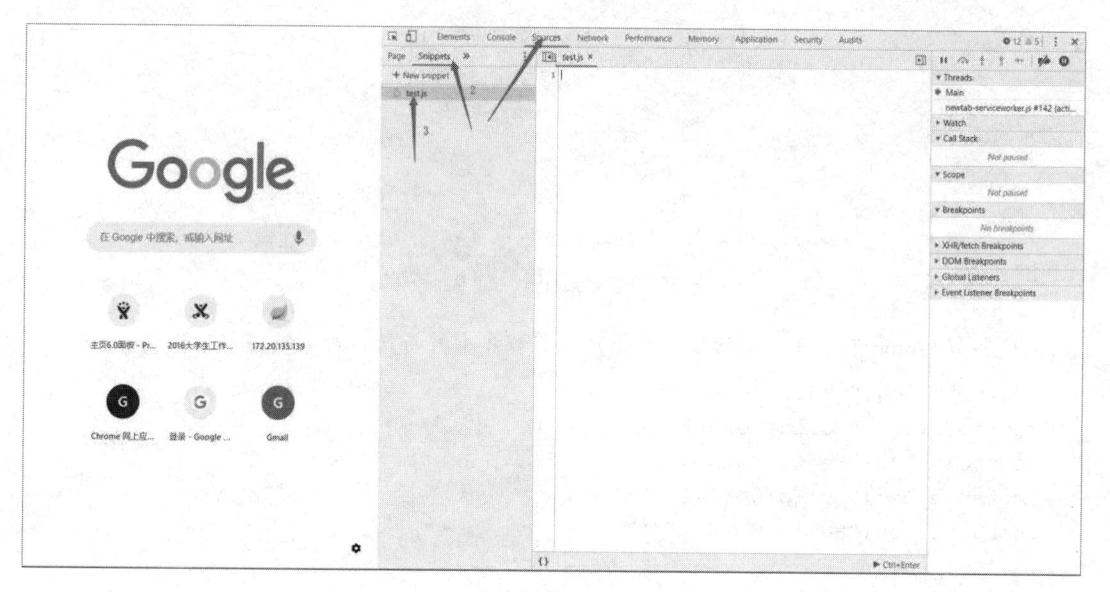

图 3-1

若菜单栏没有默认选择 Sources，那么手动在顶部菜单栏选择 Sources，在右侧的导航栏中选择 Snippets，新建一个后缀名为 JS 的文件。

大功告成，这样就有了可以执行 JavaScript 代码的平台。下一节，让我们开始 JavaScript 之旅！

3.1.2　第一个程序

我们学习一门自然语言，是为了跟这个大千世界中的一部分人进行沟通，产生连接。学习编程语言也是如此，先让我们使用 JavaScript 语言向这个世界问声好吧。

```
console.log("Hello Word!");
alert("Hello Word!");
```

输出结果如图 3-2 所示。

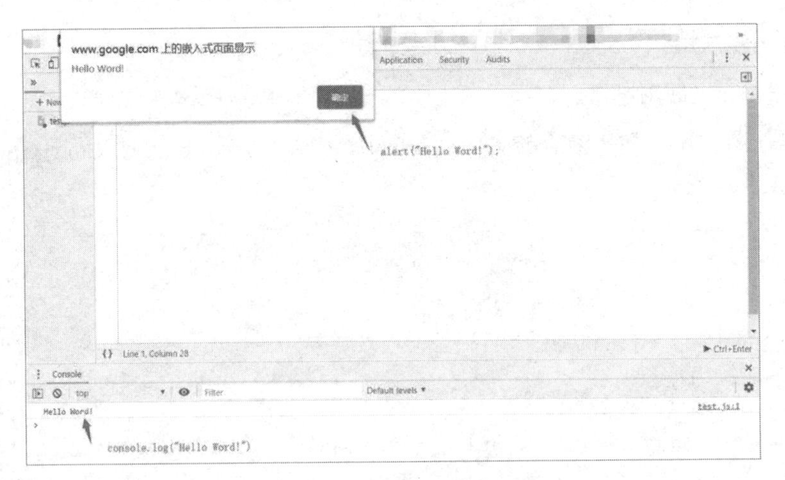

图 3-2

注意：Chrome 不仅可以运行程序，还可以在程序中打断点。我们编写以下代码：

```
console.log("Hello Word 1!");
console.log("Hello Word 2!");
console.log("Hello Word 3!");
console.log("Hello Word 4!");
console.log("Hello Word 5!");
```

在程序中设置断点，如图 3-3 所示。

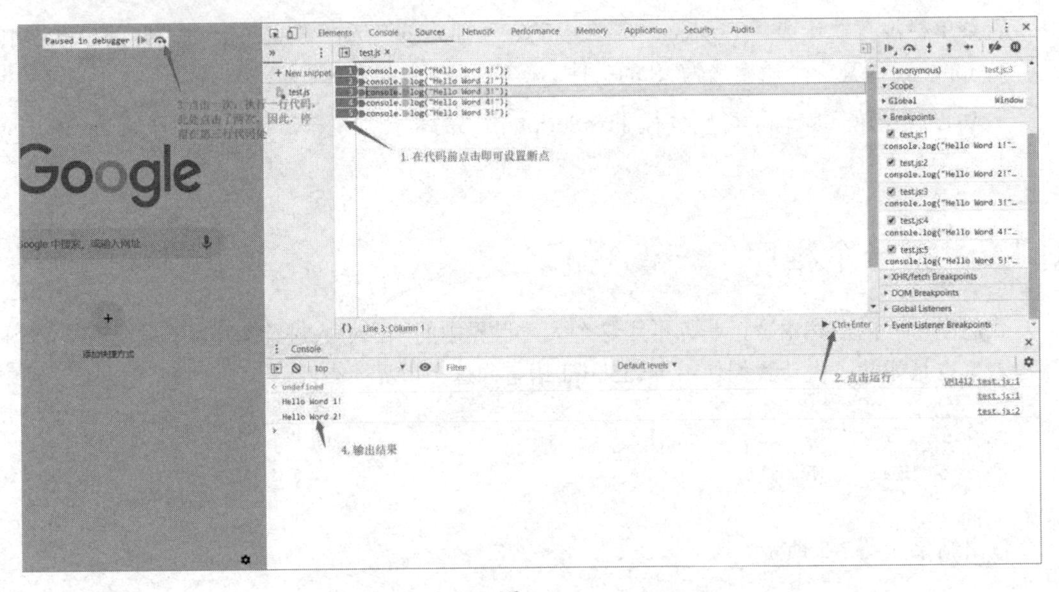

图 3-3

设置过断点后，程序将逐行执行，在开发过程中能快速定位程序的问题。因此，掌握断点的使用方法至关重要。

在日常生活中，打招呼的方式多种多样。JavaScript 也不例外，3.1.1 节运行的代码代表两种打招呼的方式。用专业的话来说，这是 JavaScript 的输出方式。当然，JavaScript 的输出方式不仅仅只有这两种，有兴趣的读者可自行了解。对于没有编程经验的读者来说，对上面的程序可能会感觉到很困惑，但是不要紧，只要知道上面的程序可以帮我们把结果输出到控制台就行了。

在本章中我们学习怎样快速得到一个简单的 JavaScript 学习环境。在实际开发过程中，有许多优秀的平台可供我们选择。但是，在学习的前期，降低学习 IDE 的成本，也是一种良好的学习方式。如果有相关经验，那么遵循你的习惯。我们在 3.1 节中使用了 JavaScript 向世界发出问候。程序可能不易理解，但并不妨碍后面的学习，相信你会爱上 JavaScript 这门神奇的语言。

3.2 数据类型

计算机最强大的功能莫过于数据处理。因此，数据是一切的基石。而数据类型是我们走近这些数据的前提。数据类型是个宽泛的概念，如同食物一样。食物包含很多种类，如水果、肉、蔬菜等，而每一项又有固定的取值范围，数据类型也是如此，有 String、布尔、null 等，每一项都有其对应的取值范围。本节让我们一起来认识一下 JavaScript 中的数据类型。

3.2.1 变量、常量和字面量

1. 变量

变量，即值是可以变化的。我们使用关键字 let 来定义变量，观察下面的代码：

```
let poetryName ="念奴娇·赤壁怀古";
let author = "苏轼";
console.log("诗词名："+poetryName+" 作者："+author);
```

上述代码声明并初始化了 poetryName 和 author 两个变量。实现了声明和赋值两个过程，其效果等同于：

```
let poetryName;
poetryName ="念奴娇·赤壁怀古";
let author;
author = "苏轼"
```

也就是说，在 JavaScript 中，变量的声明和赋值可以分为两步，这也体现了变量的值是可变的。

2. 常量

与变量相对应的就是常量，即不可变量。我们使用 const 来声明常量。观察下面的代码：

```
const poetryName ="念奴娇·赤壁怀古";
const author = "苏轼"
console.log("诗词名："+poetryName+" 作者："+author);
```

这段程序与上段程序唯一的不同在于：这段程序使用了常量。仅就这段程序而言，两种方式的输出结果是相同的。值得注意的是：常量一旦初始化就不能再改变。因此，其声明和赋值应该同步进行。

小贴士：常量有一个非强制性的规范，即常量名应以大写命名。

3. 字面量

在上述代码中，常量和变量赋的值即为字面量。

3.2.2 基本类型和对象类型

在 JavaScript 中，数据类型分为基本类型和对象类型。基本类型有 6 种：数字、布尔、字符串、undefined 和 null，以及 ES6 新特性符号。

- **数字**

分为精确值和近似值。JavaScript 中的近似值分为双精度和浮点型。

- **布尔**

只有两种取值：true 和 false。通常作为表达式的返回值，多用于程序中的流程控制。

- **字符串**

在 JavaScript 中，字符串用来表示 Unicode 文本，即界面上显示的内容。但是和数字及布尔型不同，字符串的变量名和文本内容很可能一致。因此，我们采取字符串的形式来区分变量名和文本内容。例如，`let str = "str"`定义了一个变量 str，并且它的值也为 str。

- **undefined**

undefined 表示“此处应该有值，但是却没有赋值”，常见场景如下：

```
var name;
```

```
function hasParameter(params){
    console.log(params);
}
console.log(name);
hasParameter();
```

运行代码，控制台输出：

```
undefined
undefined
```

- **null**

null 表示本来就不应该有值。

- **符号**

符号是 ES6 的新特性，代表一个唯一的标志。

除了上述的 6 种基本类型，剩下的都是对象。前面介绍的基本类型都只能代表一个值，而对象则能代表一组值，甚至一组对象。在 JavaScript 中，对象又分为自定义类型和内置类型。顾名思义，自定义类型就是自己定义的一个对象，它包含什么由编码者决定。我们来看一个例子：

```
let object = {}
object.name = "test";
object.target = "学习 js";
console.log(object);
```

在上面的例子中，我们定义了一个对象 object，并且为它声明了两个属性，分别是 name 和 target。

注意，不论属性值如何变化，对象 object 始终指向同一个对象。关于对象的另一个分类：内置类型，我们将在 3.2.3 节进行讲解。

3.2.3　内置类型

JavaScript 中有 6 种内置类型，分别是：

（1）Array，具有索引值的有序列表。Array 也称为数组，是一组有序的变量、常量或对象的集合。JavaScript 中的数组与其他编程语言中的数组略有不同，表现为以下几个方面：

- 数组长度不固定；
- 同一个数组中，元素类型可以不相同，即每一个元素都可以是任意类型。

注意：JavaScript 中的数组下标从 0 开始。

（2）Date（日期和时间）

在 JavaScript 中，日期和时间是通过 Date 表示的。用法如下：

```
const test1 = new Date();
   console.log(test1);
```

运行上述代码，输出如下：

```
Sun Sep 08 2018 18:01:17 GMT+0800 (CST)
```

上述输出为笔者运行程序的当前时间。很显然，上述代码的含义是获取当前时间。当我们想得到指定日期的时间对象时该怎么做呢？代码如下：

```
const test3 = new Date(2019,0,1,00,00);
```

我们得到了一个 2019 年元旦那天的时间对象。注：月份是从 0 开始的。

（3）Error，运行时错误。

（4）Function，用于表示所有函数实例的函数类型。

（5）Object，用于表示所有函数实例的函数类型。

（6）RegExp，正则表达式，常用于文本匹配，通常能达到事半功倍的效果。

3.2.4 类型转换

在开发过程中，数据转换是很常见的任务场景。例如，用户在表单上填入的价格是字符串类型，那么我们要计算折扣价，就不得不将此字符串类型转换为数字类型。下面介绍几种常见的类型转换。

1. 数字转换为字符串

在 JavaScript 中，数字转换为字符串常用的方式有两种：

```
const num1 = 25.5;
const numStr = num1.toString;
const numStr1 = num1+"";
```

2. 字符串转换为数字

字符串转换为数字有两种方式。

（1）使用 Number 对象的构造方法。

```
const num1 = "99.99";
const num = Number(num1);
const testNum = 3+num;
console.log(testNum);
const num2 = "99.99po"
console.log(Number(num2));
```

运行结果为：

```
102.99
NaN
```

当我们使用 Number 对象的构造方法时，不符合数字格式的变量转换将会失败，返回 NaN。

（2）使用内置函数 parseInt 或 parseFloat。

```
const num1 = parseInt("34",10);
const num2 = parseInt("35yfg",10);
const num3 = parseFloat("3615.12",10);
console.log(num1+num2+num3);
```

运行结果为：

```
3684.12
```

当我们使用内置函数时，会自动忽略被转换的字符串中不合法的字符。

3.2.5　标识符命名

顾名思义，标识符就是为了标识变量、常量、函数而起的名字。它们有一些强制性的命名规范：

- 必须由字母、下画线、$、开头；
- 必须由字母、下画线、$、数字组成；
- 可以使用 Unicode 字符；

- 不可以使用保留字（例如 let、const、function 等）。

有开发经验的人都知道，市面上的命名法有很多，但最常见的是驼峰命名法，即从第二个单词开始，单词的首字母大写。读者也可遵循自己的编程习惯。对于新手而言，还是推荐使用驼峰命名法。遵循驼峰命名法的声明：

```
const bookName = "大前端";
let bookPrice;
```

在遵守命名规范的前提下，养成良好的标识符命名习惯，对之后的编程会有极大的帮助。

本节我们学习了 JavaScript 的基本类型、对象类型、内置类型，以及它们的相关声明和转换。掌握这些知识，对之后的“连词成句”（代码编写）至关重要，请读者务必认真学习。

3.3 运算符和表达式

在数学中，表达式的定义是：由数字、运算符（加减乘除等）、变量、不变量及一些具有优先级运算的符号（比如括号）等组成的可以得到最终结果的有意义的等式或不等式，都统称为表达式。3.2 节中介绍的变量和常量与这里的变量和不变量可以认为是对应关系。本节我们将详细介绍构成表达式的另一重要组成部分：运算符。

3.3.1 运算符

在 JavaScript 中，共有 7 种运算符，分别是：

- 算数运算符；
- 赋值运算符；
- 比较运算符；
- 字符串运算符；
- 条件运算符；
- 逻辑运算符；
- 位运算符。

这些不同类型的运算符具有不同的使用场景和功能，下面我们一一进行介绍。

1. 算数运算符

在 JavaScript 中，算数运算符分为：

- ○，加；
- —，减；
- *，乘；
- /，除法；
- %，取余；
- ++，自增；
- --，自减。

下面我们来看一个例子：

```
let num1 = 10;
let num2 = 20;
const num3 = 3;
console.log(num1+num2);
console.log(num1-num2);
console.log(num1*num2);
console.log(num1/num3);
console.log(num2/num1);
```

输出结果如下：

```
30
-10
200
3.3333333333333335
2
```

可以看到，在JavaScript中，“+、-、*、/”算数运算符的计算结果与数学无异。除了简单的加减乘除运算，我们可以看到还有取余（%）、自增（++）、自减（--）。使用它们进行计算，结果会如何呢？请看下面的程序：

```
console.log(console.log(num2%num1);
console.log(console.log(num2%num3);
console.log(console.log(num3%num2);
console.log(++num2);
console.log(—num1);
```

运行结果如下：

```
0
2
3
21
9
```

取余计算：

$20 \div 10 \rightarrow 20 = 2 \times 10 + 0$，余数为 0。

$20 \div 3 \rightarrow 20 = 3 \times 6 + 2$，余数为 2。

$3 \div 20 \rightarrow 20 \times 0 + 3$，因此它的余数是 3。

自增、自减只跟自己有关，所以只有一个相关因数。在上面的程序中，我们选择将运算符放在因数的前面。观察输出结果，我们可以发现，它们都在自身的基础上加了 1。那么我们换种写法呢？看下面的程序：

```
console.log(num2++);
console.log(num1--);
```

输出结果：

```
20
10
```

自减自增运算符在表达式中的位置不同，所代表的含义就不同，当自增或自减运算符在因数的前面时，代表“先加后等”或“先减后等”，意思就是这个表达式最终的值是进行对应运算符计算后的值，即自增或自减后的结果。同理，当自增或自减运算符在因数的后面时，代表“先等后加”或“先等后减”，这也就意味着表达式的值等于因数自身的值。在这个过程中要注意，因数最终还有一个自增和自减的过程。表达式的最终值并不代表因数最终的值。理解了这个原理，我们来看看下面的程序最终的输出应该是什么。先不要看输出结果，根据程序，尝试自己算出结果，以检查自己的掌握情况。

```
let num1 = 5;
let num2 = 7;
console.log(num1++);
console.log(++num1);
console.log(num2--);
```

```
console.log(--num2);
```

运行结果：

```
5
7
7
5
```

核对一下输出结果，你的答案是对的吗？如果有出入，则返回上文再次阅读。如果完全一致，恭喜你，我们可以进入后面章节学习了。

注意：有编程经验的读者可能会对运算符“/”存在困惑，没错，在 JavaScript 中，“/”运算符表示除法。

2. 赋值运算符

在数学中，“=”是最基本的赋值运算符，而在 JavaScript 中，“=”也是最基本的运算符，其他赋值运算符都是在此基础上进行扩展的。它们分别是：=、+=、-=、*=、/=、%=。

请认真观察下面的代码：

```
let num1 = 10;
let num2 = 20;
let testNum = 5;
num1 = testNum;
console.log(num1);
num1 += num2;
console.log(num1);
num1 -= num2;
console.log(num1);
num1 *= num2;
console.log(num1);
num1 /= num2;
console.log(num1);
num1 %= num2;
console.log(num1);
```

观察运行结果，尝试寻找规律：

```
5
```

```
25
5
100
5
5
```

计算过程拆解：

```
num1 += num2          num1 = num1 + num2;
num1 -= num2          num1 = num1 - num2;
num1 *= num2          num1 = num1 * num2;
num1 /= num2          num1 = num1 / num2;
num1 %= num2          num1 = num1 % num2;
```

3. 比较运算符

在 JavaScript 中，比较运算符用于进行逻辑判断，使用比较运算符的表达式，其返回值为布尔型，即值为 true 或 false。比较运算符共有 8 种，分别是：

- ==，是否相等；
- ===，是否恒等于（值和类型均相等）；
- !=，是否不相等；
- !==，是否不恒等于（值和类型均不相等）；
- >，是否大于；
- <，是否小于；
- <=，小于或等于；
- >=，大于或等于。

4. 条件运算符

条件运算符也称为三目运算符，其重点在于条件。这里的条件指代含有比较运算符的表达式。比较运算符的返回值类型根据需要而定。条件运算符的公式如下：

$$\text{EndAnewer} = \text{Expression}?\ \text{Answer1}: \text{Answer2} \qquad \text{(undefined)}$$

Expression：含有比较运算符的表达式。

- Answer1：Expression 返回 true 时，EndAnswer 的取值。
- Answer2：Expression 返回 false 时，EndAnswer 的取值。

接下来，我们做个小练习，程序如下：

```
const a = 33;
const b = 44;
let num1 = (a>b) ? 10:0
let num2 = (a<b) ? 0:10
console.log(num1);
console.log(num2);
```

输出结果如下：

```
0
0
```

5. 逻辑运算符

在 JavaScript 中，逻辑运算符有 3 种，分别是：

- ||；
- &&；
- !。

对于 ExpressionA 和 ExpressionB 来说：

- ExpressionA || ExpressionB 只要有一个表达式为真，则整个表达式就为真（true）。
- ExpressionA && ExpressionB 只要有一个表达式为假，则整个表达式就为假（false）。只有两个表达式都为真时，整个表达式才为真。
- !ExpressionA 表达式 A 为真时，整个表达式为假；表达式 A 为假时，整个表达式为真。

逻辑运算符经常与比较运算符一起使用，在之后的控制流章节中会详细介绍。

6. 字符串运算符

字符串运算符主要用于字符串的连接，分为两种：

- +；
- +=。

看下面的程序：

```
let str1 = "Hello"
let str2 = "word";
let str3 = str1+" " +str2;
```

```
console.log(str3);
str3 +=str1;
console.log(str3);
```

输出结果为：

```
Hello wordHello
Hello word
```

至此，JavaScript 中的运算符已经学习了一大半，为什么说是一大半呢？在 JavaScript 中还有其他运算符，比如位运算符，由于位运算符的使用场景并不多见，因此本书不再进行介绍，有兴趣的读者可自行搜索资料学习。接下来，我们将进入运算符优先级的学习。

3.3.2 运算符优先级

在 JavaScript 中，算数运算符的优先级与数学中算数运算符的优先级相同。首先我们来做个练习。计算一下 12 + 8 ×（7-2）+6/3 的值，先用数学方式进行计算，之后使用程序进行计算，对比结果是否一致。代码如下：

```
console.log(12+8*(7-2)+6/3);
```

运行结果：

```
54
```

运算符的优先级总结来说就是：括号优先级最大，算数运算符优先级与四则混合运算优先级相同。其他运算符遵循从左到右的运算顺序。

本节我们学习了表达式和运算符，以及运算符的优先级。这是我们写出一段完整程序的基础，也是 3.4 节内容的基础。在 3.4 节中，我们将学习控制程序走向的方式和种类。

3.4 控制流

输入不同，相同程序的输出也可能大不相同，我们将控制程序走向的称为控制流。在 JavaScript 中，控制流分为两类：逻辑判断和循环。

3.4.1　逻辑判断

逻辑判断控制流又分为 if、if...else 和 switch...case 三种。

1. if...和 if...else

顾名思义，if...和 if...else 的含义是“如果”和“如果…否则”。

做个练习，将下面的语言文字转化为程序：

（1）如果明天不上班，我就去公园。

（2）如果周末刮台风，我就在宿舍看书，否则，我就去海边晒太阳。

请你想想程序怎么写？不要看下面的实例代码，先自己写写看。

```
let isTommoryWork = true
let isWeekendTaiFeng = false
if(isTommoryWork){
    console.log("因为明天不上班，我要去公园喽")
}
if(isWeekendTaiFeng){
    console.log("因为周末台风，所以我不得不在家看书")
}else{
    console.log("因为周末没有刮台风，所以我来海边晒太阳啦")
}
```

程序输出：

```
因为明天不上班，我要去公园喽
因为周末没有刮台风，所以我来海边晒太阳啦
```

以上的输出依赖于条件，即返回值为布尔类型的表达式。根据表达式的真假或正反分别给出两个输出，我们将此称之为逻辑判断。

2. switch...case

switch 就像一个 AI 售票员，我们告诉它目的地（即括号中传入的参数），她会根据目的地匹配路径（即相应的 case 分支路径），引导我们进入正确的分支。假设传入一个并不存在的目的地，即不存在支持此目的地的路径，那么 switch 售票员会将此类的乘客引导到 default 路径。当然，并不是每个 switch 售票员都如此细致。大多数情况下，它们无法为这类乘客引导路径，即 default 不存在。此时，这类乘客的需求将被丢弃。switch case 的语法结构如下：

```
switch(toDay){
    case Mons:
        console.log("今天是周一")
    break;
    case Tue:
        console.log("今天是周二")
    break;
    case Wed:
        console.log("今天是周三")
    break;
    case Thur:
        console.log("今天是周四")
    break;
    case Fri:
        console.log("今天是周五")
    break;
    case Sat:
        console.log("今天是周六")
    break;
    case Sun:
        console.log("今天是周日")
    break;
    default:
        console.log("输入参数有误")
}
```

上面的程序会根据传入的参数 toDay 去判断 toDay 对应的是周几，然后进行输出。当超出或与周期不符时，将会“走”入 default 路径。

3.4.2 循环控制流

在 JavaScript 中，循环控制流一共有 4 种方式，分别为：

- while 循环；
- do...while 循环；
- for 循环；
- for...in 循环。

1. while 循环

while 循环在 4 种循环方式中判断条件最少，也是最简单的一个。语法如下：

```
while(返回值类型为布尔的表达式){
        //业务处理
}
```

当表达式返回为 true 时，开始执行括号里面的代码，执行完花括号内所有代码时会再次判断表达式的返回值，为 true 则继续重复执行花括号内的代码；返回 false，则退出此 while 循环。其执行过程如图 3-4 所示。

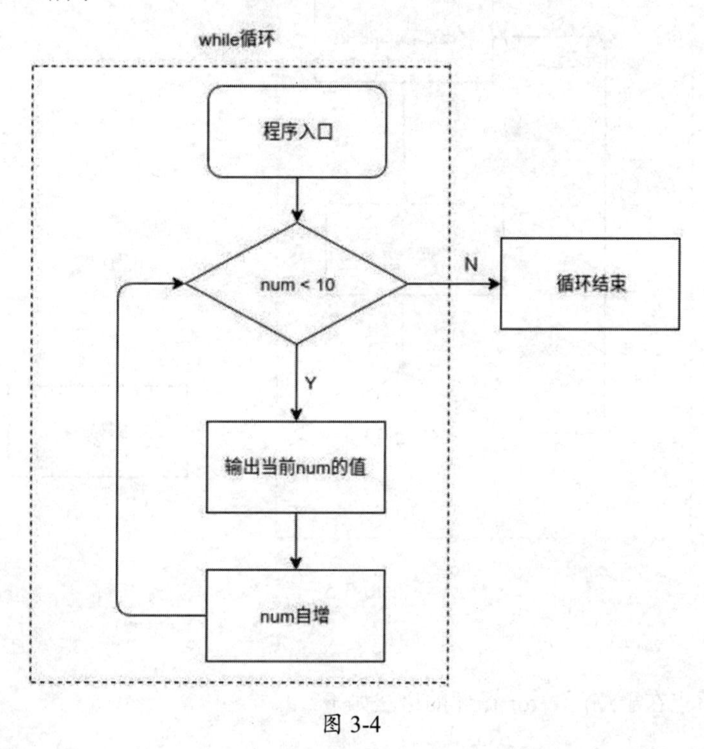

图 3-4

2. do...while 循环

如果说 while 循环是根据条件开启循环，那么 do...while 循环就是“做了…之后”“当…”开启循环。

do...while 循环的语法如下：

```
do{
    //业务处理
```

```
}while(返回值为布尔类型的表达式)
```

其执行过程如图 3-5 所示。

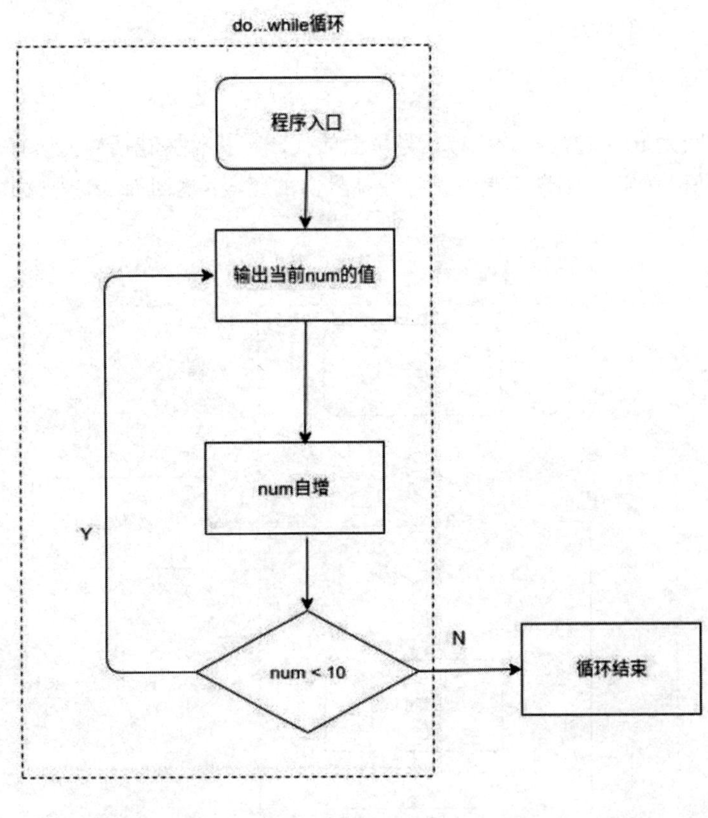

图 3-5

3. for 循环

for 循环的重点在于遍历。for 循环的语法如下：

```
for(num; num < size;  num++){
        根据 num 进行业务处理
}
```

做一个练习，定义一个数组，数组内的元素有变量苹果、水蜜桃、香蕉。使用 for 循环，循环打印出这些水果（即变量的值）。

```
let fruits=new Array();
```

```
fruits[0]="苹果";
fruits[1]="水蜜桃";
fruits[2]="香蕉";
for(let i = 0; i<fruits.length; i++){
   console.log(fruits[i]);
}
```

for 循环对于遍历有序数据集合有着天然的优势，接下来，我们看看另外一个 for 循环。

4. for...in 循环

for...in 循环在某种意义上来说，具有和 for 循环相同的功能，观察下面的程序：

```
let fruits=new Array();
fruits[0]="苹果";
fruits[1]="水蜜桃";
fruits[2]="香蕉";
for(let index in fruits){
   console.log(fruits[index]);
}
```

输出结果为：

```
苹果
水蜜桃
香蕉
```

可以看到，for...in 循环也实现了遍历数组的功能，但是 for...in 循环的功能却又不仅仅局限于此。在开发中，for...in 循环更多被用来循环遍历具有某个相同属性对象所组成的集合。观察下面的程序：

```
let fruit1 = {}
  fruit1.name = "苹果";
  fruit1.price = 12;
  let fruit2 = {}
  fruit2.name = "水蜜桃";
  fruit2.price = 8
  let fruit3 = {}
  fruit3.name = "香蕉";
  fruit3.price = 6;
```

```
let fruits=[fruit1,fruit2,fruit3]
for(let itm in fruits){
   console.log(itm);
}
```

5. for...of 循环

for...of 循环用于遍历任何可以迭代的对象。对于数组来说，它可以完成遍历，却不需要知道每个元素的索引。观察下面的程序：

```
let fruit1 = {}
fruit1.name = "苹果";
fruit1.price = 12;

let fruit2 = {}
fruit2.name = "水蜜桃";
fruit2.price = 8

let fruit3 = {}
fruit3.name = "香蕉";
fruit3.price = 6;

let fruits=[fruit1,fruit2,fruit3]


for(let itm of fruits){
   console.log(itm);
}
```

本节我们学习了 JavaScript 中的控制流。控制流是我们编写优秀业务程序的基础。学习这些有助于我们深入了解程序的运行规律。下面我们将进入面向对象编程的学习，你准备好了吗？

3.5 函数和闭包

简单理解，函数即某类问题的解决方案。客户端进行输入（有参数的情况），函数会按照原定规则执行。以函数为界，函数外定义的变量称为全局变量，函数内定义的变量称为局部变量。这两种变量有什么区别呢？会带来怎样的问题呢？首先，我们进入函数的学习。

3.5.1 函数

在 JavaScript 中，使用 function 来定义函数。语法如下：

```
function test(){}
```

上述代码声明了一个名为 test 的函数。函数名 test 后面跟着一个 ()，我们可以将参数传入，当函数有参数时，其声明如下：

```
function test(var1,var2){}
```

上述代码中我们声明了两个参数。参数的个数上限大到可以视为无限个，但是为了代码的简洁和易维护，建议函数最多不超过 5 个。各个参数的数据类型可以不同。在 JavaScript 中，函数也可以作为参数传给某个参数，我们将这种参数称为函数式参数。

来做一个练习：声明一个有 5 个参数的函数，函数体内，对这 5 个参数进行“+”运算。调用函数时，传入的 5 个参数必须包含算数类型、布尔类型及字符串类型。根据传入的参数不同，调用多次，观察传入参数顺序不同，以及缺少参数时，输出结果的不同。范例代码如下：

```
let num1 = 100;
function test(var1,var2,var3,var4,var5){
  let num2 = 50;
   let result = var1+var2+var3+var4+var5;
   console.log(result);
}
test(1,2,"3","4",false);
test(1,2,+false,"3","4");
test(false,1,2,"3");
test(false,1,"3");
test(1,2,+false,"3","4","8");
test(1,2,+false,"3",num1);
test(1,2,+false,"3",num2);
```

输出结果如下：

```
334false
334
33undefined
13undefinedundefined
```

```
334
33100
ReferenceError: can't find variable:num2
```

观察程序，我们发现：当在函数外引用函数内部定义的变量时，程序会报引用异常的错误。这就是全局变量和局部变量的区别，局部变量只在函数体内部有效。这里需要注意，布尔类型在进行算数运算时，true 会被转换成 1，false 会被转换成 0。

根据输出，我们可以发现：

- 调用函数时，参数顺序不能变；
- 传入参数个数小于定义的参数个数时，未传入参数（即后几个参数）的值默认为 undefined；
- 传入参数个数大于定义的参数个数时，最后一个参数将默认被丢弃；
- 在函数中声明的变量，只在函数中有效，在函数体外无法识别，即作用域只在函数内部。

3.5.2 闭包

3.5.1 节引入了变量作用域的概念，只有在作用域内，才能访问变量。从作用域的角度看，变量分为两类：全局变量和局部变量。

简单来说，闭包也是函数的一种。是一种可以读取其他函数局部变量的一种函数。由于在 JavaScript 中，只有定义在函数内部的子函数才能读取父函数的局部变量，因此，也可以将闭包理解为定义在函数内部的函数。

那么，闭包究竟能解决什么样的问题呢？

最近，笔者就职的公司出了新的规定：每个月职员请假三次以内，系统自动审核批准，请假次数超过 3 次则需直接上级批准。如果你是相关考勤系统开发维护人员，接到这个需求，你会怎样开发新功能呢？职员对象添加一个请假次数的属性吗？如果这样，改动会非常大。闭包则可以完美地解决这一问题。示例代码如下：

```
function test1(name){
    console.log("职员"+name+"请假");
    var num = 1;
    return function test2(){
        if(num > 3){
            console.log("职员"+name+"本月请假超过三次，请假不予批准，请直接找上级领导！")
        }else{
            console.log("批准请假")
```

```
            num++;
        }
    }
    return test2;
}
var n = test1("甲");//执行一次test1(), n指向函数test2()
n();
n();
n();
n();
var n2 = test1("乙");
n2();
n2();
n2();
n2();
```

控制台输出如下：

```
职员甲请假
批准请假
批准请假
批准请假
职员甲本月请假超过三次，请假不予批准，请直接找上级领导！
职员乙请假
批准请假
批准请假
批准请假
职员乙本月请假超过三次，请假不予批准，请直接找上级领导！
```

初学者大多对下面两行代码感到困惑：

```
var n = test1("甲");
n();
```

第一行代码将会执行一次test1(name)，并且变量n将指向函数test2()。之后，执行的n()都只是执行了test2()。

实质上就是全局变量n引用了函数test1中的内部函数test2()，此时就形成了一个闭包。

因为引用关系，函数test1()中的局部变量num的值会一直存在于test2中，即使test1()调用已经结束，并且 num 也随之消失。当再次调用 test1()时，也只会产生新的对象和方法，因此，在上述程序中，职员甲和职员乙的请假过程是相互独立的。

3.6 程序异常

在 3.5 节的范例程序中，当在函数体外调用函数内部定义的变量时，控制台会输出：`ReferenceError: can't find variable:num2`。这个被称为引用异常，是程序异常的一种，意为找不到 num2 这个变量。在开发过程中，了解程序异常种类及对异常的处理方式可以大大提高开发效率。

3.6.1 常见异常

在 JavaScript 中异常大致分为 7 种。在开发过程中，了解常见异常，可以快速定位问题。

（1）ReferenceError：引用错误，意为引用了一个不存在的对象。

（2）SyntaxError：语法错误，表明程序中语法不规范，常见于丢失运算符。

（3）RangeError：范围错误，常见于数字型变量的值超出其范围时引发的异常。

（4）TypeError：类型错误，表明预期的数据类型和传入的数据类型不相同。

（5）EvalError：全局错误，eval()函数执行错误。

（6）Error：错误。

（7）URIError：编码错误，常见于错误使用 encodeUR 或 decodeURI 函数时引发的异常。

这 7 种类型中，Error 是基类型，其他类型都派生自它。

3.6.2 异常捕获

一般来说，异常就是在程序运行过程中，某个中间结果与预期结果不一样。此时，运行环境都会中止程序运行并给出提示。在 JavaScript 中，我们使用 try...catch...来捕获异常。

下面的测试代码中，num 为一个未定义的变量，尝试输出此变量并对可预见的异常进行捕获。

```
try{
   console.log(num);
   num++;
} catch(e){
```

```
    console.log(e)
}
```

上述程序输出为：

```
ReferenceError: num is not defined
num is not defined
```

我们可以看到，在 try 语句中识别到异常后，程序并没有中断，因为打印了 catch 中的内容。下面我们尝试没有 try...catch...的情况：

```
console.log(num);
console.log("hello word! ");
```

此时运行程序，程序台报错：

```
ReferenceError: Can't find variable:num
```

由此我们知道，try...catch...保证了某行代码出错时，整个程序依旧可以执行到最后一行代码。

3.6.3 异常抛出

当程序发生异常时，若有 try...catch...语句，则能极大地提高程序的健壮性。可是，随之而来的是：在大型项目的合作中，当程序发生不明显异常时，我们很难定为问题所在。此时，我们可以自定义一个异常，然后进行抛出。测试代码如下：

```
let num = "";
try{
    if(num == "") throw "value is null"
    if(num != "") throw "value is't null"
} catch(e){
    console.log(e)
}
```

程序输出为：

```
value is null
```

3.7 ES6

ES6 全称为 ECMAScript 6，是新版本 JavaScript 语言标准。本书编写之时，最新的 JavaScript 语言标准为 ES7。但目前仍以 ES6 与 ES5 为主，因此，本节将简单讲解部分 ES6 新特性，对 ES7 不做介绍。

ES6 新特性

- 变量与常量

在 ES6 之前，变量的声明为 var，ES6 中引入了 let。let 与 var 最大的不同在于：var 声明的变量是全局变量，let 声明的则是局部变量。

- 类的引进

在 ES6 中，引进了类的概念。与其他编程语言相同，采用 class 作为类的关键字，用来定义类。

- 箭头函数

在 ES6 中，提供了一种简化函数写法的方法，即箭头操作符。具体语法如下：

```
(params1,params2) =>{//具体操作和返回}
```

上面的语法等同于：

```
function test(params1,params2){
    //具体操作和返回
}
```

以上就是 ES6 的主要新特性，有关其他新特性，本书不再一一介绍。有兴趣的读者可通过官方文档自行学习。

3.8 Node.js

正如本书的书名一样，JavaScript 自诞生之日，就一直被应用于前端。2009 年，Joyent 公司的一名工程师发明了一种可以运行在服务端的脚本形式，那就是 Node.js。

3.8.1 安装 Node.js

进入 Node.js 官网 https://nodejs.org/zh-cn/，下载对应操作系统的 Node.js 安装包。

1. Linux 下安装与配置

将下载下来的压缩包解压放入安装目录，笔者的安装目录为：/home/forever/forever/node。设置环境变量有两种方式：

（1）在终端中执行命令：export PATH=$PATH:/home/forever/forever/node/node-v10.11.0-linux-x64/bin。这种方式只在当前终端有效，重新打开终端后，需要重新执行上述命令。

（2）编辑/etc/profile 文件，将环境变量写入此文件，保存 source /etc/profile 便可全局生效。

注意：新版的 Node.js 自带 NPM，安装入 Node.js 时，会自动安装 NPM。它有效地管理了 Node.js 所依赖的包。

完成环境变量的配置以后，在终端分别执行 node -v 和 npm -v，查看入 Node.js 和 NPM 的版本号。

2. Windows 下安装与配置

下载成功后，双击文件，开始安装，注意安装目录的位置，笔者的安装目录为：E:\Program Files\nodejs。

安装成功后，使用快捷键"Win+R"打开 cmd 窗口，分别执行 node -v 和 npm -v 查看入 Node.js 和 NPM 的版本号。

3. MAC 下安装与配置

下载成功后，按指示安装就可以了。

然后打开终端，输入 node -v 会返回当前安装的版本号。

3.8.2 NPM 的使用

NPM 的全称为 Node Package Manager，内部提供了命令行工具，可以方便地下载、安装、升级、删除包，开发者也可以使用它发布并维护包。我们以 macOS 为例进行说明。

1. 安装模块

在开始安装相关模块之前，我们需要执行以下命令：

```
npm init
```

使用 npm init 指令创建项目描述文件 package.json。然后按指示选择默认选项即可。

接下来，以 vue 为例，在客户端执行以下命令：

```
npm install vue
```

此时本地安装 vue 模块，如图 3-6 所示。

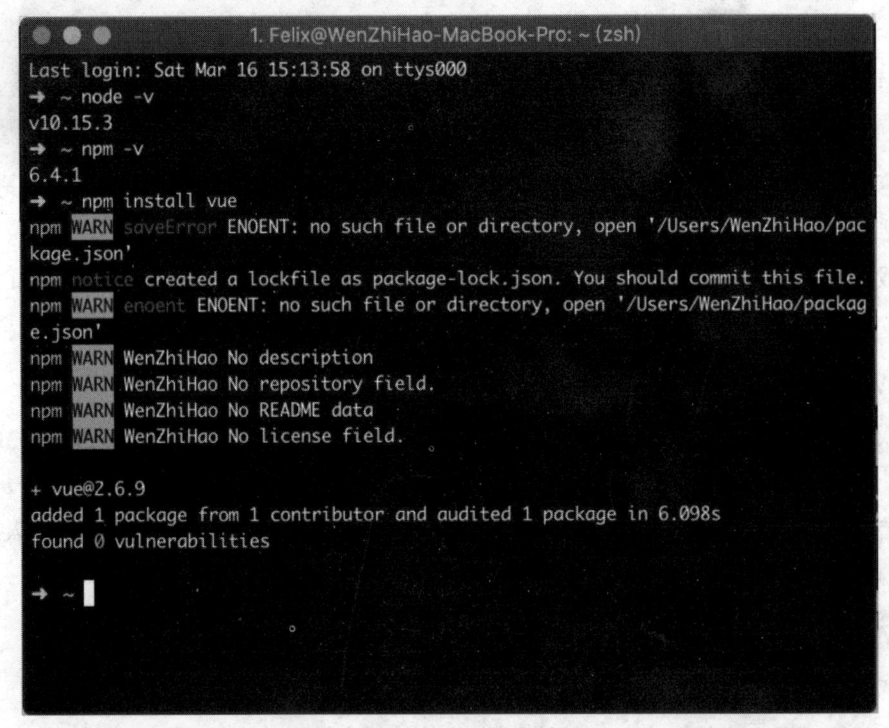

图 3-6

接着，我们继续执行以下命令：

```
sudo npm install vue -g
```

如图 3-7 所示，此时以全局模式安装了 vue 模块。

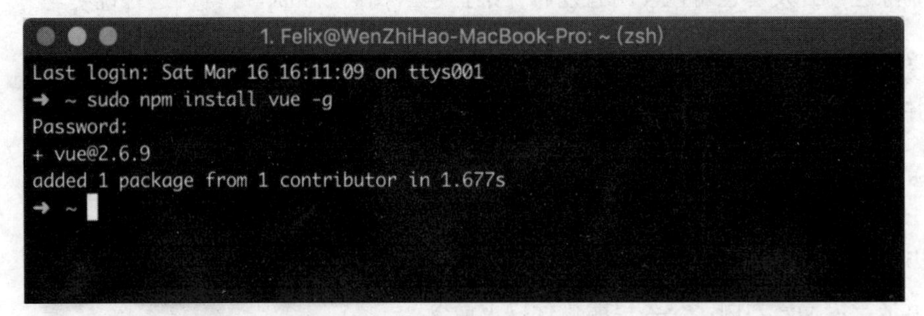

图 3-7

注意，全局模式下的安装过程需要获取权限，因此需要在命令前添加 sudo。

2. 卸载模块

NPM 安装模块有两种方式：本地安装和全局安装。因此，NPM 的卸载也分为本地卸载和全局卸载。

- npm uninstall 包名，卸载用户根目录下安装的模块。
- npm uninstall -g 包名，卸载全局模式下安装的模块。

同样以 vue 为例，执行以下命令：

```
npm uninstall vue
```

此时会卸载掉路径下的 vue 模块，即本地安装模式下安装的 vue 模块，如图 3-8 所示。

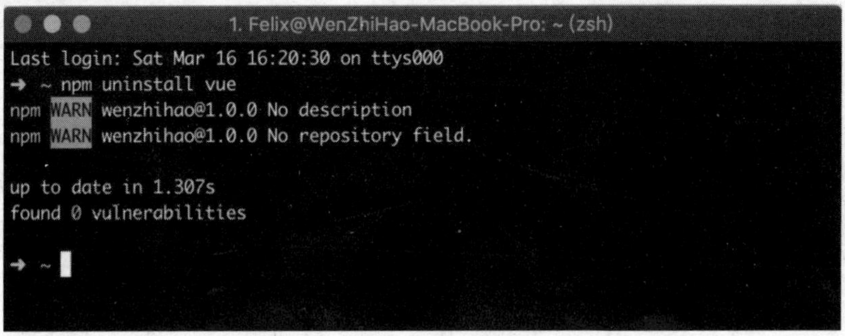

```
1. Felix@WenZhiHao-MacBook-Pro: ~ (zsh)
Last login: Sat Mar 16 16:20:30 on ttys000
➜ ~ npm uninstall vue
npm WARN wenzhihao@1.0.0 No description
npm WARN wenzhihao@1.0.0 No repository field.

up to date in 1.307s
found 0 vulnerabilities

➜ ~
```

图 3-8

接着继续执行以下命令：

```
sudo npm uninstall vue -g
```

此时会卸载全局模式下安装的 vue，如图 3-9 所示。

```
1. Felix@WenZhiHao-MacBook-Pro: ~ (zsh)
Last login: Sat Mar 16 16:10:37 on ttys000
➜ ~ sudo npm uninstall vue -g
Password:
removed 1 package in 0.118s
➜ ~
```

图 3-9

同理，全局模式下的卸载同样需要获取权限，因此，需要在命令前添加 sudo。

结语

至此，本章内容全部结束。本章介绍了 JS 的基本用法，以及 Node.js 和 NPM 的入门内容。这部分内容是大前端的基础，很多内容不必死记硬背，只需记住大概功能用法，用到的时候进行查阅即可。接下来，祝你有一个美妙的大前端之旅。

第 4 章 React Native 入门

React Native 是使用 JavaScript 和 React 框架跨平台开发原生应用的开源技术框架。使用 React Native 可以维护 Android 和 iOS 平台的同一份业务逻辑核心代码，能够高效地开发运行于 Android 和 iOS 操作系统的应用。设计理念是：使用 React Native 即拥有 Native 的用户体验，又保留了 React 框架的开发效率。

本章主要介绍 React Native 的开发基础、React 语法，以及 React Native 开发中常用的 UI 组件。

4.1 React 语法基础

Facebook 开源的 React 技术是一种全新的 UI 开发理念。由于 React 性能出众，代码逻辑简单，所以越来越多的人开始使用。本节学习 React 的基本思想和基本用法。

4.1.1 React 简介

React 是由 Facebook 推出并于 2013 年在 GitHub 上开源的 JavaScript 库。React 是一个用于创建可复用、可聚合 Web 组件的 JavaScript 库。React 把界面分成一个个组件，通过对这些组件的嵌套、组合得到可交互的复杂界面。React 并不是完整的 MVC 框架，而是 Web 应用的视图层，相当于 MVC 里的 View。

React 有以下几个特点：

（1）组件化。React 构建拥有各自状态的组件，通过对这些组件的嵌套、组合构成更复杂的界面。

（2）声明式设计。React 采用 JavaScript（JSX）语法声明视图，可以轻松地创建用户交互界面，并在视图中使用各种状态的数据。

（3）单向数据流。数据发生变化时，就直接渲染整个 UI。

4.1.2 搭建 React 开发环境

使用官方推荐的 create-react-app 工具，它能够生成工程所需目录，并添加各种配置和依赖。安装 create-react-app 前需要先安装 Node.js 和 NPM，官网 Node.js 中包含 NPM，直接下载安装即可。安装完成以后可以在终端通过 node -v 和 npm -v 查看是否安装成功。

1. 安装和创建应用

按官网文档 Create React App（https://reactjs.org/docs/create-a-new-react-app.html）安装 create-react-app 工具并创建项目 my-app。

```
npm install -g create-react-app
create-react-app my-app
```

使用-g 参数将 create-react-app 安装到系统的全局环境中，可以在任意路径下使用它。

上述创建项目的方式也可以由 npx 来创建，如下所示。

```
npx create-react-app my-app
```

npx 是 NPM v5.2.0 版本引入的一条命令，目的是提升命令行使用体验，同时也简化了 NPM 命令。

2. 运行应用

打开命令行终端，然后进入工程目录并启动工程。

```
cd my-app
npm start
```

工程启动后界面如图 4-1 所示。

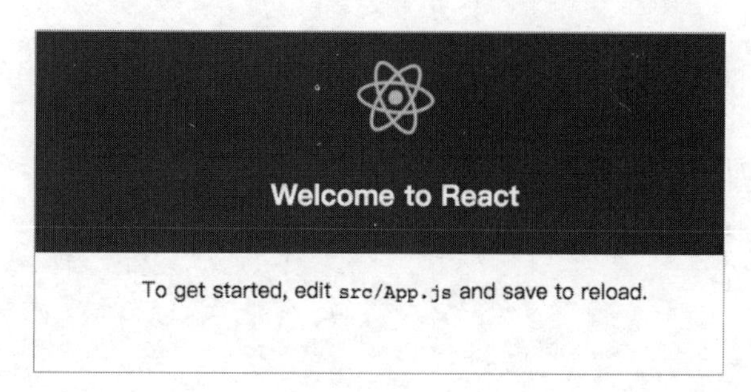

图 4-1

4.1.3　JSX 语法

JSX 是 JavaScript 的语法扩展，是 React 用来描述 UI 组件的语法。JSX 可以定义 React 中的属性和元素。JSX 中可以使用 JavaScript 表达式，JavaScript 表达式要用大括号包起来。

1. JSX 基本用法

JSX 的基本用法与 HTML 类似，使用成对的标签或直接写入数据。例如：

```
const root=<div><h1>hello react</h1></div>
ReactDOM.render(root, document.getElementById("root"));

const root=<div>hello react</div>
ReactDOM.render(root, document.getElementById("root"));
```

2. JavaScript 表达式

JSX 在使用 JavaScript 表达式时需要用大括号“{}”包起来。例如：

```
const root=<div>{2+2}</div>
ReactDOM.render(root, document.getElementById("root"));
```

在 JSX 中用三元运算符表达式代替 **if else** 语句。例如：

```
const i = 3;
const root = <div>{i == 2 ? "true" : "false"}</div>;
ReactDOM.render(root, document.getElementById("root"));
```

3. JSX 注释

JSX 中的注释需要用大括号“{}”将“/**/、//”包起来，如下所示。

```
const root = (
  <div>
    {/* 表达式的用法*/}
    {
      //表达式的用法
    }
    {1 + 2}
  </div>
);
ReactDOM.render(root, document.getElementById("root"));
```

4.1.4 组件

组件是 React 的核心。组件可以将 UI 切分成一些独立的、可复用的模块。

本节介绍组件的定义，以及 state 和 props。

1. 组件的定义

通常使用 ES 6 class 即类组件的方式定义组件。class 定义组件需要 class 继承 React.Component，并且 class 内部必须定义 render 方法，render 方法返回代表该组件 UI 的 React 元素，如代码 4-1-1 所示。

代码 4-1-1：

```
import React, { Component } from 'react';
import logo from './logo.svg';

class App extends Component {
  render() {
    return (
      <div className="App">
        <header className="App-header">
          <img src={logo} className="App-logo" alt="logo" />
          <h1 className="App-title">Welcome to React</h1>
        </header>
        <p className="App-intro">
          To get started, edit <code>src/App.js</code> and save to reload.
        </p>
      </div>
```

```
    );
  }
}
export default App;
```

定义组件后，使用 ES 6 export 将 App 作为默认模块导出，这样就可以在其他 JavaScript 文件中使用导入的 App。

要使用 App 组件，还需要将 App 挂载到页面的 DOM 节点上，这时需要使用 ReactDOM.render()，如代码 4-1-2 所示。

代码 4-1-2：

```
import React from "react";
import ReactDOM from "react-dom";
import App from './App';

ReactDOM.render(<App />, document.getElementById("root"));
```

使用 ReactDOM.render()需要先导入 react-dom 库，这个库会完成组件所代表的虚拟 DOM 节点到浏览器的 DOM 节点的转换。此时，页面展现在浏览器中，如图 4-1 所示。

2. 组件的 state

state 是组件的内部状态，当 state 改变时相应的 UI 会重新渲染。使用时通过 this.state 在 constructor 构造方法中进行初始化，状态改变时通过 this.setState 方法改变状态。

下面是一个改变数量的例子。每点击一次“add”按钮，该文本的数量加 1。数量发生变化时相应的 UI 也随之变化。

```
import React, { Component } from "react";
import ReactDOM from "react-dom";

class Counter extends Component {
  constructor(props) {
    super(props);
    //初始化 count 的值为 1
    this.state = {
      count: 1
    };
  }
```

```
  //处理增加数量的逻辑
  handleBtnClick() {
    this.setState({
      count: this.state.count + 1
    });
  }

  render() {
    return (
      <div>
        {/* 显示 count 的值 */}
        <text>{this.state.count}</text>
          
        {/* 监听事件，每点击一次 count 加 1 */}
        <button onClick={this.handleBtnClick.bind(this)}>add</button>
      </div>
    );
  }
}
ReactDOM.render(<Counter />, document.getElementById("root"));
```

在上述例子中通过点击“add”按钮不断地更新 count 的值。其中构造方法 constructor 内的 super(props)调用了 React.Component 这个类的 constructor 方法，用来完成 React 组件的初始化工作。this.state 定义了组件状态。在 render 方法中定义了处理点击事件的响应函数，在响应函数内部会调用 this.setState 更新数量。

3. 组件的 props

props 和方法的参数类似，是 React 组件间联系的机制，用于把父组件中的数据或方法传递给子组件，供子组件使用。即父组件通过属性的形式向子组件传递参数，子组件通过 props 接收父组件传递过来的参数。

下面是以一个子组件的形式接收父组件中的数据来显示计数数量的例子。

```
import React, { Component } from "react";
import ReactDOM from "react-dom";

class Counter extends Component {
```

```
  constructor(props) {
    super(props);
    //初始化 count 的值为 1
    this.state = {
      count: 1
    };
  }

  //Button 的监听事件，点击 add 按钮时 count+1
  handleBtnClick() {
    this.setState({
      count: this.state.count + 1
    });
  }

  render() {
    return (
      <div>
        {/* 显示 count 的值 */}
        <Amount amount={this.state.count} />
         
        {/* 监听事件，每点击一次 count 加 1 */}
        <button onClick={this.handleBtnClick.bind(this)}>add</button>
      </div>
    );
  }
}
//用 props 接收 count 的值
class Amount extends Component {
  constructor(props) {
    super(props);
  }
  render() {
    return (
      <div>
        props 传值:
        {this.props.amount}
      </div>
```

```
    );
  }
}

ReactDOM.render(<Counter />, document.getElementById("root"));
```

在上述例子中可以看出，在组件 Amount 中是通过 this.props 的方式获取组件的参数的。而 props 传参的方式是在组件 Counter 中通过在组件 Amount 中加入“amount”标签实现的。即在使用一个组件的时候，可以把参数放在标签的属性中，所有的属性都会作为 props 对象的键值。例如：

```
<Amount amount={this.state.count} />
```

其中的“amount”即为 props 的属性对象的键值。

4.1.5 组件的生命周期

React Native 中的组件和 Android 中的 Activity、Fragment 类似，同样有生命周期，理解生命周期是合理开发的关键，接下来我们将对组件的生命周期进行详细的介绍。

1. constructor

constructor 是 React Native 组件的构造方法，在 React Native 组件被加载前调用，且只调用一次，使用时需在构造方法中先调用 super(props)，主要对组件的一些状态进行初始化。在构造方法中初始化 state，如下所示。

```
constructor(props) {
  super(props);
  this.state = {
    txtStr: '构造方法'
  };
}
```

2. componentWillMount

其函数原型是：

```
void componentWillMount()
```

该函数在初始渲染（render 函数被调用）前被调用，且只被调用一次。在该函数中设置 state 不会执行渲染操作，而是在该函数执行完后开始初始渲染操作。主要进行一些业务初始化操作和设置组件状态。

3. render

render 是组件的渲染函数，返回 JSX 或其他组件，用于开始渲染并生成虚拟 DOM。在该函数中，只能通过 this.state 和 this.props 来访问之前在函数中初始化的数值。

4. componentDidMount

其函数原型是：

```
void componentDidMount()
```

该函数在初始渲染（render 函数被调用）后会被调用，且只被调用一次。由于 UI 已经成功渲染，而且是异步的，所以放在这个函数中进行数据的请求等复杂的操作，不会出现 UI 错误。

5. componentWillReceiveProps

其函数原型是：

```
void componentWillReceiveProps(nextProps)
```

初始渲染（render 函数被调用）完成后，当组件接收新的 props 时，这个函数被调用。这个函数接收的是一个 object 参数，object 里是新的 props。在这个回调函数里，可以根据属性的变化，通过调用 this.setState()来更新组件状态，旧的属性可以通过 this.props 来获取，新的 props 在传入的 object 中，这里调用更新状态是安全的，并不会触发额外的 render 调用。

6. shouldComponentUpdate

其函数原型是：

```
boolean shouldComponentUpdate(nextProps, nextState)
```

该函数在 React Native 组件的初始渲染（render 函数被调用）完成后，当 props 或 state 发生变化时执行。接收两个 object 参数，第一个是新的 props，第二个是新的 state。当新的 props 或 state 不需要更新组件时，返回 false，当返回 false 时，不会执行 render()方法，本组件的 componentWillUpdate 和 componentDidUpdate 方法也不会被调用。当返回 true（默认返回 true）时，重新渲染本组件。

7. componentWillUpdate

其函数原型是：

```
void componentWillUpdate(nextProps, nextState)
```

如果组件 props 或 state 改变，并且此前的 shouldComponentUpdate 方法返回为 true，则会调用该方法，该方法会在组件重新渲染前被调用。但在这个方法中，不能使用 this.setState 来改变 state，如果需要改变，则在 componentWillReceiveProps 函数中进行改变。

8. componentDidUpdate

其函数原型是：

```
void componentDidUpdate(prevProps, prevState)
```

React Native 组件重新渲染完成后调用该函数。传入的两个参数是渲染前的 props 和 state。

9. componentWillUnmount

其函数原型是：

```
void componentWillUnmount()
```

在 React Native 组件被卸载前，即组件要被从界面上移除时，这个函数将被调用。主要用于清理一些无用的内容，如释放资源、取消订阅、取消计时器和网络请求等。

4.2 环境搭建

本节开始介绍 React Native 的开发环境搭建。React Native 开发环境的搭建分为 Windows 平台和 Mac 操作系统平台，由于在 Windows 平台搭建 React Native 开发环境无法进行 iOS 平台的测试，所以建议在 Mac 操作系统下搭建 React Native 开发环境。

本节是以 React Native 的目前最新版本 0.57 进行的环境搭建。创建 React Native 项目工程后分别打包 Android 和 iOS 的 release 版本，可以发现它们的包体积差别很大，Android 是 7.8MB，iOS 是 1.6MB。

4.2.1 React Native 开发环境搭建

搭建 React Native 开发环境前建议先参考官方文档中的开发环境搭建步骤，官方 React

Native 开发环境的英文网址是：https://facebook.github.io/react-native/docs/getting-started。中文网址是：https://reactnative.cn/docs/getting-started.html。

1. Windows 平台下 React Native 的环境搭建

在 React Native 的环境搭建前需要在 Windows 平台上安装好 Java 和 Android SDK，以及配置好 Android 开发所需的环境变量。

首先安装 Windows 下的软件包管理器 Chocolatey，Chocolatey 可以用命令行来安装应用程序。在命令行中输入以下脚本：

```
@powershell -NoProfile -ExecutionPolicy Bypass -Command "iex ((new-
object net.webclient).DownloadString('https://chocolatey.org/
install.ps1'))" && SET PATH=%PATH%;%ALLUSERSPROFILE%\chocolatey\bin
```

然后安装 Node.js，打开命令窗口，在命令行中输入：

```
choco install nodejs.install
```

Node.js 也可以直接在官网下载安装，官网地址是：https://nodejs.org/en/download/。接下来安装 Python2，打开命令窗口，在命令行中输入：

```
choco install python2
```

然后需要安装 React Native 命令行工具（React Native CLI），React Native CLI 用来执行 React Native 的各个命令行命令。在命令行中输入以下命令进行安装：

```
npm install -g react-native-cli
```

接下来通过 React Native 命令行工具创建 React Native 应用，打开终端在命令行中执行以下命令：

```
react-native init <项目名字>
```

例如：

```
react-native init ShuDanApp
```

其中 ShuDanApp 是我们建立的项目名称，我们可以用任意名称替换它。也可以使用**--version** 参数（注意是两个横杠）创建指定版本的项目。例如：

```
react-native init ShuDanApp --version 0.57
```

注意版本号必须精确到两个小数点。

2. Mac 平台下 React Native 的环境搭建

由于需要同时进行 Android 应用的开发，所以要安装好 Java、Android SDK、Android Studio，以及配置好 Android 开发所需的环境变量。

（1）安装 Homebrew。

打开命令终端窗口，首先安装 brew，brew（全称为 Homebrew）是 Mac OSX 上的软件包管理工具。Homebrew 安装和卸载工具只用一行命令就能完成。输入以下脚本安装 Homebrew 包管理器：

```
/usr/bin/ruby -e "$(curl -fsSL
https://raw.githubusercontent.com/Homebrew/install/master/install)"
```

（2）安装 Node.js 和 Watchman。

brew 安装成功后安装 Node 和 Watchman。其中 Watchman 是由 Facebook 提供的监视文件系统变更的工具，此工具可以提高开发时的性能（packager 可以快速捕捉文件的变化从而实现实时刷新）。在命令行中执行以下命令进行安装：

```
brew install node
brew install watchman
```

也可在 Node.js 官网下载安装包安装 Node.js。

（3）安装 yarn 和 React Native 命令行工具（react-native-cli）。

接下来需要安装 yarn 和 React Native 命令行工具（react-native-cli），yarn 是 Facebook 提供的替代 NPM 的工具，可以加速 node 模块的下载。在命令行中执行以下命令：

```
npm install -g yarn react-native-cli
```

安装完 yarn 之后就可以用 yarn 代替 NPM 了，例如用 yarn 代替 npm install 命令，用 yarn add 某第三方库名代替 npm install 某第三方库名。

（4）安装 XCode。

在 AppStore 上搜索 XCode 并进行下载安装，安装后启动 Xcode 并安装 Xcode 的命令行工具（Command Line Tools）。

（5）创建 React Native 项目。

接下来通过 React Native 命令行工具创建 React Native 应用，在命令行中执行以下命令：

```
react-native init <项目名字>
```

例如：

```
react-native init ShuDanApp
```

其中 ShuDanApp 是我们建立的项目名称，可以用任意名称替换它，也可以使用**--version** 参数（注意是两个横杠）创建指定版本的项目。例如：

```
react-native init ShuDanApp --version 0.57
```

注意版本号必须精确到小数点后两位数。

4.2.2 WebStorm 代码编辑器环境搭建

WebStorm 是 JetBrains 推出的一款商业的 JavaScript 开发工具，基于 IDEA 进行开发，继承了 IDEA 强大的 JS 的部分功能。WebStorm 的缺点是安装后占用的空间太大，启动等待时间长，所以如果不习惯使用 WebStorm，建议使用 Visual Studio Code 编辑器。

WebStorm 使用简单，去官网下载安装即可编辑 React Native 代码。然后打开 WebStorm，在 Preferences→Language & FrameWorks→JavaScript→Libraries 中点击 Download，找到 React 和 React Native 并下载，然后选中新添加的两项执行 Apply→OK，即可设置 React 和 React Native 代码自动补全功能及语法高亮。

WebStorm 官网下载地址：https://www.jetbrains.com/webstorm/。

4.2.3 Visual Studio Code 代码编辑器环境搭建

Visual Studio Code（简称 VS Code）是微软推出的跨平台编辑器，能够运行在 Mac OS X、Windows 和 Linux 上。VS Code 有快速轻量、启动速度快、安装包体积小、占用内存少的特性，并且支持插件扩展。

Visual Studio Code 使用简单，去官网下载安装即可编辑 React Native 代码。

Visual Studio Code 官网下载地址：https://code.visualstudio.com/。

4.2.4 运行 React Native 项目

在搭建完编辑环境和创建项目后我们需要把项目运行起来，下面分别介绍 iOS 和 Android 平台的运行和调试。

1. 运行 React Native iOS 项目

运行 React Native iOS 项目需要在项目目录下运行 **react-native run-ios**。

```
cd ShuDanApp
react-native run-ios
```

然后 iOS 模拟器自动启动并运行应用。

React Native 在 iOS 模拟器上支持一些快捷键操作。在 iOS 模拟器中运行可以按下 **Command⌘ + D** 组合键（Windows 上可能是 F1 或 F2）来发送菜单键命令。也可以在 iOS 模拟器中按下 **Command⌘ + R** 组合键来直接刷新 JavaScript。

2. 运行 React Native Android 项目

运行 React Native Android 项目前要先确保先运行了模拟器或连接了真机，然后在项目目录下运行 **react-native run-android**。

```
cd ShuDanApp
react-native run-android
```

React Native 在 Android 模拟器上支持一些快捷键操作。在 Android 模拟器中运行可以按下 **Command⌘ + M** 组合键（Windows 上可能是 F1 或 F2）来发送菜单键命令。也可以在 Android 模拟器中按两下 **R** 键来直接刷新 JavaScript。

4.3 常用 UI 组件

React Native 应用开发中的 UI 布局是不可缺少的，开发动态宽高自适应的 UI 布局需要对组件进行排列。本节将详细介绍 React Native 开发常用的 UI 组件。

4.3.1 View 组件

View 组件是 React Native 最基本的组件。绝大部分组件都继承了 View 组件。View 组件支持 Flexbox 布局、风格，以及一些触发处理、回调函数等。

接下来介绍 View 组件的常用属性，如表 4-1 所示。

表 4-1

Style 标签	说 明
backgroundColor	用来指导组件的背景颜色，默认背景为一种非常浅的灰色
borderStyle	用来设置边框的风格，只能取 solid（实线边框）、dotted（点状边框）和 dashed（虚线边框）三个值之一。默认值是 solid。
borderColor	用来定义边框颜色，borderTopColor、borderBottomColor、borderLeftColor 和 borderRightColor 分别用来定义上下左右边框的颜色
borderRadius	用来定义边框圆角的大小，borderTopLeftRadius、borderTopRightRadius、borderBottomLeftRadius、borderBottomRightRadius 分别用来定义上下左右边框的圆角
opacity	用来定义 View 组件的透明度，取值为 0～1。值为 0 时，表示组件完全透明，值为 1 时，表示组件完全不透明
elevation	用来定义组件高度，设置 Z 轴，可以产生立体效果，组件周围有阴影效果
overflow	用来定义 View 组件中的子组件的宽高超过 View 组件的宽高时是显示还是隐藏（有两个取值：visible 和 hidden）
transform	用来设置组件的变形，如 translate（平移）、scale（缩放）、rotate（旋转）、skew（倾斜）四种类型

其中 rotate 控制目标整体旋转，与目标内部形状无关；而 skew 倾斜时目标内部形状会发生改变；transform 样式的设置格式是：

```
transform:
    [
        {perspective: number},//与 3D 变形的效果相关
        {rotate: string},
        {rotateX: string},
        {rotateY: string},
        {rotateZ: string},
        {scale: number},
        {scaleX: number},
        {scaleY: number},
        {translateX: number},
        {translateY: number},
        {skewX: string},
        {skewY: string},
    ]
```

如果一个 View 的宽高相等，值都为 2H，那么将 borderRadius 的值设置为 H 时，这个 View 会显示为一个圆，在 Image 组件上的效果也是一样。

4.3.2 Image 组件

Image 组件是用来显示多种不同类型图片的 React Native 组件，包括网络图片、静态资源、临时的本地图片，以及本地磁盘上的图片（如相册）等。

在 iOS 平台上 React Native 支持 GIF 格式与 WebP 格式，但在 Android 平台上默认不支持 GIF 格式与 WebP 格式。我们可以通过修改 React Native 的 Android 工程设置让 Android 平台支持 GIF 格式与 WebP 格式。

打开 React Native 目录下的 android/app/build.gradle 文件，根据需要手动添加以下模块：

```
dependencies {
  //如果需要支持 Android4.0(API level 14)之前的版本
  compile 'com.facebook.fresco:animated-base-support:1.9.0'

  //如果需要支持 GIF 动图
  compile 'com.facebook.fresco:animated-gif:1.9.0'

  //如果需要支持 WebP 格式，包括 WebP 动图
  compile 'com.facebook.fresco:animated-webp:1.9.0'
  compile 'com.facebook.fresco:webpsupport:1.9.0'

  //如果只需要支持 WebP 格式而不需要动图
  compile 'com.facebook.fresco:webpsupport:1.9.0'
}
```

接下来介绍 Image 组件显示多种不同类型图片的实现方式。

1. 加载网络图片

Image 组件加载网络图片时由于默认宽和高均为 0，所以需要指定样式的宽和高，否则图片将不显示，如代码 4-3-1 所示。

代码 4-3-1：

```
import React, {Component} from 'react';
import {StyleSheet,View,Image} from 'react-native';
```

```
export default class MyImage extends Component{
    render(){
        var imageUrl="https://img.alicdn.com/tps/TB1OvT9NVXXXXXdaFXXXXXXXXXX-
520-280.jpg";
        return(
            <View style={styles.container}>
            <Image style={styles.imageStyle} source={{uri: imageUrl}}/>
            </View>
        );
    }
}

var styles=StyleSheet.create({
    container:{
        justifyContent: 'center',
        alignItems: 'center',
    },
    imageStyle:{
        height: 150,
        width: 150,
    }
})
```

其中Image组件也可以使用source={{uri: ‘xxxx’}的方式加载图片，其中‘xxxx’表示任意的图片地址。也指定了图片的宽和高都为150，当不指定时图片不显示。

2. 加载项目中的静态图片资源

这里的静态图片资源指的是加载JS部分的图片资源，而不是Android和iOS原生应用下的资源文件。通过 `source={require('图片文件相对本文件目录的路径')}` 引入图片资源，如下所示。

```
return(
    <View style={styles.container}>
      {/* ./表示当前文件目录  ../表示父目录 */}
      <Image style={styles.imageStyle} source={require('./image/img_pact.png')}/>
    </View>
);
```

3. 加载原生资源文件中的图片

React Native 也可以加载原生的图片资源，原生的图片资源是指 Android 项目或 iOS 项目中的图片资源文件。

下面以 Android 为例，加载 Android 项目中 res 目录下的 mipmap 目录的资源图片，如代码 4-3-2 所示。

代码 4-3-2：

```
import React, { Component } from "react";
import { StyleSheet, View, Image } from "react-native";

//导入 nativeImageSource 函数
let nativeImageSource = require("nativeImageSource");
export default class MyImage extends Component {
  render() {
    let ades = {
      android: 'mipmap/ic_launcher_round',
      width: 72,
      height: 72,
    };
    return (
      <View style={styles.container}>
        <Image
          style={styles.imageStyle}
          source={nativeImageSource(ades)}
        />
      </View>
    );
  }
}
var styles = StyleSheet.create({
  container: {
    justifyContent: "center",
    alignItems: "center"
  },
  imageStyle: {
    height: 150,
    width: 150
```

```
  }
});
```

以上代码我们使用了 nativeImageSource 函数导入资源文件中的图片。

4. 多分辨率屏幕适配图片

在 React Native 项目开发中适配不同分辨率屏幕的图片时需要采用@2x、@3x 命名的同名图片，如 image.png、image@2x.png、image@3x.png。在代码中使用时选择 image.png，系统会根据像素密度选择合适的图片。

接下来介绍 Image 组件的常用属性，如表 4-2 所示。

表 4-2

Style 标签	说　明
width	图片的宽
height	图片的高
tintColor	为所有非透明的像素指定一个颜色
overlayColor	Android 平台属性，颜色类型；在不为圆角透明时，设置 overlayColor 和背景色一致
resizeMode	用来设置图片的缩放模式

其中 resizeMode 有五种模式，如下：

- cover 模式

  保持图片的宽高比，在显示比例不失真的情况下填充整个显示区域，超出显示区域的部分被丢弃。

- contain 模式

  在保持图片宽高比的前提下缩放图片，显示整张图片，对图片进行等比放大或缩小。

- stretch 模式

  填充整个显示区域，对图片进行拉伸并且不保持宽高比，显示的图片可能失真。

- repeat 模式

  重复平铺图片来填充整个显示区域。

- center 模式

  图片位于显示区域中心，即居中不拉伸。

接下来介绍 resizeMode 模式的使用方法，如代码 4-3-3 所示。

代码 4-3-3：

```
import React, { Component } from "react";
```

```
import { StyleSheet, View, Image } from "react-native";
export default class MyImage extends Component {
  render() {
    return (
      <View style={styles.container}>
        <Image
          style={styles.imageStyle}
          source={require('./image/redpacket.png')}
          resizeMode={'cover'}
        />
        <Image
          style={styles.imageStyle}
          source={require('./image/redpacket.png')}
          resizeMode={'contain'}
        />
        <Image
          style={styles.imageStyle}
          source={require('./image/redpacket.png')}
          resizeMode={'stretch'}
        />
        <Image
          style={styles.imageStyle}
          source={require('./image/redpacket.png')}
          resizeMode={'center'}
        />
        <Image
          style={styles.imageStyle}
          source={require('./image/redpacket.png')}
          resizeMode={'repeat'}
        />
      </View>
    );
  }
}

var styles = StyleSheet.create({
  container: {
    justifyContent: "center",
```

```
    alignItems: "center"
  },
  imageStyle: {
    height: 100,
    width: 100,
    marginTop:20,
    backgroundColor:'grey'
  }
});
```

代码 4-3-3 的运行效果如图 4-2 所示，从上到下分别对应 cover、contain、stretch、center 和 repeat 五种模式。

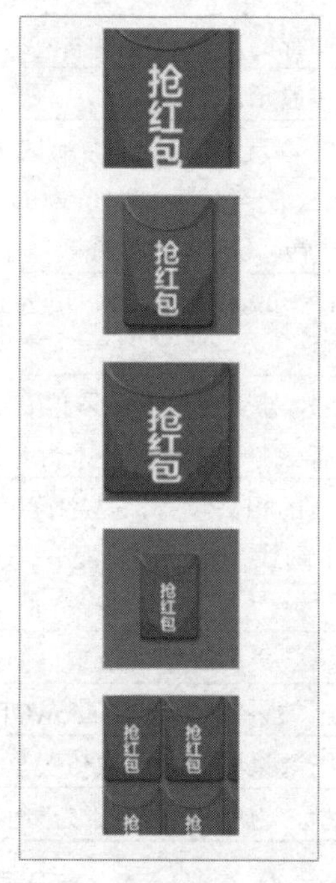

图 4-2

Image 组件也支持 backgroundColor、borderColor、borderWidth、overflow、opacity 属性，详细内容请在 4.3.1 节中查看。

4.3.3　Text 组件

Text 组件是 React Native 中的基础组件，Text 组件用来显示文本。在 React Native 开发中，文本一般都由 Text 组件或 TextInput 组件来显示的。

下面开始介绍 Text 组件的常用属性，如表 4-3 所示。

表 4-3

名　　称	说　　明
color	用来显示文字颜色
fontFamily	用来显示文字字体，取值有 sans-serif、serif、monospace
fontStyle	用来显示字体风格，取值有 normal（正常）、italic（斜体）
fontSize	用来显示文字的大小，数值类型
fontWeight	用来显示字体的粗细，字符串类型，取值有 normal、bold、100、200、300、400、500、600、700、800、900。其中 normal 和 bold 适用于大多数字体，最细（100）到最粗（900）代表字体粗细程度
lineHeight	用来表示每一行的高度，数值类型
numberOfLines	用来表示文本显示的行数
ellipsizeMode	用来表示文本无法全部显示时如何用省略号进行修饰，需要和 numberOfLines 配合使用。取值为 head（开头截断）、middle（中间截断）、tail（末尾截断）、clip（末尾截断但不添加省略号），默认值是 clip
selectable	默认值是 false，boolean 类型，值为 true 时可以被选择并复制到手机系统的剪切板中
textAlign	文本对齐方法，字符串类型，取值有 auto、left、right、center、justify。justify 在 iOS 平台有效，在 Android 平台等价于 left
textDecorationLine	用来表示横线的相关设置，是字符串类型，取值为：none（没有装饰线）、underline（下画线）、line-through（贯穿线）、underline line-through（下画线贯穿线）
textShadowColor	用来表示阴影效果的颜色，取值同 color
textShadowOffset	用来设置阴影效果，如 textShadowOffset：{width：5，height：5}
textShadowRadius	用来设置阴影效果的圆角，数值类型
onLongPress 与 onPress	回调函数类型，组件被长按或按下时相应的回调函数将被执行

我们介绍了 Text 组件常用的通用属性，接下来介绍在 iOS 平台和 Android 平台上独有的属性，如表 4-4 所示。

表 4-4

名　　称	平　　台	说　　明
letterSpacing	iOS	用来指定字符串中每个字符之间的空间
writingDirection	iOS	用来指定文本的书写方向，字符串类型，取值为 auto（自动）、ltr（从左到右）、rtl（从右到左）

续表

名　称	平　台	说　明
textDecorationStyle	iOS	用来指定文本装饰线的风格，取值为 sold（实线）、double（双实线）、dotted（点状线）、dashed（虚线）
textDecorationColor	iOS	用来指定文本装饰线的颜色，是字符串类型，取值同 color
adjustsFontSizeToFit	iOS	默认值是 false，boolean 类型，值为 true 时字体会自动按比例缩小来适应给定的样式
minimumFontScale	iOS	adjustsFontSizeToFit 属性为 true 时，设置字体的最小缩放比例，取值范围为 0.01～1.0
includeFontPadding	Android	用来显示文本时额外的字体填充，boolean 类型，默认值是 true
selectColor	Android	用来指定文本被选中时的颜色
textAlignVertical	Android	用来指定垂直方向上文本对齐方式，字符串类型，取值为 auto、top、bottom、center

表 4-4 中主要是一些 Text 组件的常用属性，其他的属性请参考官方文档：https://reactnative.cn/docs/text/。

接下来我们从实例方面介绍 Text 组件的常用属性。

（1）通过设置 textShadowColor、textShadowOffset 和 textShadowRadius 实现 Text 组件的阴影效果，如代码 4-3-4 所示。

代码 4-3-4：

```
render() {
    return (
      <View style={styles.container}>
        <Text style={styles.textStyle}> My react-native </Text>
        <Text style={styles.textStyle2}> My react-native </Text>
        <Text style={styles.textStyle3}> My react-native </Text>
      </View>
    );
}

var styles = StyleSheet.create({
  container: {
    marginTop: 20
  },
  textStyle: {
    fontSize: 30,
```

```
    textAlign: "center",
    color: "black",
    marginTop: 10,
    textShadowColor: "grey",
    textShadowOffset: { width: 5, heigth: 5 },
    textShadowRadius: 2
  },
  textStyle2: {
    fontSize: 30,
    textAlign: "center",
    color: "black",
    marginTop: 10,
    textShadowColor: "grey",
    textShadowOffset: { width: 5, heigth: 5 },
    textShadowRadius: 10
  },
  textStyle3: {
    fontSize: 30,
    textAlign: "center",
    marginTop: 10,
    color: "black",
    textShadowColor: "grey",
    textShadowOffset: { width: 10, heigth: 10 },
    textShadowRadius: 2
  }
});
```

运行效果如图 4-3 所示。

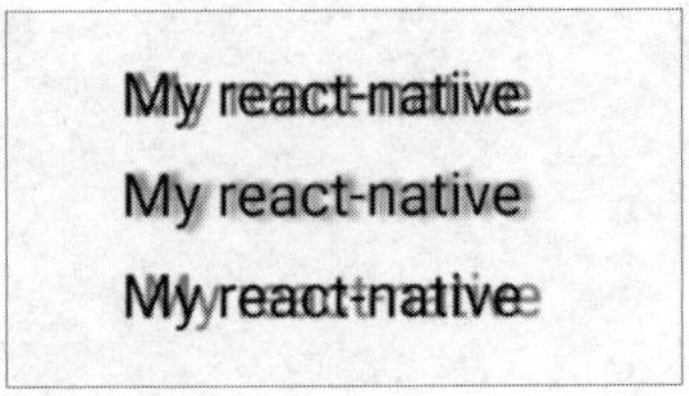

图 4-3

通过对比代码和效果图可以看到 textShadowRadius 的值越大阴影越模糊，textShadowOffset 的值越大，阴影的偏移量越大。

（2）通过设置 ellipsizeMode 实现 Text 组件的文本显示，如代码 4-3-5 所示。

代码4-3-5：

```
import React, { Component } from "react";
import { StyleSheet, View, Text } from "react-native";

export default class MyText extends Component {
  render() {
    let str = "开始学习 React Native 入门教程";
    return (
      <View style={styles.container}>
        <Text style={styles.textStyle} ellipsizeMode="head" numberOfLines={1}>
          {str}
        </Text>
        <Text style={styles.textStyle} ellipsizeMode="middle" numberOfLines={1}>
          {str}
        </Text>
        <Text style={styles.textStyle} ellipsizeMode="tail" numberOfLines={1}>
          {str}
        </Text>
        <Text style={styles.textStyle} ellipsizeMode="clip" numberOfLines={1}>
          {str}
        </Text>
      </View>
    );
  }
}

var styles = StyleSheet.create({
  container: {
    marginTop: 20,
    justifyContent: "center",
    alignItems: "center"
  },

  textStyle: {
    fontSize: 30,
    width: 200
  }
});
```

运行效果如图 4-4 所示。

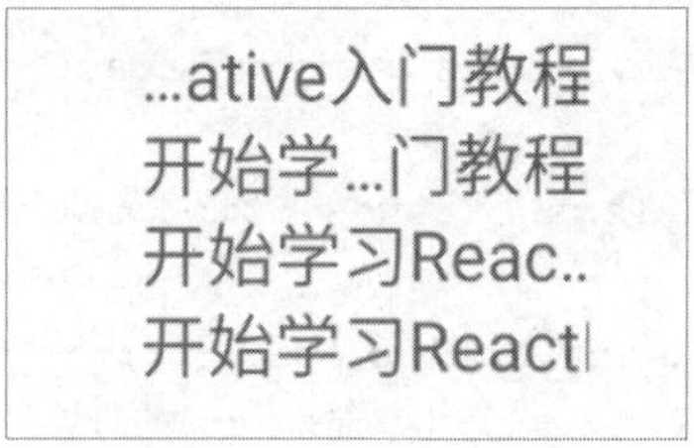

...ative入门教程
开始学...门教程
开始学习Reac..
开始学习React

图 4-4

图 4-4 显示了 ellipsizeMode 的值为 head、middle、tail 和 clip 的效果。

4.3.4 TextInput 组件

TextInput 组件是 React Native 中的基础组件，并且支持文字输入和 Text 组件的所有属性样式。

下面开始介绍 TextInput 组件的常用属性，如表 4-5 所示。

表 4-5

名　称	说　明
autoCapitalize	用来设置英文字母自动大写规则，取值为 none（不自动变为大写）、sentences（每句话首字母自动大写）、words（每个单词首字母大写）、characters（每个英文字母自动改为大写）
autoCorrect	用来检测用户输入的英语单词是否正确，boolean 类型，默认值为 true，值为 true 时会自动检测用户输入的英语单词是否正确
autoFocus	用来定义 TextInput 组件是否自动获得焦点，默认值为 false，值为 true 时获得焦点
defaultValue	用来定义字符串默认值，用户输入时，值将改变
editable	用来定义是否允许修改字符，值为 false 时不允许修改，默认值为 true
value	用来设置文本框中字符串的值
placeholder	用来显示文本输入前的字符串，用于提示用户应该输入的内容，字符串类型
placeholderTextColor	用来定义 placeholder 字符串的颜色
maxLength	最多允许输入多少个字符，数值类型
multiline	值为 true 时文本输入可以是多行的，默认值为 false
secureTextEntry	用来定义文本框是否用于输入密码，boolean 类型
selectTextOnFocus	boolean 类型，值为 true 时，组件获得焦点，组件中的内容都会被选中

续表

名　称	说　明
keyboardType	用来定义组件获得焦点是软键盘弹出的类型，是字符串类型，取值为 default、email-address、numeric、phone-pad、ascii-capable、numbers-and-punctuation、url、number-pad、name-phone-pad、decimal-pad、twitter、web-search。其中 default、numeric、email-address 是跨平台的
returnKeyType	定义软键盘回车键在布局中的样式，是字符串类型，跨平台支持的有：done、next、search、send；仅 Android 平台支持的有：none、previous；仅 iOS 平台支持的有：default、emergency-call、google、join、route、yahoo
onSelectionChange	回调函数类似，文本输入框中选择的字符串变化时，会调用回调函数并会传回参数，格式如{ nativeEvent: { selection: { start, end } } }，start 表示用户选中的字符串起点位置，end 表示用户选中的字符串结束位置

我们介绍了 TextInput 组件常用的通用属性，接下来开始介绍在 iOS 平台和 Android 平台上独有的属性，如表 4-6 所示。

表 4-6

名　称	平　台	说　明
clearButtonMode	iOS	定义什么时候在文本框右侧显示清除按钮，字符串类型，取值有 never、while-editing、unless-editing、always
clearTextOnFocus	iOS	boolean 类型，值为 true 时，每次开始输入文本时会清除文本框内容
keyboardAppearance	iOS	用来设置键盘颜色，字符串类型，取值为 default（默认）、light（明亮）、dark（偏暗）
onKeyPress	iOS	是一个回调函数，一个键被按下时回调这个函数并传入按下键的键值。这个函数会在 onChange 回调函数之前调用
enablesReturnKeyAutomatically	iOS	boolean 类型，值为 true 时，文本框没有文字时，键盘的回车键会失效。默认值为 false
spellCheck	iOS	boolean 类型，值为 false 时，会关闭拼写检查功能
numberOfLines	Android	TextInput 组件可以有多少行，数值类型，与 multiline={true}配合使用
disableFullscreenUI	Android	boolean 类型，默认值为 false，值为 false 时，如果 TextInput 组件的输入空间小，则系统会进入全屏文本输入模式。值为 true 时，这个特性会关闭，只能在 TextInput 组件中输入

续表

名　　称	平　　台	说　　明
inlineImageLeft	Android	把图片无缩放地显示在左侧，字符串类型
inlineImagePadding	Android	定义了 inlineImage（如果有的话）的 padding 和 TextInput 组件的 padding
returnKeyLabel	Android	用来设置软键盘回车键的内容，优先级高于 returnKeyType
underlineColorAndroid	Android	用来定义输入提示下画线的颜色，字符串类型

接下来通过代码介绍 TextInput 组件的基本用法，如代码 4-3-6 所示。

代码 4-3-6：

```
constructor(props) {
    super(props);
    this.state = { inputText: "" };
  }
render() {
  return (
    <View>
      {/*文本输入框*/}
      <TextInput
        style={styles.textStyle}
        placeholder="请输入内容"
        onChangeText={text => {
          this.setState({ inputText: text });
        }}
      />
      <View style={styles.buttonStyle}>
        <Text
          style={{ color: "white" }}
          onPress={() => {
            alert("输入的内容：" + this.state.inputText);
          }}
        >
          获取内容
        </Text>
      </View>
    </View>
  );
```

```
}
var styles = StyleSheet.create({
  textStyle: {
    height: 40,
    borderWidth: 1,
    borderColor: "grey",
    marginLeft: 5,
    marginRight: 5,
    marginTop: 10
  },
  buttonStyle: {
    marginTop: 15,
    marginLeft: 10,
    marginRight: 10,
    backgroundColor: "#63B8FF",
    height: 35,
    borderRadius: 5,
    justifyContent: "center",
    alignItems: "center"
  }
});
```

从 TextInput 里取值的方法是在 onChangeText 中用 setState 把用户的输入写入 state，然后在需要取值的地方从 this.state 中取出值。

在代码 4-3-6 示例中，我们使用了 TextInput 组件的 onChangeText 属性和 placeholder 属性，使用 placeholder 属性来提示用户输入的内容，订阅 onChangeText 事件来读取用户的输入。当我们在 TextInput 中输入内容时，这个内容就会通过 onChangeText 的参数 text 传递回来，在 onChangeText 中将 text 的内容保存到 state 中。当我们点击“获取内容”按钮时，通过 Alert 将 state 中保存的内容展现出来。

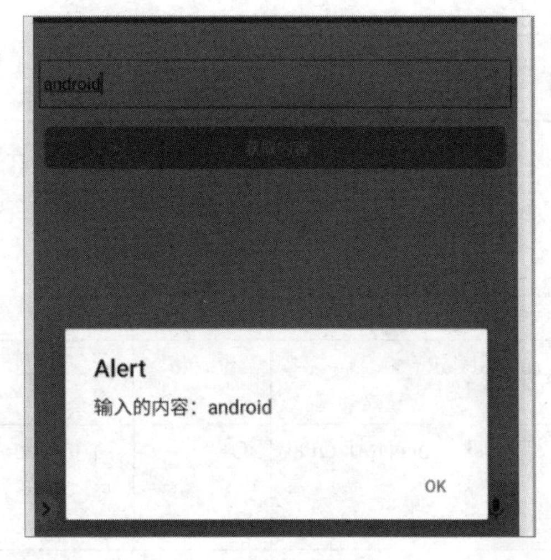

图 4-5

运行效果如图 4-5 所示。

4.3.5 ScrollView 组件

ScrollView 组件封装了滚动视图功能并且集成了触摸响应系统。ScrollView 必须有一个确定的高度才能正常工作，由于 ScrollView 通过滚动操作将一系列不确定高度的子组件装入固定的容器中，所以在使用时要给其父容器设置高度。

下面介绍 ScrollView 组件的常用属性，如表 4-7 所示。

表 4-7

名　称	说　明
contentContainerStyle	用来定义 ScrollView 组件的容器样式（所以子组件都会包含在容器内）
horizontal	boolean 类型，值为 true 时，ScrollView 的所有子组件会水平排列
keyboardDismissMode	用户拖拽滚动视图的时候，是否要隐藏软键盘，是字符串类型，取值为 none（不隐藏）、on-drag（拖拽开始的时候隐藏软键盘）、interactive（软键盘伴随拖拽操作同步地消失，如果向上会拉，则键盘不会消失），Android 系统只支持 none 取值
keyboardShouldPersistTaps	boolean 类型，值为 false 时，点击焦点文本输入框以外的地方，键盘就会隐藏，值为 true 时不会，默认值为 false
onScroll	回调函数，组件滚动时，每一帧的画面改变都会触发一次回调函数，调用的频率可以用 scrollEventThrottle 属性来控制
scrollEnableed	boolean 类型，默认值为 true，值为 false 时，组件不能滑动
showsHorizontalScrollIndicator	boolean 类型，值为 true 时，显示一个水平方向的滚动条
showsVerticalScrollIndicator	boolean 类型，值为 true 时，显示一个垂直方向的滚动条
refreshControl	指定 RefreshControl 组件，用于为 ScrollView 提供下拉刷新功能，只能用于垂直视图，即 horizontal 不能为 true

我们介绍了 ScrollView 组件常用的通用属性，接下来介绍在 iOS 平台和 Android 平台上的独有的属性，如表 4-8 所示。

表 4-8

名　称	平　台	说　明
endFillColor	Android	颜色类型，ScrollView 组件的宽高大于它的内容所需宽高时，会把剩余空间渲染为指定颜色
alwaysBounceHorizontal	iOS	当 horizontal={true}时，默认值为 true，否则为 false；值为 true 时，水平方向即使内容比滚动视图本身还要小，也可以弹性地拉动一截
alwaysBounceVertical	iOS	当 horizontal={false}时，默认值为 true，否则为 false，用来控制垂直方向滑动效果

接下来通过代码介绍 ScrollView 组件的基本用法，如代码 4-3-7 所示。

代码 4-3-7：

```
renderItem() {
  var itemArray = [
    "React",
    "React Native",
    "Flutter",
    "微信小程序",
    "JavaScript",
    "Weex",
    "快应用",
    "大前端",
    "Android",
    "iOS",
  ];
  var itemAry = [];
  for (let i = 0; i < itemArray.length; i++) {
    itemAry.push(
      <View style={styles.cellContainer}>
        <Text style={styles.textStyle}>{itemArray[i]}</Text>
      </View>
    );
  }
  return itemAry;
}

constructor (props) {
  super(props)
  this.state = {
    //是否刷新
    isRefreshing: true,
  }
  this.onRefreshListener()
}

onRefreshListener () {
  //定时 2 秒后改变刷新状态
```

```
    setTimeout(() => {
      this.setState({
        isRefreshing: false,
      })
    }, 2000)
  }

  render() {
    return (
      <View style={styles.container}>
        <ScrollView
          refreshControl={
            <RefreshControl
              refreshing={this.state.isRefreshing}
              onRefresh={this.onRefreshListener}
              colors={["white", "yellow", "orange"]}
              progressBackgroundColor="grey"
            />
          }
        >
          {this.renderItem()}
        </ScrollView>
      </View>
    );
  }

  const styles = StyleSheet.create({
    container: {
      flex: 1,
      backgroundColor: "white"
    },
    cellContainer: {
      borderBottomWidth: 1,
      borderColor: "#dcdcdc",
      flexDirection: "row",
      alignItems: "center",
      padding: 15
    }
```

```
  textStyle: {
    color: "grey"
  }
});
```

在ScrollView中简单介绍了refreshControl的用法及垂直方向的ScrollView。

运行效果如图4-6所示。

图 4-6

4.3.6 ListView 组件

ListView 组件用于高效地显示一个可以垂直滚动的变化的数据列表，并且能高效地更改刷新列表数据。

ListView组件支持一些高级特性，例如给每段/组（section）数据添加一个带有黏性的头部；在列表头部和尾部增加单独的内容；在到达列表尾部的时候调用回调函数，还有在视野内可见的数据变化时调用回调函数，以及一些性能方面的优化。

下面开始介绍ListView组件的常用属性，如表4-9所示。

表 4-9

名　称	说　明
dataSource	用来描述列表的数据源
initialListSize	指定组件挂载时渲染多少行数据，用来确保第一屏的数据一次性渲染，而不是花费太多帧逐步显示出来
pageSize	数值类型，用来定义一个事件循环中多少行会被渲染，默认值是 1
removeClippedSubviews	用于提升大列表的滚动性能。需要给行容器添加样式 overflow:'hidden'
onEndReachedThreshold	数值类型，配合 onEndReached 使用，单位是 pt
onEndReached	回调函数，所有数据被渲染并且列表滑动到底部不足 onEndReachedThreshold 个像素的距离时被调用
refreshControl	指定 RefreshControl 组件，用于为 ListView 提供下拉刷新功能，只能用于垂直视图，即 horizontal 不能为 true

使用 ListView 组件时需要加入 ListView 的结构属性：

```
<ListView
  dataSource={准备好的 DataSource 数据源}
  renderRow={准备好的渲染每一行的函数}/>
```

在使用 dataSource 时，需要先“new”一个 dataSource 对象：

```
constructor(props) {
  super(props);
  变量名 = new ListView.DataSource({
    //判断列表的某一行是否需要重新渲染
    rowHasChanged: (oldRow, newRow) => oldRow != newRow
  });
}
```

接下来通过代码介绍 ListView 组件的基本用法，如代码 4-3-8 所示。

代码 4-3-8：

```
const data = [
  "React",
  "React Native",
  "Flutter",
  "微信小程序",
  "JavaScript",
  "Weex",
```

```
  "快应用",
  "大前端",
  "Android",
  "iOS",
  "大前端",
];

constructor(props) {
  super(props);
  const ds = new ListView.DataSource({
    //判断列表的某一行是否需要重新渲染
    rowHasChanged: (r1, r2) => r1 !== r2
  });
  this.state = {
    //将数据源复制到 DataSource 中
    dataSource: ds.cloneWithRows(data)
    //是否刷新
    isRefreshing: true,
  };
}
//rowData 是一个对象，数据源中数组的某一个元素，用它来渲染列表中需要填入的数据
//selectionID 是当前列表的分段号
//rowID 是当前行在列表中的行号（从 0 开始，与数据源数组下标对应）
renderItem(rowData, selectionID, rowID) {
  return (
    <TouchableOpacity
        style={styles.cellContainer}
        onPress={() => {
          alert("第 " + rowID + " 行，" + rowData);
        }}
      >
    {/*使用 TouchableOpacity 将列表中的每一行声明为可控的控件，
    并且指定按下事件的处理函数，按下事件会带上本行在列表中的行号*/}
      <Text style={styles.textStyle}>{rowData}</Text>
    </TouchableOpacity>
  );
}
```

```
  //渲染分割线
  renderSeparator (sectionID, rowID, adjacentRowHighlighted) {
    return <View style={{height: 0.5, backgroundColor: 'grey'}}/>
  }

  //渲染 List 的底部
  renderFooter () {
    return <Image style={{height: 100, width: 400}} source={require('./image/
img_picactive.png')}/>
  }
  onRefresh(){
    setTimeout(()=>{
      this.setState({
        isRefreshing: false,
      })
    },2000)
  }
  render() {
    return (
      <View style={styles.container}>
        <ListView
          dataSource={this.state.dataSource}
          //渲染 ListView 的每一行
          renderRow={this.renderItem}
          renderSeparator={(sectionID, rowID, adjacentRowHighlighted) =>
              this.renderSeparator(sectionID, rowID, adjacentRowHighlighted)
          }
          //渲染 List 的底部
          renderFooter={() => this.renderFooter()}
          refreshControl={
            <RefreshControl
              refreshing={this.state.isRefreshing}
              onRefresh={this.onRefresh()}
            />
          }
        />
      </View>
    );
```

```
}

const styles = StyleSheet.create({
  container: {
    flex: 1
  },
  textStyle: {
    color: "grey"
  },
  cellContainer: {
    padding: 15
  }
});
```

上述示例代码实现了一个简单的列表，运行效果如图 4-7 所示。

图 4-7

4.3.7　FlatList 组件

由于 ListView 组件存在性能问题，所以官方在 React Native 0.43 版本推出了 FlatList 组件来替代 ListView 组件。FlatList 组件的底层实现是 VirtualizedList 组件，继承了其所有的属性。

下面介绍 FlatList 组件的常用属性，如表 4-10 所示。

表 4-10

名　称	说　明
data	array 类型，用来描述列表的数据源
renderItem	从 data 中挨个取出数据并渲染到列表中
ListFooterComponent	FlatList 底部的组件
ListHeaderComponent	FlatList 头部的组件
horizontal	boolean 类型，值为 true 时，布局是水平方向的
ItemSeparatorComponent	渲染行之间的分割线
onEndReachedThreshold	数值类型，配合 onEndReached 使用，单位是 pt
onEndReached	回调函数，所有数据被渲染并且列表滑动到底部不足 onEndReachedThreshold 个像素的距离时被调用
refreshControl	指定 RefreshControl 组件，用于为 FlatList 提供下拉刷新功能，只能用于垂直视图，即 horizontal 不能为 true

使用 FlatList 组件时需要加入 FlatList 的结构属性：

```
<FlatList
  data={准备好的数据源}
  renderItem={准备好渲染 data 数据中的函数}/>
```

接下来通过代码介绍 FlatList 组件的基本用法，如代码 4-3-9 所示。

代码 4-3-9：

```
const data = [
  'React',
  'React Native',
  'Flutter',
  '微信小程序',
  'JavaScript',
  'Weex',
  '快应用',
  '大前端',
  'Android',
  'iOS',
]

//构造
constructor (props) {
```

```
    super(props)
    //初始状态
    this.state = {
      isRefreshing: false,//是否刷新
      dataArray: data,
    }
    this._onRefresh()
  }

  _renderItem (data) {
    return <View>
      <Text style={styles.textStyle}>{data.item}</Text>
    </View>
  }

  _onRefresh (isRefreshing) {
    if (isRefreshing) {
      this.setState({
        isRefreshing: true,
      })
    }
    setTimeout(() => {
      let array = []
      //下拉刷新处理
      if (isRefreshing) {
        for (let i = this.state.dataArray.length - 1; i >= 0; i--) {
          array.push(this.state.dataArray[i])
        }
      } else {
       //上拉加载处理
        array = this.state.dataArray.concat(data)
      }
      this.setState({
        dataArray: array,
        isRefreshing: false,
      })
    }, 2000)
  }
```

```
getFooter () {
  return <View style={{alignItems: 'center'}}>
    {/*显示一个圆形的 loading 提示符号*/}
    <ActivityIndicator
      style={{marginTop: 10}}
      size={'large'}//指示器的大小，默认为 small
      color={'red'}//指示器的前景颜色
      animating={true}//是否要显示指示器动画，默认为 true 表示显示，为 false 则隐藏
    />
    <Text style={{margin: 10}}>正在加载...</Text>
  </View>
}
render () {
  return <View style={styles.container}>
    <FlatList
      data={this.state.dataArray}
      renderItem={(data) => this._renderItem(data)}
      refreshControl={
        <RefreshControl
          title={'Loading'}//显示刷新指示器下的文字，只适用于 iOS 平台
          titleColor={'red'}//显示刷新指示器下的文字的颜色
          tintColor={'red'}//刷新指示器的颜色，只适用于 iOS 平台
          refreshing={this.state.isRefreshing}
          onRefresh={() => this._onRefresh(true)}
          colors={['gray', 'yellow', 'orange']}//指定至少一种颜色用来绘制刷新指
                                              //示器，只适用于 Android 平台
        />
      }
      //渲染分割线
      ItemSeparatorComponent={() => <View style={{height: 0.5,
backgroundColor: 'grey'}}/>}
      //尾部组件
      ListFooterComponent={() => this.getFooter()}
      //当列表被滚动到距离内容最底部不足 onEndReachedThreshold 的距离时调用
      onEndReached={() => this._onRefresh()}
    />
  </View>
}
```

```
const styles = StyleSheet.create({
  container: {
    flex: 1,
  },
  textStyle: {
    padding: 10
  },
})
```

运行 React Native 项目，手机界面的效果如图 4-8 所示。

图 4-8

4.3.8 SwipeableFlatList 组件

SwipeableFlatList 组件在 FlatList 组件的基础上实现侧滑显示菜单的功能，和侧滑删除效果类似。SwipeableFlatList 组件支持 FlatList 组件所有的属性和方法。

下面介绍 SwipeableFlatList 组件独有的属性，如表 4-11 所示。

表 4-11

名　　称	说　　明
renderQuickActions	创建侧滑菜单内容
maxSwipeDistance	可滑动的侧滑距离
bounceFirstRowOnMount	boolean 类型，默认 true，表示第一次是否先滑一下 FlatList 的 Item

使用 SwipeableFlatList 组件时需要加入 SwipeableFlatList 的结构属性：

```
<SwipeableFlatList
  data={准备好的数据源}
  renderItem={准备好渲染 data 数据中的函数}/>
```

接下来通过代码介绍 SwipeableFlatList 组件的基本用法，修改代码 4-3-9 中部分代码，如下所示。

```
//滑动显示的内容
_renderQuickActions () {
  return <View style={styles.quickContainer}>
    {/*用于封装视图，使其可以正确响应触摸操作*/}
    <TouchableHighlight onPress={() => {
      alert('确定删除？')
    }}>
      <View style={styles.quick}>
        <Text style={styles.delStyle}>删除</Text>
      </View>
    </TouchableHighlight>
  </View>
}
render () {
  return <View style={styles.container}>
    <SwipeableFlatList
      data={this.state.dataArray}
      renderItem={(data) => this._renderItem(data)}
      refreshControl={
        <RefreshControl
          title={'Loading'}//显示刷新指示器下的文字，只适用于 iOS 平台
          titleColor={'red'}//显示刷新指示器下的文字的颜色，只适用于 iOS 平台
          tintColor={'red'}//刷新指示器的颜色，只适用于 iOS 平台
          refreshing={this.state.isRefreshing}
          onRefresh={() => this._onRefresh(true)}
          //指定至少一种颜色用来绘制刷新指示器，只适用于 Android 平台
          colors={['gray', 'yellow', 'orange']}/>
      }
      //尾部组件
```

```
      ListFooterComponent={() => this.getFooter()}
      //当列表被滚动到距离内容最底部不足 onEndReachedThreshold 的距离时调用
      onEndReached={() => this._onRefresh()}
      //创建侧滑菜单
      renderQuickActions={() => this._renderQuickActions()}
      //可滑动的侧滑距离
      maxSwipeDistance={80}
      //默认为 true，第一次是否先滑一下 FlatList 的 Item
      bounceFirstRowOnMount={false}
    />
  </View>
}
const styles = StyleSheet.create({
  container: {
    flex: 1,
  },
  delStyle: {
    color: 'white',
    fontSize: 20
  },
  quick: {
    flex: 1,
    backgroundColor: 'red',
    alignItems: 'center',
    justifyContent: 'center',
    padding: 10,
    width: 80,
  },
  quickContainer: {
    flex: 1,
    flexDirection: 'row',
    justifyContent: 'flex-end',
  },
})
```

运行项目，手机界面的效果如图 4-9 所示。

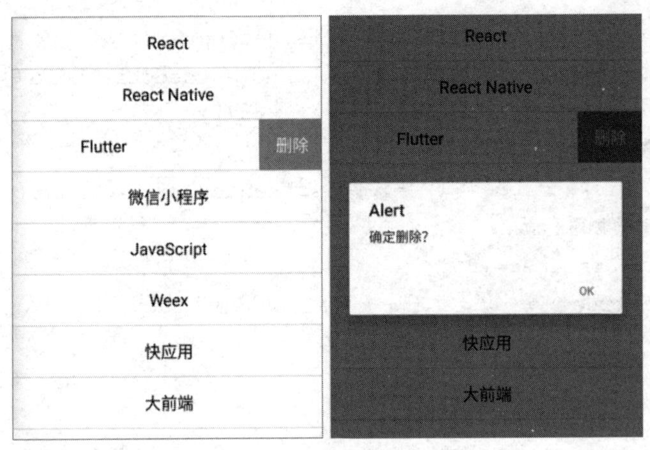

图 4-9

4.3.9 SectionList 组件

SectionList 组件用于分组、分类或分区时显示的列表。如果列表不需要分组则使用 FlatList 组件。SectionList 组件的底层实现是 VirtualizedList 组件，继承了其所有的属性。

下面介绍 SectionList 组件的常用属性，如表 4-12 所示。

表 4-12

名　称	说　明
sections	用来渲染数据
renderItem	用来渲染 sections 中每个列表项的数据
ItemSeparatorComponent	渲染行之间的分割线
onEndReachedThreshold	数值类型，配合 onEndReached 使用，单位是 pt
onEndReached	回调函数，所有数据被渲染并且列表滑动到底部不足 onEndReachedThreshold 个像素的距离时被调用
refreshControl	指定 RefreshControl 组件，用于为 SectionList 提供下拉刷新功能，只能用于垂直视图，即 horizontal 不能为 true
stickySectionHeadersEnabled	boolean 类型，值为 true 时，section 的 header 粘连在屏幕顶端
renderSectionHeader	渲染每个 section 的头部
renderSectionFooter	渲染每个 section 的底部
ListFooterComponent	SectionList 底部的组件
ListHeaderComponent	SectionList 头部的组件

使用 SectionList 组件时需要加入 SectionList 的结构属性：

```
<SectionList
  sections ={准备好的数据源}
  renderItem={准备好渲染 data 数据中的函数}/>
```

接下来通过代码介绍 SectionList 组件的基本用法，修改代码 4-3-9 中部分代码，如下所示。

代码 4-3-10：

```
const data = [
  {title: '跨平台', data: ['React Native', 'Flutter', '快应用', '微信小程序',
'Weex',]},
  {title: '前端', data: ['JavaScript', 'React', 'Vue']},
  {title: '移动端', data: ['Android', 'iOS',]},]

_renderSectionHeader ({section}) {
  return <View style={styles.headerStyle}>
    <Text style={styles.headerTitle}>{section.title}</Text>
  </View>
}

render () {
  return <View style={styles.container}>
    <SectionList
      sections={this.state.dataArray}
      renderItem={(data) => this._renderItem(data)}
      refreshControl={
        <RefreshControl
          title={'Loading'}//显示刷新指示器下的文字，只适用于 iOS 平台
          titleColor={'red'}//显示刷新指示器下的文字的颜色。
          tintColor={'red'}//刷新指示器的颜色，只适用于 iOS 平台
          refreshing={this.state.isRefreshing}
          onRefresh={() => this._onRefresh(true)}
          //指定至少一种颜色用来绘制刷新指示器，只适用于 Android 平台
          colors={['gray', 'yellow', 'orange']}/>
      }
      //尾部组件
      ListFooterComponent={() => this.getFooter()}
      //当列表被滚动到距离内容最底部不足 onEndReachedThreshold 的距离时调用
      onEndReached={() => this._onRefresh()}
```

```
      //渲染每个 section 的头部
      renderSectionHeader={(data) => this._renderSectionHeader(data)}
      //设置行之间分割线，不会出现在第一行之前和最后一行之后
      ItemSeparatorComponent={() =>
        <View style={{height: 1,backgroundColor: '#cccccc'}}/>
      }
      //当下一个 section 把它的前一个 section 的可视区推离屏幕的时候，让这个 section
      //的 header 粘连在屏幕的顶端。这个属性在 iOS 上是默认可用的，因为这是 iOS 的平台
      /规范
      stickySectionHeadersEnabled={true}
    />
  </View>
}
const styles = StyleSheet.create({
  container: {
    flex: 1,
  },
  cell: {
    height: 60,
    justifyContent: 'center',
    alignItems: 'center'
  },
  headerStyle: {
    backgroundColor: '#cccccc',
    height: 30,
    alignItems: 'center',
    justifyContent: 'center'
  },
  headerTitle: {
    color: '#666666',
    justifyContent: 'center'
  }
})
```

运行 React Native 项目，手机界面的效果如图 4-10 所示。

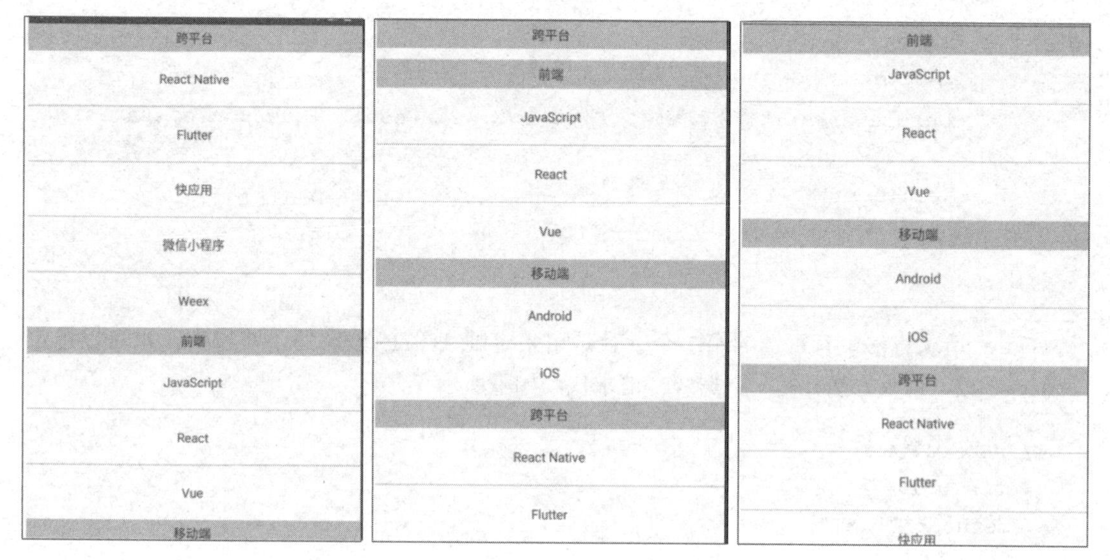

图 4-10

4.4　网络

移动应用开发需要从远程地址获取数据和资源，这时我们需要用到网络请求，React Native 框架集成了最新的 Fetch API，可以使用 Fetch API 灵活高效地进行 HTTP 和 HTTPS 的通信。本节主要解释 Fetch API 的用法，以及手机当前的各个网络状态。

先从最基础的请求使用开始，传入请求地址即可，请求代码如下所示。

```
fetch(url)
  .then(response => {
    console.log(response);
    return response.json();//转换为 JSON
  }).catch(err => {
    console.error(err);
  });
```

再加上一些错误处理：

```
fetch(url)
  .then(response => {
    console.log(response);
    if (response.ok) {
```

```
      return response.json();
    } else {
      console.error("服务器繁忙，请稍后再试；\r\nCode:" + response.status);
    }
  }).catch(err => {
    console.error(err);
  });
```

Fetch 请求方法中有可选的第二个参数，用来定制 HTTP 请求的一些参数，也可以指定 headers 参数、请求方法、提交数据等。请求代码如下所示。

```
//JSON 格式数据
fetch(url, {
  method: "POST",
  headers: {
    "Content-Type": "application/json"
  },
  body: JSON.stringify({
    firstParam: "yourValue",
    secondParam: "yourOtherValue"
  })
})
.then(response => {
    console.log(response);
    return response.json();//转换为 JSON
  })
  //处理请求网络错误的情况
 .catch(err => {
    console.error(err);
 });
```

其中 method 用于定义请求的方法，Fetch 默认的 method 是 GET 方法，body 是需要发送的数据。Fetch 返回的 then 方法有一个 response 参数，它是一个 Response 实例。提交数据的格式与`"Content-Type"`相关，`"Content-Type"`取决于服务器端。常用的`"Content-Type"`除了上面的`"application/json"`，还有传统的网页表单形式，示例如下：

```
//URLSearchParams 方式
fetch(url, {
```

```
  method: "POST",
  headers: {
    //传统的网页表单形式
    "Content-Type": "application/x-www-form-urlencoded; charset=UTF-8"
  },
  body: "key1=value1&key2=value2"
})
.then(response => {
   console.log(response);
   return response.json();//转换为 JSON
 })
 //处理请求网络错误的情况
.catch(err => {
   console.error(err);
});
```

Response 对象中包含多种属性。

- status (number)：HTTP 请求的响应状态行；
- statusText (String)：服务器返回的状态报告；
- ok (boolean)：如果返回 200 表示请求成功，则为 true；
- headers (Headers)：返回头部信息；
- url (String)：请求的地址。

Response 对象可以有如下几种解析方式。

- formData()：返回一个带有 FormData 的 Promise；
- json()：返回一个带有 JSON 对象的 Promise；
- text()：返回一个带有文本的 Promise；
- clone()：复制一份 response；
- error()：返回一个与网络相关的错误；
- redirect()：返回一个可以重定向至某 URL 的 response；
- arrayBuffer()：返回一个带有 ArrayBuffer 的 Promise；
- blob()：返回一个带有 Blob 的 Promise。

下面我们通过代码示例来介绍 Fetch 的使用方法，如下所示。

```
import React, { Component } from "react";
import { StyleSheet, Text, View } from "react-native";

export default class MyFetch extends Component {
  //构造函数
  constructor(props) {
    super(props);
    this.state = {
      responseText: null
    };
  }

  //渲染
  render() {
    return (
      <View style={styles.container}>
        <Text style={styles.textStyle} onPress={this.doFetch.bind(this)}>
          获取数据
        </Text>
        <Text style={styles.contentStyle}> {this.state.responseText} </Text>
      </View>
    );
  }
  //使用 Fetch 请求数据
  doFetch() {
    fetch("http://renyugang.io/api/read.php?action=detail&q=android_2", {
      method: "GET",
      headers: {
        "Content-Type": "application/json"
      }
    })
      .then(response => {
        return response.text();//转换为 text
      })
      .then(responseData => {
        alert("请求成功！");
        this.setState({
          responseText: responseData
```

```
        });
        console.log(responseData);
      })
      .catch(error => {
        alert("请求失败！");
      });
  }
}

//样式定义
var styles = StyleSheet.create({
  container: {
    flex: 1,

  },
  textStyle: {
    margin: 15,
    height: 30,
    borderWidth: 1,
    padding: 6,
    borderColor: "grey",
    textAlign: "center"
  },
  contentStyle: {
    padding: 15,
  }
});
```

上述示例代码实现了一个简单的网络请求效果，点击“获取数据”按钮时会进行网络请求，请求返回的数据在 Text 组件中显示。运行效果如图 4-11 所示。

获取数据

{"code":0,"message":"ok","data":{"name":"Android 2","image":"http://renyugang.io/wp-content/uploads/2018/09/android.jpg", "introduce":"《Android开发艺术探索》是一本Android进阶类书籍，采用理论、源码和实践相结合的方式来阐述高水准的Android应用开发要点。《Android开发艺术探索》从三个方面来组织内容。第一，介绍Android开发者不容易掌握的一些知识点；第二，结合Android源代码和应用层开发过程，融会贯通，介绍一些比较深入的知识点；第三，介绍一些核心技术和Android的性能优化思想。"}}

图 4-11

接下来我们介绍手机当前的各个网络状态。在 React Native 中使用 NetInfo API 来获取手机当前的各个网络状态。

1. 获取当前网络状态

```
NetInfo.fetch().done(status => {
  console.log("netStatus: " + status);
});
```

其中网络状态的获取是异步的。

代码在 iPhone 手机上运行时，打印出的 status 可能为下列值。

- none：当前没有网络连接；
- wifi：使用 Wi-Fi 网络连接；
- cell：使用 Edge、3G、WiMax 或 LTE 网络连接；
- unknown：发生错误，网络状态不可知。

Android 手机网络状态的请求网络信息需要先在应用的 AndroidManifest.xml 文件中添加如下权限字段，申请相关权限：

```
<uses-permission android:name="android.permission.ACCESS_NETWORK_STATE" />
```

代码在 Android 手机上运行时，打印出的 status 可能为下列值。

- NONE：设备处于离线状态；
- BLUETOOTH：当前数据连接通过蓝牙协议执行；
- DUMMY：模拟数据连接；
- ETHERNET：以太网数据连接；
- MOBILE：移动网络数据连接；
- MOBILE_DUN：拨号移动网络数据连接；
- MOBILE_HIPRI：高优先级移动网络数据连接；
- MOBILE_MMS：彩信移动网络数据连接；
- MOBILE_SUPL：安全用户面定位（SUPL）数据连接；
- VPN：虚拟网络连接，需要 Android 5.0 以上；
- WIFI：Wi-Fi 数据连接；
- WIMAX：WiMax 数据连接；
- UNKNOWN：未知数据连接。

2. isConnected 判断网络是否连接

NetInfo API 为开发者提供了 isConnected 函数，以异步的方式来判断当前手机是否有网络连接。示例代码如下所示。

```
NetInfo.isConnected.fetch().done((isConnected) => {
  console.log('First, is ' + (isConnected ? 'online' : 'offline'));
});
```

3. isConnectionExpensive 判断网络连接是否收费

NetInfo API 为开发者提供了 isConnectionExpensive 函数，用来判断当前网络连接是否是付费的。如果当前连接是通过移动数据网络，或者通过基于移动数据网络所创建的 Wi-Fi 热点，又或是大量消耗电池等连接，都有可能被判定为计费的数据连接。**目前这个函数只为 Android 平台提供**。

示例代码如下所示。

```
NetInfo.isConnectionExpensive()
  .then(isConnectionExpensive => {
    console.log(
      "Connection is " +
        (isConnectionExpensive ? "Expensive" : "Not Expensive")
    );
  })
  .catch(error => {
    console.error(error);
  });
```

4. 监听网络状态改变事件

在获取网络状态后，开发者还可以通过 NetInfo API 提供的监听器监听网络状态改变事件。当手机网络状态改变时，React Native 应用会马上收到通知。

示例代码如下所示。

```
componentDidMount() {
  //添加事件监听
  NetInfo.isConnected.addEventListener(
    'connectionChange',this.handleConnectivityChange
  );
```

```
  }
  componentWillUnmount() {
    //卸载监听
    NetInfo.isConnected.removeEventListener(
        'connectionChange',this.handleConnectivityChange
    );
  }
  handleConnectivityChange(isConnected) {
    console.log(isConnected ? 'online' : 'offline');
  }
```

示例代码中的 NetInfo.addEventListener(eventName, handler)是添加一个事件监听函数。NetInfo.removeEventListener(eventName, handler)是移除联网状态改变的监听函数。

4.5 导航器 React Navigation

导航器（navigator）是管理多个页面的呈现、跳转的组件。目前 React Native 官方建议使用的导航组件是 react-navigation，react-navigation 组件在 iOS 和 Android 上都可以进行翻页式、tab 选项卡式和抽屉式的导航布局。

使用 react-navigation 组件控制页面导航，首先要安装 react-navigation。进入命令行窗口，在 React Native 项目目录下输入命令：

```
yarn add react-navigation
```

或者

```
npm install --save react-navigation
```

1. 翻页式导航：StackNavigator

StackNavigator 用来跳转页面和传递参数。在使用时要先注册页面导航，例如：

```
StackNavigator(RouteConfigs, StackNavigatorConfig)
```

其中有两个参数：RouteConfigs 和 StackNavigatorConfig。RouteConfigs 用来配置应用的路由信息，可以有任意多个配置，例如：

```
{
```

```
        //路由名称：路由配置
        First: {
         screen: FirstLeaf,//对应界面名称，是一个 React 组件
         path:'',//深度链接路径，从其他 App 或 web 跳转到该 App 时需要设置该路径
         navigationOptions://用于屏幕的默认导航选项
         },
        Second: {screen: SecondLeaf},
  }
```

其中路由配置{screen: FirstLeaf}中的 FirstLeaf 是 React Native 组件的名称，是不能缺少的，path 和 navigationOptions 是可选的。

StackNavigatorConfig 的配置参数如下所示。

- initialRouteName：设置默认路由名称，必须为 RouteConfigs 中的某个 screen。
- initialRouteParams：设置初始路由的参数，在初始显示的页面中可以通过 this.props.navigation.state.params 来获取。
- navigationOptions：默认导航选项设置。
- paths：RouteConfigs 里路径设置的映射。
- mode：页面跳转方式，有 card 和 modal 两种，默认为 card。
  - card：普通 App 常用的左右切换；
  - modal：只针对 iOS 平台，类似于 iOS 中的模态跳转、上下切换。
- headerMode：定义导航栏如何渲染，有 float、screen、none 三种。
  - float：导航栏始终在屏幕顶部；
  - screen：标题与屏幕一起淡入淡出；
  - none：导航栏不会显示。
- cardStyle：为各个页面设置统一的 style，比如背景色、字体大小等。
- transitionConfig：返回对象的回调函数，覆盖默认的界面切换操作动画效果。
- onTransitionStart：页面切换发生前调用。
- onTransitionEnd：页面切换完成后调用。

代码使用示例如下：

```
const navs = StackNavigator({
  First: {screen: FirstLeaf},
```

```
    Second: {screen: SecondLeaf},
  },
  {
    headerMode:'none',
    navigationOptions:{
      title:'android'
    }
  });
```

可以让导航栏隐藏，并且页面的默认标题是 android。其中 navigationOptions 的配置参数如下所示。

- title：导航栏的标题。
- header：自定义的头部组件，使用该属性后系统的头部组件会消失，如果想在页面中自定义，则可以设置为 null，为 null 时导航栏将隐藏。
- headerTitle：显示导航栏标题，默认为 title。
- headerBackTitle：显示在返回按钮上的字符串，为 null 时没有返回标签。
- headerTruncatedBackTitle：返回标题不能显示时（比如返回标题太长了）显示此标题，默认为 Back。
- headerRight：React 元素，显示在导航栏右侧。
- headerLeft：React 元素，显示在导航栏左侧。
- headerStyle：导航栏的样式。
- headerTitleStyle：导航栏标题的样式。
- headerBackTitleStyle 导航栏返回标题的样式。
- headerTintColor：导航栏颜色。
- headerPressColorAndroid：Android 5.0 以上 MD 风格的波纹颜色。
- gesturesEnabled：是否能侧滑返回，iOS 默认为 true，Android 默认为 false。

navigationOptions 属性也可以在组件内用 static navigationOptions 设置，会覆盖 StackNavigator 函数中 RouteConfigs 和 StackNavigatorConfig 对象的 navigationOptions 属性的对应属性。

```
static navigationOptions = {
  title: "第一页",
};
```

接下来用一个简单的示例来描述 StackNavigator 组件的用法，修改 index.js，如代码 4-5-1 所示。

代码 4-5-1：

```
import React, { Component } from "react";
import { AppRegistry } from "react-native";
import { createStackNavigator } from "react-navigation";
import FirstLeaf from "./FirstLeaf";
import SecondLeaf from "./SecondLeaf";
import { name as appName } from "./app.json";

//调用 StackNavigator 组件生成对象
const navs = createStackNavigator({
  First: {
    screen: FirstLeaf,
  },
  Second: {
    screen: SecondLeaf
  },
},
{
    headerMode:'float',
    mode:'card',
    navigationOptions:{
        title:'android'
    }
});
//将 StackNavigator 组件生成对象 navs 传入 AppRegistry API 的注册组件接口
AppRegistry.registerComponent(appName, () => navs);
```

FirstLeaf.js 的代码示例如代码 4-5-2 所示。

代码 4-5-2：

```
import React, { Component } from "react";
import { StyleSheet, View, Text } from "react-native";

export default class FirstLeaf extends Component {
  //定义导航的选项，定义了标题
```

```
  static navigationOptions = {
    title: "第一页",
  };
  render() {
    return (
      <View style={styles.container}>
        {/* 点击'下一页'跳转到第二个页面*/}
        <Text
          style={styles.textStyle}
          //导航跳转命令，并传值
          onPress={() => this.props.navigation.navigate("Second",{info:'来
自第一页的值'})}
        >
          下一页
        </Text>
      </View>
    );
  }
}
var styles = StyleSheet.create({
  container: {
    flex: 1,
    justifyContent: "center"
  },
  textStyle: {
    fontSize: 20,
    textAlign: "center",
    backgroundColor: "blue",
    color: "white",
    padding: 10
  }
});
```

SecondLeaf.js 的代码示例如代码 4-5-3 所示。

代码 4-5-3：

```
import React, { Component } from "react";
import { StyleSheet, View, Text, Button } from "react-native";
```

```
export default class SecondLeaf extends Component {
  //定义导航的选项，定义了标题，并在导航栏右侧加了一个按钮
  static navigationOptions = {
    title: "第二页",
    headerRight: <Button title="右侧" />
  };
  render() {
    return (
      <View style={styles.container}>
        <Text>来自第一页的传值：+{this.props.navigation.state.params.info}
</Text>
        <Text style={styles.textStyle}>第二页</Text>
        <Text
          style={styles.backStyle}
          onPress={() => {
            //弹出当前页面，返回上一个页面
            this.props.navigation.goBack();
          }}
        >
          返回
        </Text>
      </View>
    );
  }
}
var styles = StyleSheet.create({
  container: {
    flex: 1,
    justifyContent: "center"
  },
  textStyle: {
    fontSize: 20,
    textAlign: "center",
    backgroundColor: "blue",
    color: "white",
    padding: 10
  },
```

```
  backStyle: {
    fontSize: 20,
    textAlign: "center",
    backgroundColor: "grey",
    color: "white",
    padding: 10,
    marginTop: 10
  }
});
```

运行 React Native 项目，手机界面的效果如图 4-12 所示。

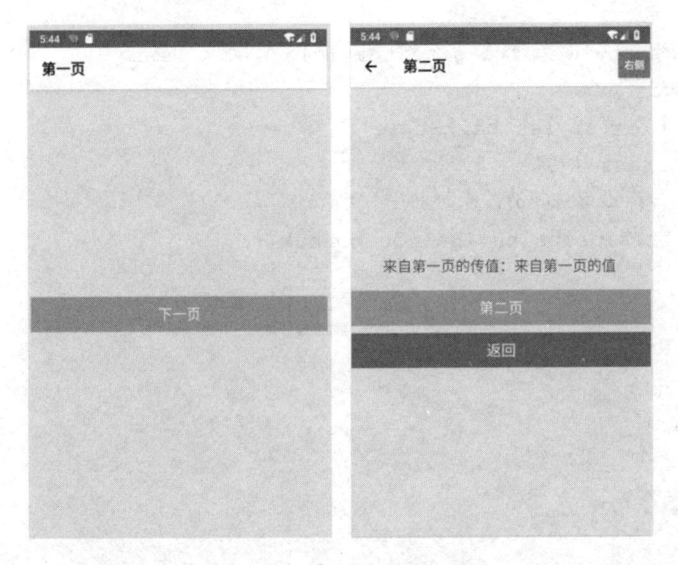

图 4-12

在界面组件注入 StackNavigation 中时，界面组件就有了 navigation 属性，即在界面组件中可以通过 this.props.navigation 来获取并进行一些操作。

（1）通过 navigate 函数实现界面之间跳转及传值，例如在代码 4-5-2 中的使用范例。

```
this.props.navigation.navigate("Second",{info:'来自第一页的值'})
```

第一个参数为我们在 StackNavigator 注册界面组件时的名称，如“Second”。第二个参数为传递的参数，info 可以理解为 key，后面即传递的参数。

（2）当前页面返回到上一页，例如在代码 4-5-3 中的使用范例。

```
this.props.navigation.goBack();
```

也可以使用 this.props.navigation.goBack(key)返回到路由栈的指定页面。其中 key 表示要返回到页面的页面标识（如 id-1539073240512-0），key 值不受开发者控制，是由 react-navigation 组件产生的。key 值的获取方式如下：

```
this.props.navigation.state.key
```

（3）通过 state.params 获取传递来的参数，例如在代码 4-5-3 中的使用范例。

```
this.props.navigation.state.params.info
```

2. tab 选项卡导航：TabNavigator

TabNavigator 组件类似底部导航栏，用来在同一个屏幕下切换不同界面，类似于 Android 中的 TabLayout。

TabNavigator 和 StackNavigator 函数的用法一样，都接受 RouteConfigs 和 TabNavigatorConfig 这两个参数：

```
TabNavigator(RouteConfigs, TabNavigatorConfig)
```

RouteConfigs 结构与 StackNavigator 组件中的类型结构一致。

TabNavigatorConfig 的配置参数如下所示。

- tabBarComponent：Tab 选项卡组件有 TabBarBottom 和 TabBarTop 两个值，在 iOS 中默认为 TabBarBottom，在 Android 中默认为 TabBarTop。
- tabBarPosition：Tab 选项卡的位置有 top 或 bottom 两个值，设定标签栏在屏幕上方还是下方。
- swipeEnabled：有 true/false 两个值，是否允许通过手势滑动来切换标签页。
- animationEnabled：有 true/false 两个值，标签切换是否有动画效果。
- lazy：有 true/false 两个值，是否懒加载页面（即是否只渲染需要显示的标签）。
- tabBarOptions：Tab 配置属性，用来配置标签栏。
- initialRouteName：初始标签的名称。
- order：用标签名称数组来表示 Tab 选项卡的顺序，默认为路由配置顺序。
- paths：路径配置。
- backBehavior：Android 点击返回键时的处理，有 initialRoute 和 none 两个值。

  - initialRoute：返回初始界面；
  - none：退出。

其中 TabNavigatorConfig 中的 tabBarOptions 是一个 JS 对象，它的配置参数如下所示。

- activeTintColor：Tab 选中时的文字颜色。
- inactiveTintColor：Tab 未选中时的文字颜色。
- activeBackgroundColor：仅 iOS 平台有效，Tab 选中时的背景色。
- inactiveBackgroundColor：仅 iOS 平台有效，Tab 未选中时的背景颜色。
- showLabel：是否显示标签栏，默认显示（值为 true）。
- style：标签栏的样式。
- labelStyle：标签的样式。
- showIcon：是否显示标签图标，默认不显示（值为 false）。
- upperCaseLabel：是否让标签使用大写字母，默认使用（值为 true）。
- pressColor：Android 5.0 以上按下时的涟漪效果。
- pressOpacity：Android 5.0 以下或 iOS 按下时标签的透明度。
- scrollEnabled：是否允许标签滚动。
- tabStyle：单个标签页的样式。
- indicatorStyle：标签指示器的样式。
- iconStyle：标签图标（icon）的样式。

组件的屏幕导航选项 navigationOptions 的参数配置如下所示。

- title：导航栏标题，可用于 headerTitle 和 tabBarLabel 的回退标题。
- tabBarVisible：标签栏是否可见，默认为 true。
- tabBarIcon：标签栏的 icon 组件，可以根据{focused: boolean, tintColor: string}方法返回一个 icon 组件。
- tabBarLabel：标签栏中显示的标题字符串或组件，可以根据{focused: boolean, tintColor: string }方法返回一个组件。

接下来用一个简单的示例来描述 TabNavigator 组件的用法，修改 index.js，如代码 4-5-4 所示。

代码 4-5-4

```
import React, { Component } from "react";
```

```
import { AppRegistry } from "react-native";
import { StackNavigator, TabNavigator } from "react-navigation";
import FirstLeaf from "./FirstLeaf";
import SecondLeaf from "./SecondLeaf";
import Mine from "./Mine";
import { name as appName } from "./app.json";

//栈式导航
const navs = StackNavigator(
  {
    First: {
      screen: FirstLeaf
    },
    Second: {
      screen: SecondLeaf
    }
  },
  {
    headerMode: "none", //隐藏导航栏
  }
);
//标签导航
const navsTab = TabNavigator(
  {
    Home: {
      //栈式导航嵌套到标签导航中
      screen: navs,
      navigationOptions: {
        tabBarLabel: "第一页"
      }
    },
    Mine: { screen: Mine }
  },
  {
    //标签栏在屏幕上方
    tabBarPosition: "top"
  }
```

```
);

AppRegistry.registerComponent(appName, () => navsTab);
```

Mine.js 的代码示例如代码 4-5-5 所示。

代码 4-5-5：

```
import React, { Component } from "react";
import { StyleSheet, View, Text } from "react-native";

export default class Mine extends Component {
  static navigationOptions = {
    title: "我的"
  };
  render() {
    return (
      <View style={styles.container}>
        <Text style={styles.textStyle}>我的</Text>
      </View>
    );
  }
}
var styles = StyleSheet.create({
  container: {
    flex: 1,
    justifyContent: "center",
    alignItems: "center"
  },
  textStyle: {
    fontSize: 20
  }
});
```

运行 React Native 项目，手机界面的效果如图 4-13 所示。

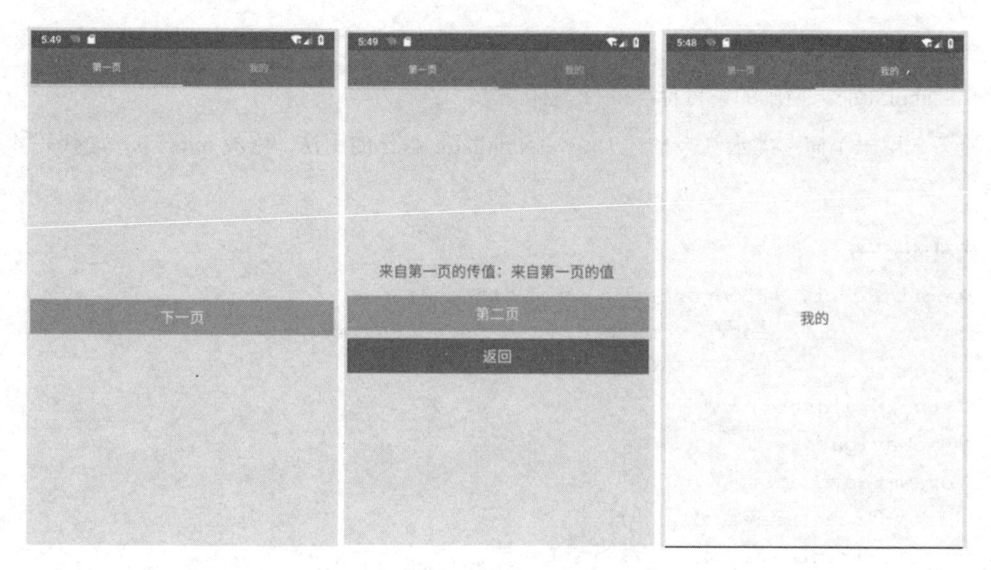

图 4-13

3. 抽屉式导航：DrawerNavigator

DrawerNavigator 组件是侧滑菜单导航栏，用于设置带抽屉导航的屏幕。与 StackNavigator 和 TabNavigator 函数的使用方式一样，参数配置也类似。

```
DrawerNavigator(RouteConfigs, DrawerNavigatorConfig)
```

其中有两个参数：RouteConfigs 和 DrawerNavigatorConfig。RouteConfigs 结构与 StackNavigator 组件中的类型结构一致。

DrawerNavigatorConfig 的配置参数如下所示。

- drawerWidth：抽屉宽度，或者使用一个函数返回宽度值。
- drawerPosition：抽屉位置，取值在 left 与 right 中二选一，默认为 left。
- contentComponent：抽屉内容组件，可以自定义侧滑抽屉中的所有内容。
- contentOptions：用来配置抽屉内容的属性。

其中 DrawerNavigatorConfig 中的 contentOptions 是一个 JS 对象，它的配置参数如下所示。

- activeTintColor：标签栏选中时的颜色。
- inactiveTintColor：标签栏未选中时的颜色。
- activeBackgroundColor：标签栏选中时标签栏的背景色。
- inactiveBackgroundColor：标签栏未选中时标签栏的背景色。

- style：抽屉内容的样式。
- labelStyle：抽屉的条目标题或标签样式。

接下来用一个简单的示例来描述 DrawerNavigator 组件的用法，修改 index.js，如代码 4-5-6 所示。

代码 4-5-6

```
import React, { Component } from "react";
import { AppRegistry, Image } from "react-native";
import {
  StackNavigator,
  TabNavigator,
  DrawerNavigator
} from "react-navigation";
import FirstLeaf from "./FirstLeaf";
import SecondLeaf from "./SecondLeaf";
import Mine from "./Mine";
import { name as appName } from "./app.json";

const tab1Normal = require("./image/tab_1_normal.png");
const tab1Selected = require("./image/tab_1_selected.png");
const tab2Normal = require("./image/tab_2_normal.png");
const tab2Selected = require("./image/tab_2_selected.png");
const tab3Normal = require("./image/tab_3_normal.png");
const tab3Selected = require("./image/tab_3_selected.png");

const navs = StackNavigator(
  {
    First: {
      screen: FirstLeaf
    },
    Second: {
      screen: SecondLeaf
    }
  },
);

const navsDrawer = DrawerNavigator({
```

```
    First: {
      screen: FirstLeaf,
      navigationOptions: ({ navigation }) => ({
        drawerLabel: "首页",
        drawerIcon: ({ focused, tintColor }) => (
          <Image
            source={focused ? tab1Normal : tab1Selected}
            style={{ tintColor: tintColor, width: 23, height: 23 }}
          />
        )
      })
    },
    Second: {
      screen: FirstLeaf,
      navigationOptions: {
        drawerLabel: "附近",
        drawerIcon: ({ focused, tintColor }) => (
          <Image
            source={focused ? tab2Normal : tab2Selected}
            style={{ tintColor: tintColor, width: 23, height: 23 }}
          />
        )
      }
    },
    Mine: {
      screen: Mine,
      navigationOptions: {
        drawerLabel: "我的",
        drawerIcon: ({ focused, tintColor }) => (
          <Image
            source={focused ? tab3Normal : tab3Selected}
            style={{ tintColor: tintColor, width: 23, height: 23 }}
          />
        )
      }
    },
  });
```

```
AppRegistry.registerComponent(appName, () => navsDrawer);
```

修改 FirstLeaf.js，如代码 4-5-7 所示。

代码 4-5-7

```
import React, { Component } from 'react'
import { StyleSheet, View, Text } from 'react-native'

export default class FirstLeaf extends Component {
  static navigationOptions = {
    title: '第一页'
  }
  render () {
    return (
      <View style={styles.container}>
        <Text style={styles.btnStyle} onPress={() => {
          //打开抽屉导航页
          this.props.navigation.openDrawer()
        }}>Open Drawer</Text>

        <Text style={styles.btnStyle} onPress={() => {
          //关闭抽屉导航页
          this.props.navigation.closeDrawer()
        }}>Open Drawer</Text>

        <Text style={styles.btnStyle} onPress={() => {
          this.props.navigation.toggleDrawer()
        }}>Toggle Drawer</Text>
      </View>
    )
  }
}
const styles = StyleSheet.create({
  container: {
    flex: 1,
    justifyContent: 'center'
  },
  btnStyle: {
```

```
    textAlign: 'center',
    backgroundColor: '#00BFFF',
    color: 'white',
    marginTop: 10,
    padding: 10,
  }
})
```

运行React Native项目，手机界面的效果如图4-14所示。

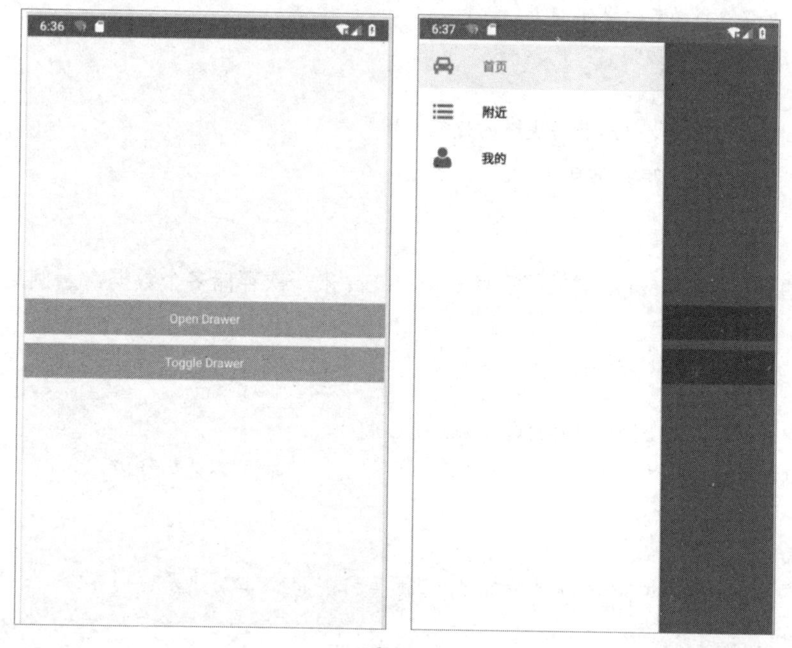

图4-14

4.6　数据存储

React Native框架提供了AsyncStorage API，AsyncStorage是一个简单的、异步的、持久化的Key-Value存储系统，它对于React Native应用来说是全局可访问的。可以用来代替Android的SharePreference和iOS的NSUserDefaults。

1. 写入数据

可以通过AsyncStorage类的静态函数setItem来存储数据，示例见代码4-6-1。

代码 4-6-1

```
......
//最简单的写法，无法检测保存何时结束，是否成功
AsyncStorage.setItem("name", "react-native");
......

//通过自带的回调方法，一旦发生出错就可以监控到
AsyncStorage.setItem("name", "react-native")
  .then(() => {
    //数据保存成功后的操作
    alert("保存成功");
  })
  .catch(error => {//操作失败的处理函数
    alert(error.message);
  });
```

也可以通过 AsyncStorage 类的静态函数 multiSet 来一次存储多个数据，示例见代码 4-6-2。

代码 4-6-2

```
......
//最简单的写法，无法检测保存何时结束，是否成功
AsyncStorage.multiSet([["name", "张三"], ["sex", "男"]]);
......

AsyncStorage.multiSet([["name", "张三"], ["sex", "男"]])
  .then(() => {
    alert("保存成功");
  })
  .catch(error => {
    alert("error.length: " + error.length);
    if (errors.length > 0) {
      //保存操作异常
      console.log(errors[0].message);
      //...
    } else {
      //异常不是数组，有可能是成功操作的处理函数抛出的异常
      //...
```

```
    }
  });
```

使用代码4-6-1和代码4-6-2中的方法保存数据时，如果保存的键已经存在在本地存储中，则会用新的值覆盖原来的键对应的值。

2. 获取数据

可以通过AsyncStorage类的静态函数getItem来存储数据，示例见代码4-6-3。

代码 4-6-3

```
AsyncStorage.getItem("sex")
  .then(//使用 Promise 机制的方法
    result => {//使用 Promise 机制，如果操作成功则不会有 error 参数
      if (result == null) {
        //存储中没有指定键对应的值
        return;
      }
      alert("存储的值：" + result);
  })
  .catch(error => {//读取操作失败
    alert(error.message);
  });
```

3. 删除数据

可以通过AsyncStorage类的静态函数removeItem来存储数据，示例见代码4-6-4。

代码 4-6-4

```
......
//最简单的写法，无法检测删除何时结束，是否成功
AsyncStorage.removeItem("name")
......

AsyncStorage.removeItem("name")
  .then(result => {
    alert("删除成功：" + result);
  })
  .catch(error => {//读取操作失败或成功处理抛出异常
    alert(error.message);
```

```
});
```

通过 AsyncStorage 类的静态函数 clear 删除数据存储中的所有键及其对应的值，示例见代码 4-6-5。

代码 4-6-5：

```
......
//最简单的写法，无法检测何时结束
AsyncStorage.clear();
......

AsyncStorage.clear()
  .then(() => {
    alert("清除成功");
  })
  .catch(error => {//读取操作失败或成功处理抛出异常
    alert(error.message);
  });
```

通过 AsyncStorage 类的静态函数 multiRemove 删除数据存储中指定的多个键及其对应的值，示例见代码 4-6-6。

代码 4-6-6：

```
AsyncStorage.multiRemove(["name", "sex"])
  .then(() => {
    alert("删除成功");
  })
  .catch(error => {
    alert("error.length: " + error.length);
    if (errors.length > 0) {
      //保存操作异常
      console.log(errors[0].message);
      //...
    } else {
      //异常不是数组，有可能是成功操作的处理函数抛出的异常
      //...
    }
  });
```

4.7 原生模块开发

在 React Native 官方文档中有这样一段话，是关于在 React Native 中使用原生模块的：

有时候 App 需要访问平台 API，但在 React Native 中可能还没有相应的模块包装；或者你需要复用一些 Java 代码，而不想用 JavaScript 再重新实现一遍；又或者你需要实现某些高性能的、多线程的代码，比如图片处理、数据库，或者一些高级扩展等。

我们把 React Native 设计为可以在其基础上编写真正的原生代码，并且可以访问平台所有的能力。这是一个相对高级的特性，我们并不期望它应当在日常开发的过程中经常出现，但它确实必不可少，而且是存在的。如果 React Native 还不支持某个你需要的原生特性，那么你应当自己实现对该特性的封装。

需要浏览 React Native 原生模块开发官方文档的读者可以访问如下链接：http://facebook.github.io/react-native/docs/native-modules-android.html。

我们在开发获取 App 版本号、社会化分享、第三方登录等功能时会用到原生模块，我们在用 React Native 开发获取 App 版本号、从相册获取照片等功能时也会用到原生模块。

4.7.1 Android 原生模块的封装

本节通过开发一个获取 App 版本号的功能来具体介讲解如何开发 React Native Android 原生模块。

1. 编写原生模块的相关 Java 代码

编写原生模块的相关 Java 代码需要用 Android Studio 打开 React Native 项目根目录中的 Android 目录。

首先创建一个原生模块，原生模块是一个继承了 ReactContextBaseJavaModule 的 Java 类，它可以实现一些 JavaScript 所需的功能。

创建一个 VersionCodeModule.java 类，让它继承自 ReactContextBaseJavaModule，如代码 4-7-1 所示。

代码 4-7-1：

```
public class VersionCodeModule extends ReactContextBaseJavaModule {

    public VersionCodeModule(ReactApplicationContext reactContext) {
        super(reactContext);
```

```
    }

    /**
     * 重写 getName 方法声明 Module 类名称，在 React Native 调用时用到
     */
    @Override
    public String getName() {
        return "VersionCode";
    }

    /**
     * 声明的方法，外界调用
     */
    @ReactMethod
    public void getAppVersion(Callback callback) {
        callback.invoke(getVersionCode());
    }

    /**
     * 获取版本号
     */
    public Integer getVersionCode() {
        Integer versionCode = 0;
        try {
            PackageManager manager = getReactApplicationContext().
getPackageManager();
            versionCode = manager.getPackageInfo
(getReactApplicationContext().getPackageName(), 0).versionCode;
        } catch (PackageManager.NameNotFoundException e) {
            e.printStackTrace();
        }
        return versionCode;
    }
}
```

在 VersionCodeModule.java 类中重写了 **public String getName()**方法来暴露原生模块的名字。这个方法用于返回一个字符串名字，这个名字在 JavaScript 端标记这个模块。我们把这个模块叫作 **VersionCode**，这样就可以在 JavaScript 中通过 **NativeModules.VersionCode** 访问这个模块。

2. JavaScript 调用 Java 原生代码与数据交互

要导出一个方法给 JavaScript 使用，Java 方法需要使用注解**@ReactMethod**。方法的返回类型必须为 **void**。例如：

```
@ReactMethod
public void getAppVersion(Callback callback) {
   callback.invoke(getVersionCode());
}
```

JavaScript 向原生模块传递数据，通过调用原生模块提供的接口来为接口方法设置参数。这样就可以将数据通过接口参数传递到原生模块中。例如：getAppVersion(int x,Callback callback)，这里是通过 Callback 对 JavaScript 模块进行回调，来告诉 App 版本号。

被**@ReactMethod** 标注的方法支持如下几种参数类型，这几种参数类型会被直接映射到它们对应的 JavaScript 类型。

```
Boolean -> Bool
Integer -> Number
Double -> Number
Float -> Number
String -> String
Callback -> function
ReadableMap -> Object
ReadableArray -> Array
```

我们可以借助 Callback 与 Promises 实现原生模块向 JavaScript 传递数据。

Callback 是原生模块支持的一种特殊参数（回调函数），它提供了一个函数来把返回值传回给 JavaScript，如代码 4-7-1 中的关键代码：

```
@ReactMethod
public void getAppVersion(Callback callback) {
   callback.invoke(getVersionCode());
}
```

上述代码中通过 Callback 的 invoke 方法来对 JavaScript 进行回调。并且 invoke 方法接受一个可变参数，所以我们可以向 JavaScript 传递多个参数。

在 JavaScript 中调用我们所暴露的接口的方法：

```
VersionCode.getAppVersion((result) => {
    console.log(result);
})
```

Promises 是 React Native 提供的另外一种回调 JavaScript 的方式，如果桥接原生方法的最后一个参数是一个 Promise，则对应的 JS 方法就会返回一个 Promise 对象。

```
@ReactMethod
public void getAppVersion(Promise promise){
    promise.resolve(getVersionCode());
}
```

JavaScript 调用时返回一个 Promsie：

```
VersionCode.getAppVersion().then(result => {
   console.log(result);
})
```

3. 注册与导出 React Native 原生模块

如果模块没有被注册，那么它也无法在 JavaScript 中被访问。向 React Native 注册原生模块需要实现 ReactPackage，并在 createNativeModules 方法中添加我们创建的模块。

创建一个 VersionReactPackage.java 类让它实现 ReactPackage，如代码 4-7-2 所示。

代码 4-7-2：

```
public class VersionReactPackage implements ReactPackage {
    @Override
    public List<NativeModule> createNativeModules(ReactApplicationContext 
reactContext) {
        List<NativeModule> moduleList = new ArrayList<>();
        //添加一个Android原生的activity模块
        moduleList.add(new VersionCodeModule(reactContext));
        return moduleList;
    }

    @Override
    public List<ViewManager> createViewManagers(ReactApplicationContext 
reactContext) {
        return Collections.emptyList();
```

```
        }
    }
```

在上述代码中，我们实现一个 ReactPackage，这个 package 需要在 MainApplication.java 文件的 getPackages 方法中提供。在 android/app/src/main/java/com/your-app-name/MainApplication.java 中注册我们的 VersionReactPackage：

```
@Override
protected List<ReactPackage> getPackages() {
    return Arrays.<ReactPackage>asList(
            new MainReactPackage(),
            //将创建的 VersionReactPackage 添加进来
            new VersionReactPackage()
    );
}
```

为了方便 JavaScript 端访问，把原生模块封装成一个 JavaScript 模块。

创建一个 VersionCode.js 文件，添加如下代码：

```
import {NativeModules} from 'react-native';
// 下一句中的 VersionCode 即对应上文
// public String getName()中返回的字符串
export default NativeModules.VersionCode;
```

在 JavaScript 代码中使用导出的这个模块：

```
//导入 VersionCode.js
import VersionCode from "../VersionCode";

VersionCode.getAppVersion((result) => {
    console.log(result);
})
```

4.7.2 iOS 原生模块的封装

本节通过开发一个获取 App 版本号的功能来具体讲解如何开发 React Native iOS 原生模块。

1. 编写原生模块的相关 iOS 代码

编写原生模块的相关 iOS 代码需要用 XCode 打开 React Native 项目根目录中的 iOS 目录，如图 4-15 所示。

图 4-15

在 React Native 中，一个“原生模块”就是一个实现了“RCTBridgeModule”协议的 Objective-C 类，其中 RCT 是 ReaCT 的缩写。

创建 VersionCode 类实现 RCTBridgeModule 协议，如代码 4-7-3 和代码 4-7-4 所示。

代码 4-7-3：VersionCode.h 类

```
#import <Foundation/Foundation.h>
#import <React/RCTBridgeModule.h>

@interface VersionCode : NSObject<RCTBridgeModule>
@end
```

代码 4-7-4：VersionCode.m 类

```
#import "VersionCode.h"

@implementation VersionCode

//VersionCode 为指定在 JavaScript 中访问这个模块的名字
RCT_EXPORT_MODULE(VersionCode);
//对外提供调用方法
```

```
RCT_EXPORT_METHOD(getAppVersion:(RCTResponseSenderBlock)callback)
{
  NSDictionary *infoDictionary = [[NSBundle mainBundle] infoDictionary];
  //App 版本
  NSString *app_Version = [infoDictionary objectForKey:
@"CFBundleShortVersionString"];
  callback(@[[NSNull null], app_Version]);
}

@end
```

上述代码中，通过 RCT_EXPORT_MODULE()宏指定了在 JavaScript 中访问这个模块的名字，并且向 React Native 暴露了 getAppVersion 接口。如果没有指定在 JavaScript 中访问的模块的名字，那么默认会使用这个 Objective-C 类的名字。如果类名以 RCT 开头，则 JavaScript 端引入的模块名会自动移除这个前缀。

2. JavaScript 调用 Java 原生代码与数据交互

通过RCT_EXPORT_METHOD()宏来明确声明要给JavaScript导出的方法，否则React Native不会导出任何方法，如代码 4-7-4 所示。桥接到 JavaScript 的方法返回值类型必须是 void。

JavaScript 向原生模块进行传递数据，通过调用原生模块提供的接口来为接口方法设置参数。这样就可以将数据通过接口参数传递到原生模块中，例如：

```
//对外提供调用方法
RCT_EXPORT_METHOD(getAppVersion:(NSString *)name callback:
(RCTResponseSenderBlock)callback)
{
  NSDictionary *infoDictionary = [[NSBundle mainBundle] infoDictionary];
  //App 版本
  NSString *app_Version = [infoDictionary objectForKey:
@"CFBundleShortVersionString"];
  callback(@[[NSNull null], app_Version]);
}
```

这里通过 Callback 对 JavaScript 模块进行回调来告诉 App 版本号。

被 **RCT_EXPORT_METHOD** 标注的方法支持所有标准 JSON 类型，如下所示。

```
string (NSString)
number (NSInteger, float, double, CGFloat, NSNumber)
```

```
boolean (BOOL, NSNumber)
array (NSArray) 可包含本列表中任意类型
object (NSDictionary) 可包含 string 类型的键和本列表中任意类型的值
function (RCTResponseSenderBlock)
```

我们可以借助 Callback 与 Promises 实现原生模块向 JavaScript 传递数据。

Callback 是原生模块支持一种特殊的参数（回调函数），它提供了一个函数来把返回值传回给 JavaScript，如代码 4-7-4 中的关键代码。

```
//对外提供调用方法
RCT_EXPORT_METHOD(getAppVersion:(RCTResponseSenderBlock)callback)
{
  NSDictionary *infoDictionary = [[NSBundle mainBundle] infoDictionary];
  //App 版本
  NSString *app_Version = [infoDictionary objectForKey:
@"CFBundleShortVersionString"];
  callback(@[[NSNull null], app_Version]);
}
```

上述代码中通过 Callback 对 JavaScript 进行回调。在 JavaScript 中调用我们暴露的接口的方法如下：

```
VersionCode.getAppVersion((error, result) => {
  if (error) {
     console.error(error);
  } else {
     console.log(result);
  }
})
```

Promises 是 React Native 提供的另外一种回调 JavaScript 的方式，如果桥接原生方法的最后一个参数是一个 Promise，则对应的 JS 方法就会返回一个 Promise 对象。

```
/对外提供调用方法
RCT_EXPORT_METHOD(getAppVersion:
                  resolver:(RCTPromiseResolveBlock)resolve
                  rejecter:(RCTPromiseRejectBlock)reject)
{
 NSDictionary *infoDictionary = [[NSBundle mainBundle] infoDictionary];
```

```
    //App 版本
    NSString *app_Version = [infoDictionary objectForKey:
@"CFBundleShortVersionString"];
    if(app_Version!=nil) {
      resolve(app_Version);
    }else {
      reject(@"version", @"no version", nil);
    }
  }
```

JavaScript 调用时返回一个 Promsie：

```
VersionCode.getAppVersion().then(result => {
   console.log(result);
}).catch(error => {
    console.log(error);
});
```

3. 导出 React Native 原生模块

为了方便 JavaScript 端访问，把原生模块封装成一个 JavaScript 模块。

创建一个 VersionCode.js 文件，添加如下代码：

```
import {NativeModules} from 'react-native';
//下一句中的 VersionCode 即对应上文
//public String getName()中返回的字符串
export default NativeModules.VersionCode;
```

在 JavaScript 代码中使用导出的这个模块：

```
//导入 VersionCode.js
import VersionCode from "../VersionCode";

VersionCode.getAppVersion((error, result) => {
  if (error) {
     console.error(error);
  } else {
     console.log(result);
  }
})
```

第 5 章 React Native 实战

相信通过之前的入门章节，开发者已经对 React Native 有了基本的了解，本章通过实战项目讲解如何开发一个完整的 App，主要功能包含启动页、登录页、注册页、首页、个人中心页、书单详情页和侧滑页。

5.1 项目创建

5.1.1 创建 React Native 项目

在开发项目之前需要选择一款开发工具，推荐使用 Visual Studio Code 作为开发 React Native 的工具，也可以选择使用其他的开发工具。

通过命令行创建项目：

（1）创建项目。

本项目基于 React Native 0.55 版本，在某个文件夹下打开命令行，调用 **react-native init ShuDanApp --version 0.55.0**。当指定使用 React Native 的某个版本时，必须精确到小数点后两位。

（2）运行项目。

进入项目根目录，在 iOS 中调用 **react-native run-ios** 命令运行项目，在 Android 中使用

react-native run-android 命令运行项目。

React Native 项目创建完成。

5.1.2 项目结构介绍

React Native 项目主要包含 Android 工程、iOS 工程，以及 React Native 的 JS 部分，项目结构如下：

```
│  App.js
│  index.js
│  package.json
│
├─android
│
├─app
│  ├─common
│  │
│  ├─component
│  │
│  ├─img
│  │
│  ├─navigate
│  │
│  ├─util
│  │
│  └─view
│      ├─account
│      │
│      ├─drawer
│      │
│      ├─login
│      │
│      └─shudan
│
└─ios
```

- index.js

```
import { AppRegistry } from 'react-native';
import App from './App';
AppRegistry.registerComponent('ShuDanApp', () => App);
```

该文件是整个程序的入口，在这个文件中会将 App.js 创建的组件注册进来。

- App.js

```
export default class App extends Component {
    ...
    render() {
    return (
    <RootStack />
              );
        }
    }
```

该文件是整个程序的初始组件，这个组件会在 index.js 中进行注册。

- android 目录

在该文件夹下会生成一个 Android 项目的工程。

- ios 目录

在该文件夹下会生成一个 iOS 项目的工程。

- app 目录

为了将项目的 React Native 页面放置在一个目录中，在项目的根目录中新建了一个名称为 app 的文件夹作为存放 React Native 页面的目录。在这个目录结构下根据不同的业务模块对目录进行分层。具体的分层如表 5-1 所示。

表 5-1

层级目录	功能
common	公用的样式文件和公用的常量文件等
component	抽取的功能组件
img	项目中使用的图片资源
navigate	对路由统一管理的目录
util	工具文件目录
view	页面文件的目录，在这个目录下会根据具体的业务划分不同的目录

- package.json

这个文件下的内容主要是 NPM 需要执行的脚本，以及依赖包的名称和版本号。

```
{
    "name": "ShuDanApp",
    "version": "0.0.1",
    "private": true,
    "scripts": {
    "start": "node node_modules/react-native/local-cli/cli.js start",
    "test": "jest",
    "bundle-ios":"node node_modules/react-native/local-cli/cli.js bundle
--entry-file    index.js --platform ios --dev false --bundle-output ./ios/
bundle/index.ios.jsbundle --assets-dest ./ios/bundle"
    },
    "dependencies": {
    "react": "16.3.0-alpha.0",
    "react-native": "0.55.0",
    "react-native-scrollable-tab-view": "^0.8.0",
    "react-navigation": "^2.11.2"
    },
    "devDependencies": {
    "babel-jest": "23.4.2",
    "babel-preset-react-native": "4.0.0",
    "jest": "23.5.0",
    "react-test-renderer": "16.3.0-alpha.0"
    },
    "jest": {
    "preset": "react-native"
      }
    }
```

5.2 完善功能页面

5.2.1 登录注册

在 view 的目录下创建一个名为 login 的文件夹，并在这个目录下创建三个文件 LoginView.js

（登陆组件）、SplashView.js（启动组件）、RegisterView.js（注册组件）。这一部分功能需要实现启动页面组件、登录页面组件、注册页面组件，以及页面间跳转的路由。

- 路由（AppStack.js）

路由的实现需要用到 React Navigation，因此在使用前需要调用命令 yarn add react-navigation 安装该包。这样就可以使用该包下的导航组件了。

为了统一管理页面组件，在 navigte 目录下新建 AppStack.js，在该文件下创建路由组件，将每个需要跳转的页面注册到该路由中，由于 App 启动的第一个页面是启动组件，因此将路由的 initialRouteName 属性设置为启动页面，代码如下：

```
export const StackNavigator = createStackNavigator(
{
Splash: {
  screen: SplashView,
  navigationOptions: {
    header: null
  }
},
Login: {
  screen: LoginView,
  navigationOptions: {
    header: null
  }
},
Register: {
  screen: RegisterView,
  navigationOptions: {
    title: '注册'
  }
},
ShuDanDetail: {
  screen: ShuDanDetailView,
  navigationOptions: {
    title: '书单详情'
  }
},
Tab: {
  screen: TabBottomBar,
```

```
  navigationOptions: {
    header: null
        }
    }
},
{
initialRouteName: 'Splash',
navigationOptions: {
  headerStyle: {
    backgroundColor: '#353535',
    height: 44
  },
  headerTintColor: '#FFFFFF',
  headerTitleStyle: {
    fontWeight: 'bold',
    flex: 1,
    textAlign: 'center',
    fontSize: 18
  },
  headerRight: <View />
        }
    }
);
```

然后将路由组件 RootStack 添加到 App.js 中的 App 组件里面。代码如下：

```
//引入路由组件
import { RootStack } from './app/navigate/AppStack';
export default class App extends Component {
constructor(props) {
  super(props);

}
  render() {
    return (
      <RootStack />
    );
  }
}
```

这样当应用启动的时候，应用呈现的第一个页面便是启动组件的内容。

- 启动组件（SplashView.js）

该组件需要实现以下功能，设置一张启动页面的图片，以及设置 1 秒延时跳转到下一个页面，当应用第一次启动时需要跳转到登录页面，登录完成之后下一次启动直接跳转到首页。

布局主要由一个根 View 组件嵌套一个 Image 组件实现。代码如下：

```
<View style={styles.root}>
   <Image source={require('../../img/default.png')} />
</View>
```

跳转逻辑主要实现：在 componentDidMount 方法中设置 1 秒延时的定时器，在跳转页面前先从 AsyncStorageUtil 中获取 userName，AsyncStorageUtil 是对 AsyncStorage 这个异步存储的 API 的简单封装。若获取到这个存储的值，则说明不是第一次登录，跳转到首页；若为空，则说明是第一登录或存储的值在退出登录的时候被清除了，需要跳转到登录页面。另外当组件销毁的时候需要清除定时器，代码如下：

```
/**
 * 设置定时器
 */
componentDidMount() {
    this.timer = setTimeout(() => {
        AsyncStorageUtil.getValue("userName", (error, result) => {
            if (result) {
               this.props.navigation.navigate('Tab');
            }else{
               this.props.navigation.navigate('Login');
            }
        });

    }, 1000);
}
/**
 * 清除定时器
 */
componentWillUnmount() {
    this.timer && clearTimeout(this.timer);
}
```

- 登录组件（LoginView.js）

登录组件主要实现账号输入框功能和密码输入框功能，以及登录功能和跳转注册组件的功能。最终页面效果如图 5-1 所示。

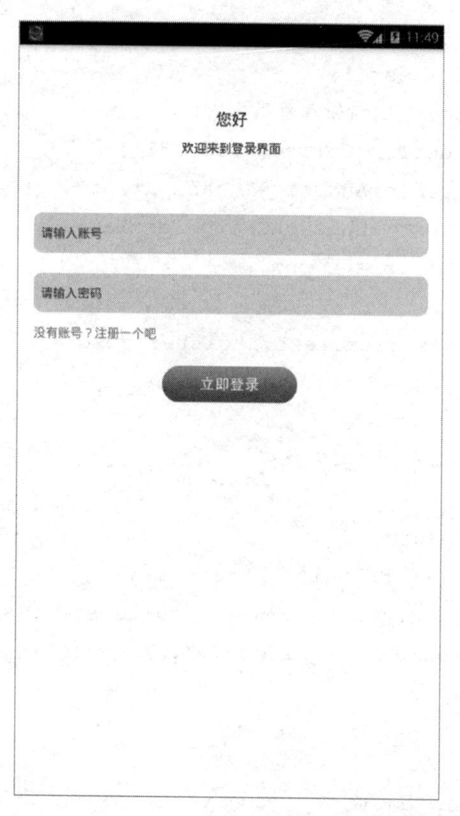

图 5-1

布局代码主要用 TextInput 组件及 TouchableOpacity 组件实现，代码如下：

```
<View style={[CommonStyle.root, { backgroundColor: '#FFFFFF' }]}>
        <Text style={styles.text_header}>您好</Text>
        <Text style={styles.text}>欢迎来到登录界面</Text>
        <TextInput
            style={styles.input}
            numberOfLines={1}
            placeholder={'请输入账号'}
            placeholderTextColor={'#828181'}
            underlineColorAndroid="transparent"
```

```
            onChangeText={this.onChangeTextUserName}
            value={this.state.userName}
        />
        <TextInput
            style={styles.input}
            numberOfLines={1}
            placeholder={'请输入密码'}
            placeholderTextColor={'#828181'}
            underlineColorAndroid="transparent"
            onChangeText={this.onChangeTextPsw}
            value={this.state.psw}
            />
        <Text style={styles.text_register_desc}
            onPress={() => this.onRegisterPress()}
                >
            没有账号? 注册一个吧
        </Text>
        <TouchableOpacity
            onPress={() => this.onPress()}
            style={{ marginTop: 26, alignItems: 'center' }}>
            <Image source={require('../../img/login_btn.png')} />
        </TouchableOpacity>
    </View>
```

账号及密码输入框功能：

由于输入账号框和密码框的 TextInput 组件的 value 属性的值是可变化的，因此将账号和密码的初始值设置在 state 中。

```
constructor(props) {
    super(props);
    this.state = {
        userName: "",
        psw: ""
    }
}
```

当输入框的内容变化时，分别调用 onChangeTextUserName 和 onChangeTextPsw 方法，并将

变化的值通过 setState 方法重新设置给 state 中的 userName 和 psw 字段，触发 render 方法重新渲染。

onChangeTextUserName 方法：

```
/**
 * 账号输入
 */
onChangeTextUserName = (text) => {
  this.setState({
     userName:text
  })
}
```

onChangeTextPsw 方法：

```
 /**
* 密码输入
*/
onChangeTextPsw = (text) => {
    this.setState({
       psw:text
    })
}
```

另外如果 App 不是首次登录，则需要先获取之前存储的 userName 并设置给 state 中的 userName 属性，代码实现如下：

```
 componentDidMount() {
   AsyncStorageUtil.getValue("userName", (error, result) => {
       if (result) {
           this.setState({
               userName: result
           })
       }
   });
}
```

登录功能：

当点击登录按钮时，校验非空，然后将正确的值存储下来，调用路由的跳转方法跳转到下一个页面。

```
  /**
  * 按钮跳转
  */
onPress = () => {
    if (isEmpty(this.state.userName)) {
        toastShort("账号不能为空");
        return;
    }
    if (isEmpty(this.state.psw)) {
        toastShort("密码不能为空");
        return;
    }
    let multiParis = [
        ["userName", this.state.userName],
        ["psw", this.state.psw]
    ]
    AsyncStorageUtil.setValues(multiParis, (errors) => {
        this.props.navigation.navigate('MainDrawer')
    }).then(() => this.props.navigation.navigate('MainDrawer'))

}
```

- 注册页面（RegisterView.js）

注册页面主要包含注册账号的输入框和注册密码的输入框。

最终页面效果如图 5-2 所示。

图 5-2

布局主要由两个 TextInput 组件及 TouchableOpacity 组件实现，代码如下：

```
<View style={[CommonStyle.root, { backgroundColor: '#FFFFFF' }]}>
        <View
            style={{ alignItems: 'center', marginBottom: 45 }}>
            <Image
                source={require('../../img/register_header.png')}
                style={{ marginTop: 45, marginBottom: 45 }} />
            <Text
                style={{ color: '#636362', fontSize: 18 }}>
                您好
            </Text>
            <Text
                style={{ color: '#636362', fontSize: 14, marginTop: 10 }}>
                欢迎来到注册页面
            </Text>
```

```
        </View>

        <TextInput
            style={styles.input}
            numberOfLines={1}
            placeholder={'请输入账号'}
            placeholderTextColor={'#828181'}
            underlineColorAndroid="transparent"
            onChangeText={this.onChangeTextUserName}
            value={this.state.userName}
        />

        <TextInput
            style={styles.input}
            numberOfLines={1}
            placeholder={'请输入密码'}
            placeholderTextColor={'#828181'}
            underlineColorAndroid="transparent"
            onChangeText={this.onChangeTextPsw}
            value={this.state.psw}
        />

        <TouchableOpacity
            onPress={() => this.onRegisterPress()}
            style={{ marginTop: 26, alignItems: 'center' }}>

            <Image
                source={require('../../img/register_btn.png')} />

        </TouchableOpacity>
    </View>
```

注册账号的输入框与注册密码的输入框功能：

当输入框的内容变化时，分别调用 onChangeTextUserName 和 onChangeTextPsw 方法，并将变化的值通过 setState 方法重新设置给 state 中的 userName 和 psw 属性，接着触发 render 方法重新渲染。

```
/**
* 账号输入
*/
onChangeTextUserName = (text) => {
    this.setState({
        userName: text
    })
}
/**
* 密码输入
*/
onChangeTextPsw = (text) => {
    this.setState({
        psw: text
    })
}
```

注册功能：

当点击注册按钮时，校验注册账号密码非空，注册成功，然后回退到登录页面。

```
/**
 * 注册
 */
onRegisterPress = () => {
    if (isEmpty(this.state.userName)) {
        toastShort("账号不能为空");
        return;
    }
    if (isEmpty(this.state.psw)) {
        toastShort("密码不能为空");
        return;
    }
    toastShort("注册成功");
    this.props.navigation.goback();
}
```

5.2.2 首页

首页包含底部的 TabBar 和书单列表页面两部分。底部的 TabBar 使用 React Navigation 的 createBottomTabNavigator 实现。书单 ShuDanView 组件的列表头部的标签使用 react-native-scrollable-tab-view 这个库实现，对于该库具体的使用可以在 GitHub 上搜索该库名称来查找详细的使用方法，这里只介绍用到属性和方法。另外为了将标签的逻辑和列表的逻辑抽离，在 view 目录下的书单目录中创建 ShuDanListView.js 文件，将列表功能的逻辑抽取到 ShuDanListView 组件中。

实现效果如图 5-3 所示。

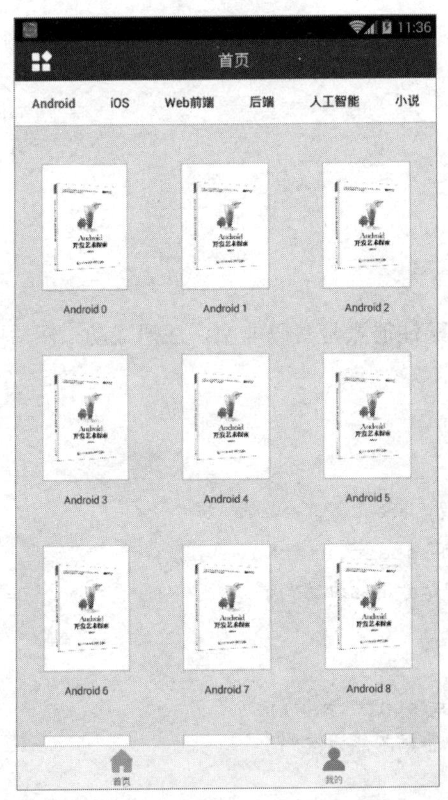

图 5-3

- 底部组件（TabBottomBar）

在 AppStack.js 中创建底部导航，创建导航使用前面提到的 createBottomTabNavigator，将底部的书单页面和“我的页面”注册到该底部导航中，然后设置各自的 navigationOptions 属性，例如图标、文字等。将 TabBottomBar 组件像登录和启动页面一样注册到 RootStack 这个路由组件中。代码如下：

```
export const TabBottomBar = createBottomTabNavigator({
ShuDan: {
screen: ShuDanView,
navigationOptions: {
  tabBarPosition: 'bottom',
  tabBarLabel: '首页',

  tabBarIcon: ({ focused, tintColor }) => {
    let imgSource = focused ? require('../img/icon2.png') :
                        require('../img/home_unselect.png');
    return <Image
      style={{ width: 25, height: 25 }} source={imgSource} />;
  }
}
},
Me: {
screen: MeView,
navigationOptions: {
  tabBarPosition: 'bottom',
  tabBarLabel: '我的',

  tabBarIcon: ({ focused, tintColor }) => {
    let imgSource = focused ? require('../img/me_selected.png') :
require('../img/icon3.png');
    return <Image style={{ width: 25, height: 25 }} source={imgSource} />;
        },
    }
}
},
{
tabBarOptions: {
  activeTintColor: ' #636362',
}
 }
);
```

- 书单组件（ShuDanView.js）

在 view 目录下创建 shuadan 目录，这个目录存放整个书单业务的全部组件。在书单目录下创建 ShuDanView.js 文件和 ShuDanView 组件。书单顶部的 tab 标签使用 react-native-scrollable-tab-view 组件完成，在使用前也需要安装该库，使用 yarn add react-native-scrollable-tab-view 安装该包，然后导出该包下的两个组件。

```
import ScrollableTabView, { ScrollableTabBar } from
'react-native-scrollable-tab-view';
```

ScrollableTabView：用来嵌套列表组件。需要在嵌套的子组件中添加 tabLabel 属性，表示子组件对应标签的名称。

ScrollableTabBar：一个可滑动的 tab 标签组件。

该页面的具体布局主要由 ScrollableTabView 组件和 ShanDanListView 列表组件组成，在该布局中调用 renderList 方法返回列表组件。另外为了在书单组件中处理列表组件中的点击事件和获取需要传递到下一个页面的值，所以为 ShanDanListView 组件添加了一个 onPress 的属性值，用于处理点击事件。代码如下：

```
render() {
    return (

        <ScrollableTabView
            renderTabBar={() => <ScrollableTabBar />}
            style={{ flex: 1, backgroundColor: '#FFFFFF' }}
            tabBarBackgroundColor="#FFFFFF"
        >
            {
                this.renderList()
            }
        </ScrollableTabView>

    );
}

 /**
   * 返回列表组件
   */
renderList = () => {
```

```
    return (
        this.state.shuDanTabsArray.map((value, index) => {
            return <ShanDanListView
                tabLabel={value.name}
                onPress={(name) => this.onPress(name)}
            />
        })
    )
}

/**
 * 点击列表Item的回调并调用路由的跳转方法，第二个参数是传递到下一个页面的参数
 */
onPress = (name) => {
    this.props.navigation.navigate('ShuDanDetail', { name: name });
}
```

请求网络功能的代码如下：

```
componentDidMount = () => {
    this.getTabs();
}


getTabs = () => {
    let url = Constant.baseUrl + 'action=category';
    let _this=this;
    let callBack = {
        onSuccess(resultObject) {
            _this.setState({
                shuDanTabsArray: _this.state.shuDanTabsArray.concat(resultObject)
            });
        },
        onError(code, errorMsg) {

        }
    };
    httpFetch(url, 'GET', null, callBack);
}
```

当组件挂载的时候请求网络，返回成功的时候将返回的数据设置给 shuDanTabsArray 数组。当调用 this.setState 方法之后，会重新渲染该界面。

- 书单列表组件（ShanDanListView.js）

ShanDanListView 组件主要使用 FlatList 组件完成，由于是网格布局，将其 numColumns 属性设置为 3，在 data 属性中设置 state 值，在 renderItem 中设置返回布局的每个 Item 组件。当点击 Item 组件时会触发 TouchableOpacity 的 onPress 方法。在 onPress 方法中调用 this.props.onPress(name)，触发书单组件中的 onPress 方法，布局代码如下：

```
<FlatList
    data={this.state.shuDanItemArray}
    renderItem={this.renderItem}
    numColumns={3}
    columnWrapperStyle={{justifyContent:'space-around'}}
    />


/**
  * 返回每个 Item 的布局
  */
renderItem = ({ item }) => {
    let imageSource = require('../../img/default.png');
    if (item.image) {
        imageSource = { uri: item.image };
    }
    return  (<TouchableOpacity  style={[styles.item_root]}  onPress={()  =>
this.onPress(item.id)}>

        <Image style={styles.img}source={imageSource} resizeMode='center'/>
        <Text style={styles.text}>{item.name}</Text>
    </TouchableOpacity>)
}

/**
* item 的点击事件，在该方法中调用书单组件的 onPress()方法
*/
onPress = (name) => {
```

```
    this.props.onPress(name);
}
```

请求列表数据的网络请求如下：

```
componentDidMount = () => {
   this.getList();
}

getList=()=>{
    let url = Constant.baseUrl + 'action=list&q='+this.props.tabLabel;
    let _this=this;
    let callBack = {
        onSuccess(resultObject) {
            _this.setState({
                shuDanItemArray: _this.state.shuDanItemArray.concat(resultObject)
            });
        },
        onError(code, errorMsg) {

        }
    };
    httpFetch(url, 'GET', null, callBack);
}
```

在组件挂载的时候请求网络，在获取数据成功之后，通过 setState 方法设置 shuDanItemArray 数组，然后重新渲染该组件。

5.2.3　个人中心页面

在 account 目录下创建 MeView.js，作为个人中心页面的组件。个人中心页面主要显示个人的信息功能，因此这个页面主要是显示功能，侧重布局功能，无其他业务逻辑，效果如图 5-4 所示。

图 5-4

布局使用图片做背景时，使用了 ImageBackground 组件，代码如下：

```
<View style={[CommonStyle.root]}>
    <View style={styles.header_layout}>
        <Image source={require("../../img/me_header.png")} />
        <Text style={styles.header_text}>我的</Text>
        <Image source={require("../../img/me_setting.png")} />
    </View>

    <View style={styles.header_view}>
        <Text style={{ marginTop: 24, fontSize: 18, color: '#353535' }}>
            Jack
        </Text>
        <Image source={require('../../img/default_icon.png')}
                    style={styles.header_image} />
        <ImageBackground
```

```
                resizeMode='contain'
                source={require('../../img/me_rect.png')}
                style={styles.imageBackground}>
        <View>
            <Text style={{ fontSize: 17, color: '#FFFFFF' }}>强力推荐卡</Text>
            <Text style={{ fontSize: 14, color: '#FFFFFF', marginTop: 12 }}>
                最给力的书单就在这里
            </Text>
        </View>
        <Image source={require('../../img/me_lingqu.png')} />
    </ImageBackground>
</View>

<View style={styles.like_book_view}>
    <Image source={require('../../img/me_like.png')} />
    <Text style={{ flex: 1, marginLeft: 8, color: '#636362', fontSize: 14 }}>
        我想要的书籍
    </Text>
    <Text style={{ color: '#636362', fontSize: 21 }}>
        0<Text style={{ fontSize: 14 }}>本</Text>
    </Text>
</View>

<View style={styles.shoucang_book}>
    <Image source={require('../../img/me_shoucang.png')} />
    <Text style={{ flex: 1, marginLeft: 8, color: '#636362', fontSize: 14 }}>
        我收藏的书籍
    </Text>
    <Text style={{ color: '#636362', fontSize: 21 }}>
        0<Text style={{ fontSize: 14 }}>本</Text>
    </Text>
</View>

<View style={styles.dianzan_book}>
    <Image source={require('../../img/me_dianzan.png')} />
    <Text style={{ flex: 1, marginLeft: 8, color: '#636362', fontSize: 14 }}>
        我点赞的书籍
    </Text>
```

```
        <Text style={{ color: '#636362', fontSize: 21 }}>
            0<Text style={{ fontSize: 14 }}>本</Text>
        </Text>
    </View>
</View>
```

5.2.4 书单详情

在 shudan 目录下创建 ShuDanDetailView.js，ShuDanDetailView 组件主要包括书籍评论列表功能和发表评论的功能，这个界面主要由 ScrollView 和 FlatList 组件实现。

实现效果如图 5-5 所示。

图 5-5

布局实现是 ScrollView 嵌套 FlatList，底部是评论框，部分代码如下：

```
<View style={[CommonStyle.root]}>
    <ScrollView >
```

```
    <View style={styles.header_view}>
        <Image
            style={styles.img}
            source={this.getImage()}
            resizeMode='contain'
            />
        <Text style={styles.header_text}>
            {'        ' + this.state.introduce}
        </Text>

        <Image resizeMode={'stretch'}
            source={require('../../img/shudan_underline.png')}
            style={styles.img_underline} />
            <View style={{ flexDirection: 'row-reverse', paddingBottom: 23 }}>
            <Image source={require('../../img/shudan_shoucang.png')}
            style={{ marginRight: 11 }} />
            <Text style={styles.text_shoucang}>收藏</Text>
            </View>
    </View>

    <View style={styles.view_liuyan}>
        <Text style={styles.text_liuyan}>
            全部留言
        <Text style={{ fontSize: 12 }}>
            (共{this.state.commentArray.length}条)
        </Text>
        </Text>
        <Image resizeMode={'stretch'}
            source={require('../../img/shudan_underline.png')}
            style={{ height: 1, width: Constant.screenWidth - 34 }} />
    </View>
    <FlatList
        data={this.state.commentArray}
        renderItem={this.renderItem}
        />
</ScrollView>
<View style={styles.view_input}>
    <TextInput
```

```
            style={styles.input}
            placeholder={'请输入评论'}
            placeholderTextColor={'#828181'}
            underlineColorAndroid="transparent"
            maxLength={50}
            onChangeText={this.onChangeText}
            value={this.state.text}
            />
        <View style={styles.view_btn}>
            <Button title={'发送'}
                    onPress={this.onPress}
                    color="#4698CA" />
        </View>
    </View>
</View>
```

构造函数

在构造函数中，初始化了 10 条评论数据，并将该页面需要变化的值设置到 state 中。

- commentArray：评论列表的值；
- text：输入框的值；
- image：图片的地址；
- introduce：书籍的介绍文字。

```
constructor(props) {
    super(props);
    let commentArray = [];
    for (let i = 0; i < 10; i++) {
        commentArray.push({ name: 'tom', content: '好书好书' })
        }
    this.state = {
        commentArray: commentArray,
        text: "",
        image: "",
        introduce: ""
    }
}
```

网络请求功能：

在组件挂载的时候去请求数据，另外在 getDetail 方法中需要获取上一个页面设置在 navigation 中的值，通过 navigation 的 getParam 方法获取。在请求成功之后调用 setState 方法重新渲染页面。

```
componentDidMount() {
    this.getDetail();
}

/**
 * 获取详情
 */
getDetail = () => {
    const { navigation } = this.props;
    let name = navigation.getParam('name', null);
    if (!name) {
        return;
        }
    let url = Constant.baseUrl + 'action=detail&q=' + name;
    let _this = this;
    let callBack = {
        onSuccess(resultObject) {
            _this.setState({
                image: resultObject.data.image,
                introduce: resultObject.data.introduce
                });
            },
        onError(code, errorMsg) {

            }
        };
    httpFetch(url, 'GET', null, callBack);
}
```

这样基本就实现了详情的头部和评论列表部分。接下来实现发送评论并更新列表。

发表评论

当输入框内容变化时会调用 onChangeText 方法，在该方法中调用 setState 方法设置 text 的值。

```
/**
* 输入框内容变化
*/
onChangeText = (str) => {
    this.setState({
    text: str
    })

}
```

点击发送按钮的时候调用 onPress 方法，首先判断 text 的值是否为空，若为空则直接返回；若不为空，则调用数组的 concat 方法添加数据并调用 setState 方法重新渲染页面。

```
/**
* 点击发送
*/
onPress = () => {
if (isEmpty(this.state.text)) {
    toastShort("不能为空", false);
        return;
    }
    this.setState({
    commentArray: this.state.commentArray.concat({ name: 'tom', content: 
this.state.text }),
            text: ""
        })
}
```

5.2.5 侧滑页面

侧滑页面使用 React Navigation 中的 createDrawerNavigator 创建，因此在 AppStack.js 中创建一个侧滑组件。另外需要将侧滑组件和 TabBottomBar 组件结合起来。

实现效果如图 5-6 所示。

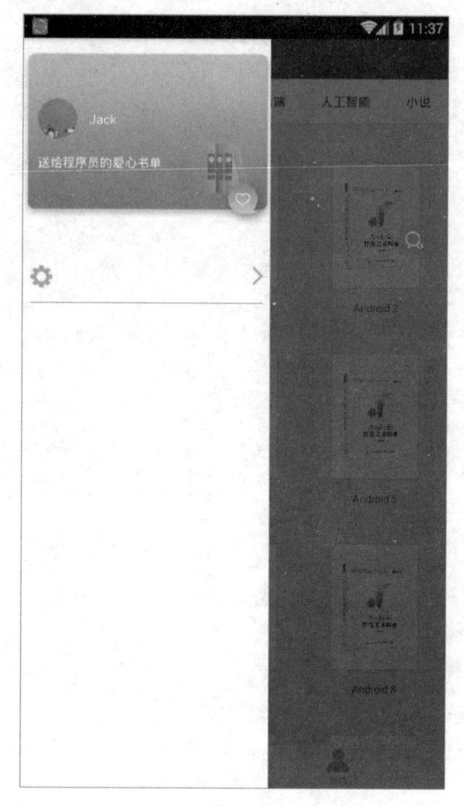

图 5-6

创建侧滑组件

在处理首页页面的时候，使用 createBottomTabNavigator 创建 TabBottomBar 组件，然后将 TabBottomBar 组件注册到 StackNavigator 中，实现侧滑，需要在 StackNavigator 外再使用一层 DrawerNavigator。代码如下：

```
export const StackNavigator = createStackNavigator(
  {
    Splash: SplashView,
    Login: LoginView,
    Register: RegisterView,
    ShuDanDetail: ShuDanDetailView,
    Tab:  TabBottomBar
  },
  {
```

```
    initialRouteName: 'Splash',
    navigationOptions: {
      headerStyle: {
        backgroundColor: '#353535',
        height: 44
      },
      headerTintColor: '#FFFFFF',
      headerTitleStyle: {
        fontWeight: 'bold',
        flex: 1,
        textAlign:'center'
      }
    }
  }
);
export const RootStack = createDrawerNavigator({
  Tab: {
    screen: StackNavigator,
    navigationOptions :{
      drawerLabel: <DrawerView/>
    }
  }
})
```

使用createDrawerNavigator创建侧滑组件，将之前使用StackNavigator创建的组件添加进去，另外需要设置侧滑组件的页面，使用navigationOptions下的drawerLabel属性，它的值可以是一个字符串或一个组件。在view目录下的drawer目录的DrawerView.js中创建DrawerView组件，导入AppStack.js中。

```
export const RootStack = createDrawerNavigator({
  Tab: {
    screen: StackNavigator,
    navigationOptions :{
      drawerLabel: <DrawerView/>
    }
  }
})
```

DrawerView 组件

布局代码如下所示。

```
<View style={[CommonStyle.root, { backgroundColor: '#FFFFFF' }]}>
    <View style={{ alignItems: 'center' }}>

        <ImageBackground
            source={require('../../img/drawer_icon2.png')}
            style={styles.imgbackground}>
            <View style={styles.top_view}>
                <Image source={require('../../img/default_icon.png')} />
                <Text style={styles.text_name}> Jack</Text>
            </View>
            <Text style={styles.text_desc}>送给程序员的爱心书单</Text>
        </ImageBackground>

        <Image
            source={require('../../img/drawer_icon1.png')}
            style={styles.img} />
    </View>

    <View style={styles.bottom_view}>
        <Image source={require('../../img/drawer_icon3.png')} />
        <Image source={require('../../img/drawer_arrow.png')} />
    </View>
</View>
```

5.3 打包

5.3.1 Android 打包

在发布应用的时候，需要生成一个带签名的 apk，在 Android 中生成签名有两种方式，一种是利用 Android Studio 的可视化界面生成签名，另外一种是使用 JDK 下的 bin 目录中 keytool 工具生成一个签名。本章只以命令行方式说明如何生成签名。

（1）调出命令行，可能需要进入安装 JDK 目录下的 bin 目录，在命令行中输入如下命令。

```
keytool -genkey -v -keystore D:\work_android\ShuDanApp\ShuDanApp\shudan.
keystore -alias shudan-alias -keyalg RSA -keysize 2048 -validity 10000
```

由于在C盘中有读写权限，因此在keystore后面指定生成签名的目录，调用此命令之后需要输入密钥库的密码、姓名等信息，最后生成一个shudan.keystore文件。

（2）生成签名之后需要在React Native项目的android工程中配置生成的签名信息。

在gradle.properties文件中存放生成的签名信息。

- STORE_FILE：签名文件存放的目录；
- KEY_ALIAS：命令行中-alias后面的参数也就是别名；
- STORE_FILE_PASSWORD：密钥库密码；
- KEY_ALIAS_PASSWORD：别名密码。

```
STORE_FILE=../../shudan.keystore
KEY_ALIAS=shudan-alias
STORE_FILE_PASSWORD=123456
KEY_ALIAS_PASSWORD=123456
```

在android/app/build.gradle中配置签名，在android域下添加signingConfigs配置，并且在buildTypes的release域中配置signingConfig。需要发布release包时就使用signingConfigs下release配置的签名信息。

```
android {
....
signingConfigs {
release {
        storeFile file(STORE_FILE)
        storePassword STORE_FILE_PASSWORD
        keyAlias KEY_ALIAS
        keyPassword KEY_ALIAS_PASSWORD
}
}

buildTypes {
        release {
        ...
```

```
        signingConfig signingConfigs.release
            }
        }

}
```

（3）生成 apk。

在终端的项目根目录下输入 cd android，进入 android 目录，再调用./gradlew assembleRelease 命令，在 macOS、Linux 或 Windows 下的 powerShell 环境中的“/”不可以省略，但在 Windows 下的 cmd 命令行中“./”需要去掉。最终会在 android/app/build/outputs/apk 目录下生成 app-release.apk 文件，这个文件就是最终的签名文件，如图 5-7 所示。

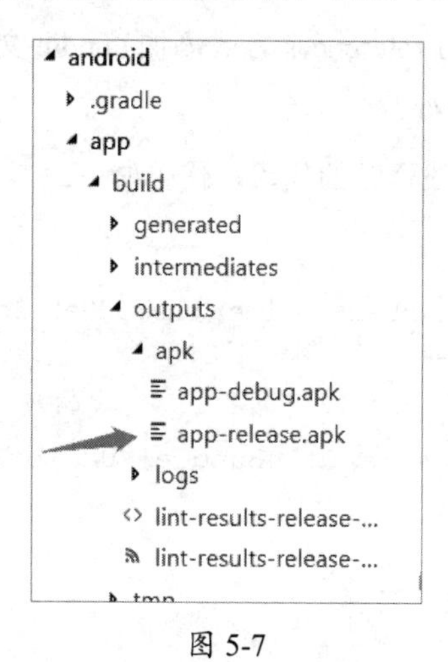

图 5-7

5.3.2　iOS 打包

（1）生成 bundle 文件。

在项目的 ios 目录下新建 bundle 目录，然后将打包命令配置在 package.json 中，在 scripts 域下添加 budle-ios 命令，然后在项目根目录运行 npm run bundle-ios，会在 ios 目录下 bundle 目录下生成离线资源。配置如下：

```
"scripts": {
"start": "node node_modules/react-native/local-cli/cli.js start",
"test": "jest",
"bundle-ios":"node node_modules/react-native/local-cli/cli.js bundle
```

```
--entry-file index.js --platform ios --dev false --bundle-output ./ios/bundle/
index.ios.jsbundle --assets-dest ./ios/bundle"
    },
```

- --entry-file：React Native 项目的入口文件名称，如 index.js；
- --platform：平台名称；
- --dev：设置 false 时会对 JS 代码进行优化；
- --bundle-output：生成 jsbundle 文件的名称；
- --assets-dest：图片及其他资源存放的目录。

（2）添加到 Xcode 中。

在 Xcode 中使用 Create folder references 方式添加 bundle 文件夹。

（3）修改 AppDelegate.m 文件。

在该文件下新加一段打包离线资源的代码，代码如下：

```
模拟器调试打开此行
    jsCodeLocation = [[RCTBundleURLProvider sharedSettings] jsBundleURLForBundleRoot:
@"index" fallbackResource:nil];
    //打包开启此行代码
    jsCodeLocation = [[NSBundle mainBundle] URLForResource:@"index"
withExtension:@"jsbundle"];
```

第 6 章 微信小程序入门

本章我们开始学习微信小程序（简称小程序），随着各个知名大厂的加入，小程序也越来越热门，了解和学习小程序变得十分必要。

6.1 认识小程序

我们先了解什么是小程序，对其有一个整体的概念。

6.1.1 小程序简介

小程序是腾讯于 2017 年 1 月 9 日推出的一种不需要下载安装即可在微信平台上使用的应用。引用一句张小龙的话：小程序是一种不需要下载安装即可使用的应用，它实现了应用“触手可及”的梦想，用户扫一扫或搜一下即可打开应用。也体现了“用完即走”的理念，用户不用关心是否安装太多应用的问题。应用将无处不在，随时可用，但又无须安装卸载。

我们可以在微信聊天列表中下拉，或者在发现→小程序中找到小程序。相对于原生 App 来说，小程序的用户可便捷地获取服务，不用安装，即开即用，用完就走。省流量，省安装时间，不占用桌面；小程序还可以跨平台（同时支持 iOS 和 Android），降低开发成本，推广更容易、更简单，如图 6-1 所示。

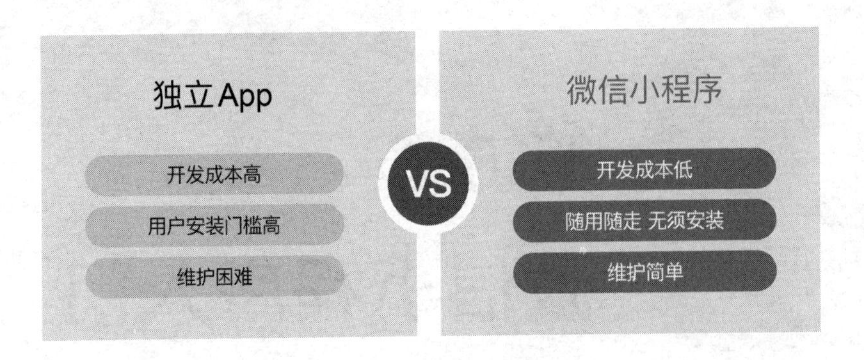

图 6-1

简单来说，微信小程序就是依托微信公众平台开发并在微信上使用的应用，用户只需要下载微信即可使用小程序。同时微信还为微信小程序提供了一套基础组件库及 API，可以满足开发者的基础开发需求，从而实现简单的快速开发。

6.1.2 开发前的准备

1. 注册为小程序开发者

首先我们需要注册一个微信小程序开发者账号，在微信公众平台（https://mp.weixin.qq.com）点击右上角的立即注册，然后选择小程序填写相关信息即可，最后在信息登记部分填写相关信息（注意：本书推荐主体类型选择个人来进行学习）。

2. 下载微信开发者工具

注册完微信小程序开发者账号后，我们需要登录小程序管理平台，在首页我们可以看到小程序发布流程，如图 6-2 所示。我们需要根据提示先完善小程序信息，然后下载并安装微信开发者工具。

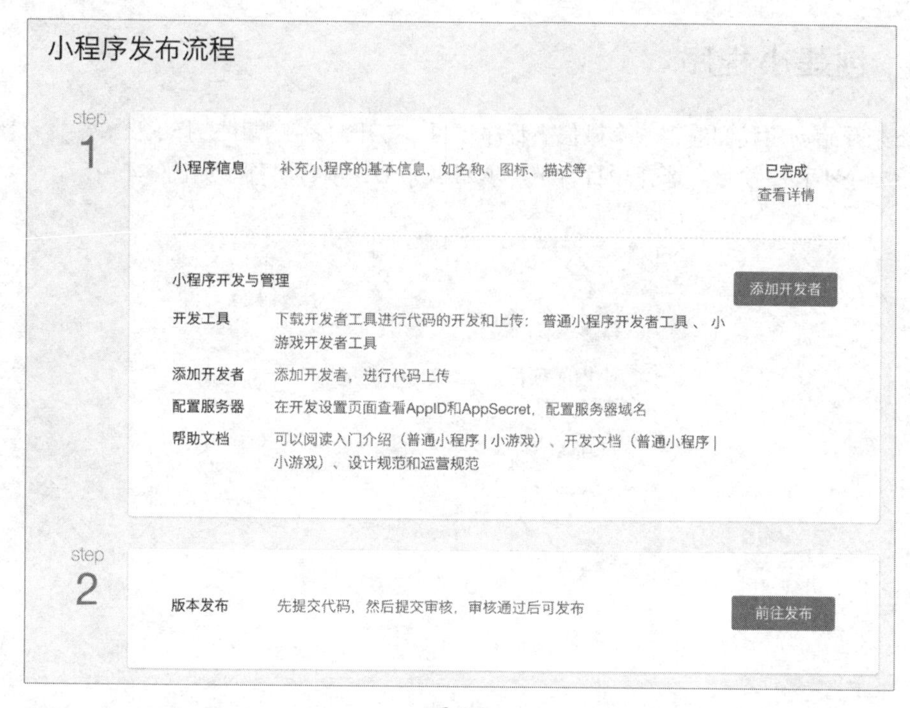

图 6-2

下载并安装好微信开发者工具后的效果如图 6-3 所示。

图 6-3

6.1.3 创建小程序

接下来开始创建我们的第一个微信小程序项目，在开发者工具中选择小程序项目，然后选择加号新建一个小程序项目，选择项目目录，填写 AppID、项目名称，如图 6-4 所示。

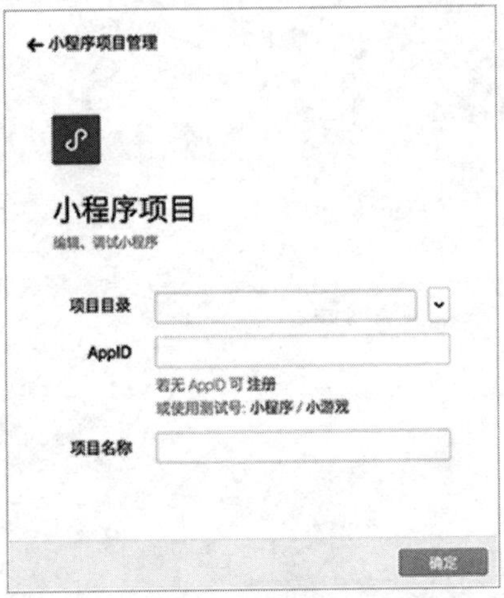

图 6-4

我们可以在小程序管理平台的设置→开发设置中找到 AppID，如图 6-5 所示。

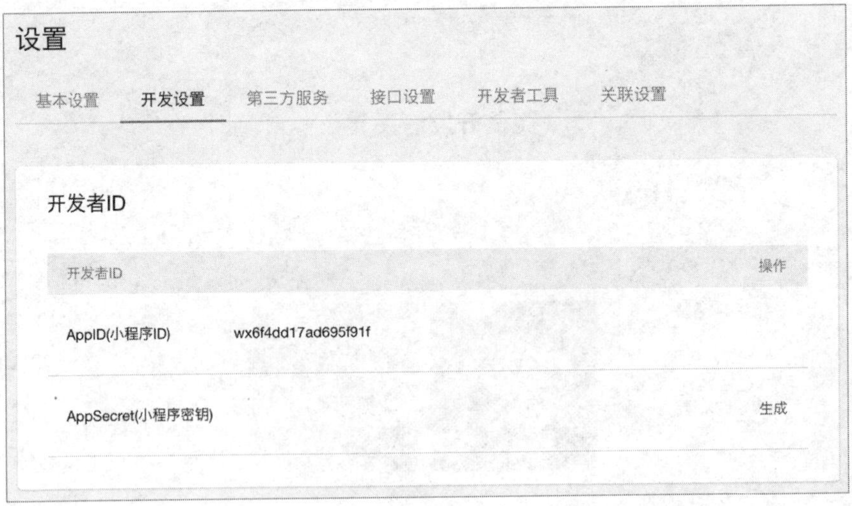

图 6-5

创建好项目之后就能看到开发工具的全貌了，到这里我们已经完成了第一个项目 `Hello World`，如图 6-6 所示。

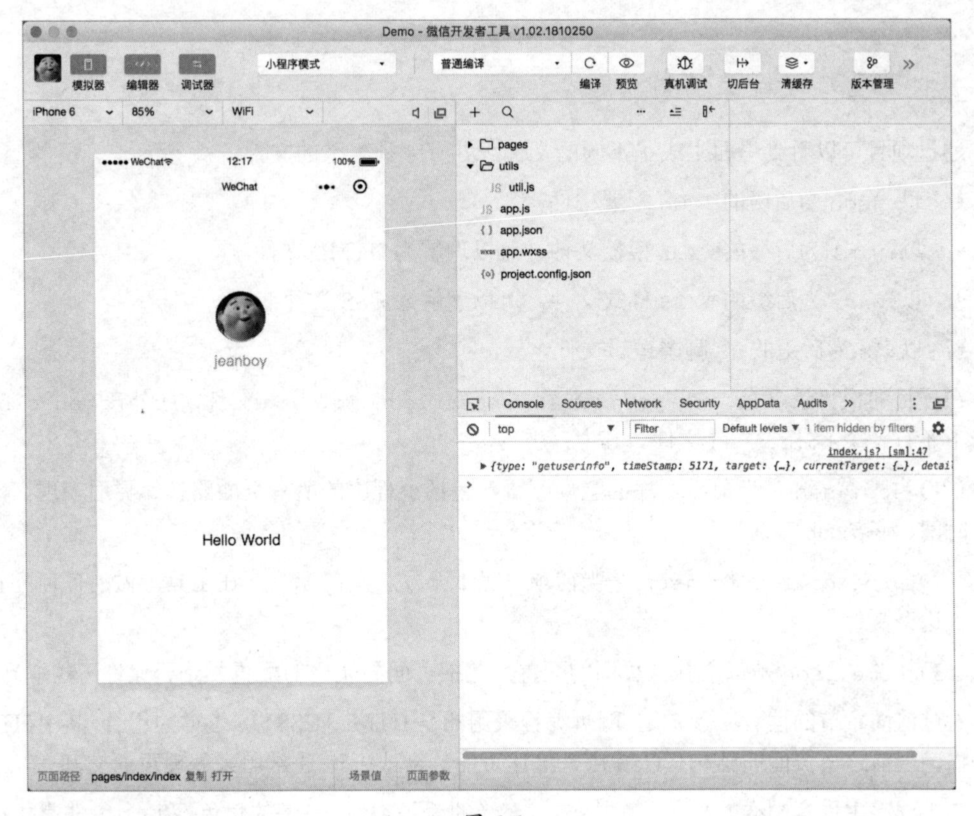

图 6-6

6.1.4　代码构成

6.1.3 节中我们使用开发者工具创建了一个项目，目录结构如下：

```
|-ProjectName
    |-pages
        |-home
            |-home.js
            |-home.json
            |-home.wxml
            |-home.wxss
    |-utils
        |-util.js
    |-app.js
    |-app.wxss
```

```
|-app.json
|-project.config.json
```

通过项目可以看到里面生成了不同的文件，共有 4 种类型的文件。

- 以.json 为后缀的 JSON 配置文件；
- 以.wxml 为后缀的 WXML 模板文件，可以理解为 HTML 文件；
- 以.wxss 为后缀的 WXSS 样式文件，可以理解为 CSS 文件；
- 以.js 为后缀的 JS 脚本逻辑文件。

在项目的根目录下有一个 app.json 和 project.config.json 文件，此外在 pages/home 目录下还有一个 home.json 文件。其中：

（1）app.json 是当前小程序的全局配置，包括小程序的所有页面路径、界面表现、网络超时时间、底部 tab 等。

（2）project.config.json 是当前项目对于开发工具的配置，在工具上做的任何配置都会写入这个文件。

（3）home.json 是每个独立页面的配置，包括页面导航栏的配置、是否允许下拉刷新等。

看过前面章节的读者应该知道，网页编程采用的是 HTML+CSS+JS 这样的组合，其中 HTML 用来描述当前这个页面的结构，CSS 用来描述页面的样式，JS 通常用来处理页面交互。

在小程序中也有同样的角色，其中 WXML 充当的就是类似 HTML 的角色，和 HTML 非常相似，WXML 也是由标签、属性等构成的。但是 WXML 也有自己独特的特性，这些差异我们将在后面的章节详细介绍。

WXSS 充当的是类似 CSS 的角色，WXSS 具有 CSS 大部分的特性，小程序在 WXSS 中也做了一些扩充和修改。更详细的差别我们将在后面的部分展示。在 WXSS 中推荐使用的尺寸单位是 rpx（responsive pixel）：可以根据屏幕宽度进行自适应调整。规定屏幕宽度为 750rpx。例如在 iPhone6 上，屏幕宽度为 375px，共有 750 个物理像素，则 750rpx=375px=750 物理像素（1rpx=0.5px=1 物理像素）。

小程序中的 JS 与网页编程中的 JS 角色相同，JS 主要处理用户页面的交互，响应用户的点击。此外还可以在 JS 中调用小程序提供的丰富的 API，利用这些 API 可以很方便地调起微信提供的功能，例如获取用户信息、本地存储、微信支付等。

6.1.5 小程序的能力

小程序的特点：

（1）微信客户端在打开小程序之前，会把整个小程序的代码包下载到本地。

（2）小程序提供了丰富的基础组件给开发者，开发者可以像搭积木一样，组合各种组件拼合成自己的小程序。

（3）为了让开发者可以很方便地调起微信提供的功能，例如获取用户信息、微信支付等，小程序提供了很多 API 给开发者去使用。

（4）服务端接口全部使用 HTTPS，确保传输安全。

（5）View 层和逻辑层分离，通过数据驱动去更新视图。

小程序的不足：

（1）小程序仍然使用 WebView 渲染，并非原生渲染。

（2）需要独立开发，不能在非微信环境中运行。

（3）依赖浏览器环境的 JS 库不能使用，因为是 JSCore 执行的，没有 window、document 对象。

（4）WXSS 中无法使用本地图片、字体等。

（5）WXSS 转化成 JS 而不是 CSS——为了兼容 rpx 和使用原生组件。

（6）小程序无法打开原生页面和网页（可使用 WebView 组件承载），无法拉起 App。

6.2 小程序框架

本节我们来了解小程序的整体框架和工作流程。

6.2.1 小程序配置

在小程序项目的根目录下有一个 app.json 文件，这是小程序项目的全局配置文件，主要配置页面的路径、窗口样式，以及设置多 tab 等。我们来看一下文件里面的内容：

```
{
    "pages": [//所有的页面都需要在这里配置
        "pages/home/home"
    ],
    "window": {//全局页面顶部样式
        "backgroundTextStyle": "dark",//下拉 loading 的样式
        "navigationBarBackgroundColor": "white",//导航栏背景颜色
        "navigationBarTextStyle": "black",//导航栏标题颜色
```

```
        "navigationBarTitleText": "Demo",//默认页面标题
        "enablePullDownRefresh": false//是否可以下拉刷新
    },
    "tabBar": {//底部 tab 的样式配置
        "color": "#989898",//tab 名称未选中时的颜色
        "selectedColor": "#2F96F9",//tab 名称选中时的颜色
        "backgroundColor": "#FFFFFF",//tab 背景颜色
        "borderStyle": "white",//tab 顶部边框颜色
        "list": [
            {
                "pagePath": "pages/home/home",//tab 的页面路径
                "iconPath": "",//tab 未选中时的图标
                "selectedIconPath": "",//tab 选中时的图标
                "text": "tab1"//tab 名称
            }
        ]
    }
}
```

在每个页面文件夹下都有一个与页面同名的 JSON 文件，例如 home.json，我们来看一下文件里面的内容：

```
{
    "navigationBarBackgroundColor": "#ffffff",//导航栏背景颜色
    "navigationBarTextStyle": "black",//导航栏标题颜色
    "navigationBarTitleText": "首页",//导航栏标题文字内容
    "backgroundColor": "#eeeeee",//窗口的背景色
    "backgroundTextStyle": "light"//下拉 loading 的样式
}
```

这里列出了常用的配置并备注了功能，更详细的配置可以去查看微信小程序的开发文档，在小程序开发→框架→配置→全局配置中可以找到。

6.2.2 小程序的生命周期

我们在项目的根目录中还可以看到 `app.js`，这是小程序的入口，管理所有页面和全局数据，以及提供生命周期方法。它也是一个构造方法，生成 App 实例。一个小程序就是一个 App 实例。

在 app.js 中提供了一些方法，用来处理小程序的生命周期：

```
App({
    onLaunch: function (options) {
        //当小程序初始化完成时触发，全局只触发一次
    },
    onShow: function () {
        //当小程序启动，或从后台进入前台显示时触发
    },
    onHide: function () {
        //当小程序从前台进入后台时触发
    },
    onError: function () {
        //当小程序发生 JS 错误时触发
    },
    globalData: {//全局数据
    }
})
```

前台与后台定义：当用户点击左上角关闭，或者按了设备 Home 键离开微信时，小程序并没有直接销毁，而是进入后台；当再次进入微信或再次打开小程序时，又会从后台进入前台。

需要注意的是：只有当小程序进入后台一定时间，或者系统资源占用过高时，才会被真正销毁。

我们可以使用 Page(Object)函数来注册一个页面。接收的是 Object 类型参数，其指定页面的初始数据、生命周期回调、事件处理函数等。比如我们在 home 目录下看到的 home.js 的作用就是注册一个页面。

```
Page({
    data: {//页面第一次渲染使用的初始数据
    },
    onLoad: function (options) {
        //页面加载时触发，一个页面只会调用一次
    },
    onShow: function () {
        //页面显示/切入前台时触发
    },
    onReady: function () {
```

```
        //页面初次渲染完成时触发，一个页面只会调用一次，代表页面已经准备妥当，可以和视
        //图层进行交互
    },
    onHide: function () {
        //页面隐藏/切入后台时触发
    },
    onUnload: function () {
        //页面卸载时触发
    },
})
```

在 Page 中可以使用 getApp()函数来获取小程序 App 的实例，比如获取全局数据时就可以这样获取 getApp().globalData。

我们通过一张图来看一下 Page 实例的生命周期，如图 6-7 所示。

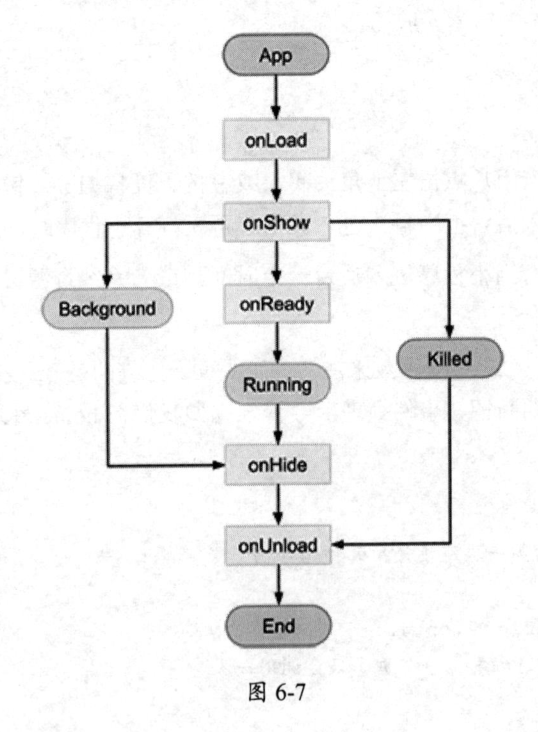

图 6-7

6.2.3 路由

在小程序中所有页面的路由全部由框架进行管理，框架以栈的形式维护了当前的所有页面。

我们可以在 Page 页面中使用 getCurrentPages()函数来获取当前页面栈的实例，该函数以数组形式按栈的顺序给出，第一个元素为首页，最后一个元素为当前页面。

（1）打开新页面：调用 API wx.navigateTo 或使用组件<navigator open-type="navigateTo"/>，作用是保留当前页面，跳转到应用内的某个指定页面。

（2）页面重定向：调用 API wx.redirectTo 或使用组件<navigator open-type="redirectTo"/>，作用是关闭当前页面，跳转到应用内的某个指定页面。

（3）页面返回：调用 API wx.navigateBack 或使用组件<navigator open-type="navigateBack">，或者用户按左上角返回按钮，作用是关闭当前页面，返回上一级或多级页面。

（4）Tab 切换：调用 API wx.switchTab 或使用组件<navigator open-type="switchTab"/>，或者用户切换 Tab，作用是跳转到指定 tabBar 页面，并关闭其他所有非 tabBar 页面。

（5）重启动：调用 API wx.reLaunch 或使用组件<navigator open-type="reLaunch"/>，作用是关闭当前所有页面，打开应用内的某个指定页面。

6.2.4 视图层

视图层主要由 WXML 与 WXSS 编写，由组件进行展示。视图层的主要任务就是展示逻辑层提供的数据，同时将用户操作的事件发送给逻辑层。

1. 数据绑定

数据绑定就是将 Page 中的 data 数据在 WXML 中展示，当我们操作 Page 中的 data 时，在 WXML 中的值会动态更新。我们来看一下示例。

WXML：

```
<view> {{ message }} </view>
```

Page：

```
Page({
  data: {
    message: 'Hello World!'
  }
})
```

示例中 WXML 通过{{ message }}的方式获取了 Page 中 data 名称为 message 的数据，当我们在 Page 中修改 message 的值时，WXML 中的值也会动态更新。

2. 列表渲染

列表渲染就是我们在展示一组相同数据结构的数据时用到的渲染方式。我们可以在组件上使用 wx:for 控制属性绑定一个数组，即可使用数组中各项的数据重复渲染该组件。

WXML：

```
<!-- 这里的index和item是默认的变量名，也就是说，使用wx:for来渲染都会默认有这两个变量 -->
<view wx:for="{{array}}">
  {{index}}: {{item.message}}
</view>
```

Page：

```
Page({
  data: {
    array: [{
      message: 'foo',
    }, {
      message: 'bar'
    }]
  }
})
```

这里仅做简单的介绍，详情请参考 微信公众平台 → 小程序开发 → 框架 → 视图层 → 列表渲染。

3. 条件渲染

同列表渲染的语法相似，WXML 中还支持 wx:if、wx:else、wx:elif 等条件渲染方式。

```
<view wx:if="{{length > 5}}"> 1 </view>
<view wx:elif="{{length > 2}}"> 2 </view>
<view wx:else> 3 </view>
```

4. 模板

WXML 还提供模板（template），可以在模板中定义代码片段，然后在不同的地方调用。

定义模板：

```
<template name="test">
  <view>
    <text> 内容: {{content}} </text>
  </view>
</template>
```

这里使用`<template/>`标签的 name 属性定义了一个名为 test 的模板，模板接收的参数为 content。

使用模板：

```
<template is="test" data="{{content:'哈哈'}}"/>
```

模板的使用也很简单，只需要引入模板文件，使用`<template/>`标签指定模板的名称，通过 data 属性传入参数即可。

5. 事件

什么是事件：

（1）事件是视图层到逻辑层的通信方式。

（2）事件可以将用户的行为反馈到逻辑层进行处理。

（3）事件可以绑定在组件上，当达到触发事件时会执行逻辑层中对应的事件处理函数。

（4）事件对象可以携带额外信息，如 id、dataset、touches。

事件的使用方式：

例如 `bindtap`，当用户点击该组件的时候会在该页面对应的 Page 中找到相应的事件处理函数。

```
<view id="tapTest" data-hi="WeChat" bindtap="tapName"> Click me! </view>
```

在相应的 Page 定义中写上相应的事件处理函数，参数是 event。

```
Page({
  tapName: function(event) {
    console.log(event)
  }
})
```

可以看到 log 的信息大致如下：

```
{
  "type":"tap",
  "timeStamp":895,
  "target": {//点击对象
    "id": "tapTest",//对象 ID
    "dataset":  {//data-hi 的数据
      "hi":"WeChat"
    }
  },
  "currentTarget":  {
    "id": "tapTest",
    "dataset": {
      "hi":"WeChat"
    }
  },
  "detail": {
    "x":53,
    "y":14
  },
  "touches":[{
    "identifier":0,
    "pageX":53,
    "pageY":14,
    "clientX":53,
    "clientY":14
  }],
  "changedTouches":[{
    "identifier":0,
    "pageX":53,
    "pageY":14,
    "clientX":53,
    "clientY":14
  }]
}
```

当然微信小程序支持的事件还有很多，具体可在微信公众平台→小程序开发→框架→视图层→事件中找到。

6.2.5　动画

在小程序中，通常可以使用 CSS 来创建简易的界面动画。同时，还可以使用 wx.createAnimation 接口来动态创建简易的动画效果。

wx.createAnimation 可参考官方文档：https://developers.weixin.qq.com/miniprogram/dev/api/wx.createAnimation.html。

6.3　常用组件

本节我们来学习小程序开发项目中常用的组件。

6.3.1　视图容器

1. view

相当于 HTML 中的<div>，我们来看一下它的用法：

```
<view>
    <view class="title">横向布局</view>
    <view class="flex-row">
        <view class="a">A</view>
        <view class="b">B</view>
        <view class="c">C</view>
    </view>
    <view class="title">纵向布局</view>
    <view class="flex-column">
        <view class="a">A</view>
        <view class="b">B</view>
        <view class="c">C</view>
    </view>
</view>
```

效果如图 6-8 所示，我们可以看到 HTML 中<div>可以实现的效果<view>都可以实现。

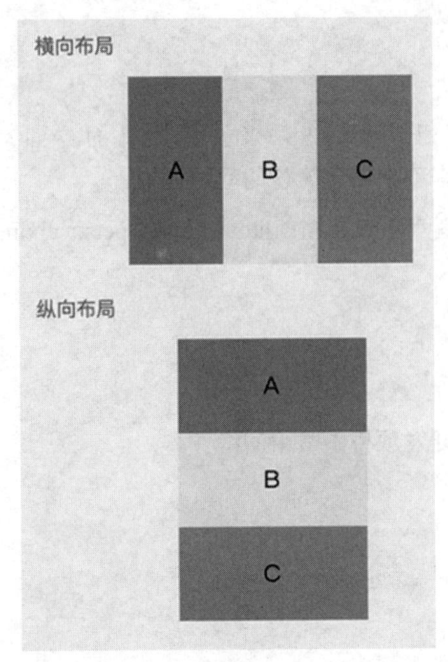

图 6-8

2. scroll-view

可滚动的视图区域也就是可以水平或垂直滚动的容器。

```
<view>
    <view class="title">横向滚动</view>
    <scroll-view scroll-x class="scroll-view">
        <view class="flex-row">
            <view class="a">A</view>
            <view class="b">B</view>
            <view class="c">C</view>
        </view>
    </scroll-view>
    <view class="title">纵向滚动</view>
    <scroll-view scroll-y class="scroll-view">
        <view class="flex-column">
            <view class="a">A</view>
            <view class="b">B</view>
            <view class="c">C</view>
        </view>
```

```
        </scroll-view>
    </view>
```

<scroll-view>组件可以很方便地做出横向或纵向滚动的效果，常见的导航栏、滑动列表等都可以实现，如图 6-9 所示。

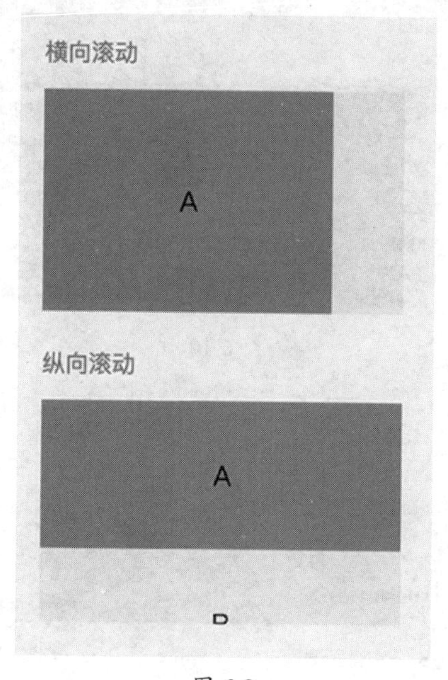

图 6-9

3. swiper

滑块视图容器也就是我们常见的 banner 轮播图效果。

```
<view>
    <swiper indicator-dots="true" autoplay="true" interval="2000" duration=
"1000">
        <swiper-item>
            <view class="a" />
        </swiper-item>
        <swiper-item>
            <view class="b" />
        </swiper-item>
        <swiper-item>
            <view class="c" />
```

```
        </swiper-item>
    </swiper>
</view>
```

<swiper>组件最常见的使用场景就是轮播图效果了，当然我们也可以使用 swiper 实现引导页等效果，如图 6-10 所示。

图 6-10

6.3.2 基础内容

1. text

文本可以理解为 HTML 中的<span>：

```
<text>{{text}}</text>
```

2. progress

进度条：

```
<progress percent="20" show-info />
<progress percent="40" stroke-width="12" />
<progress percent="60" color="pink" />
<progress percent="80" active />
```

<progress>组件可以帮助我们快速实现进度加载的效果，可以根据需求自定义样式，如图 6-11 所示。

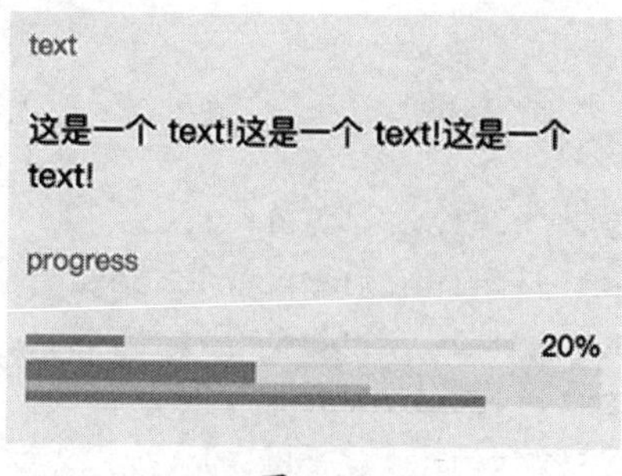

图 6-11

6.3.3 表单组件

1. button

按钮：

```
<button type="default">default</button>
<button type="primary">primary</button>
<button type="warn">warn</button>
```

<button>组件虽然使用起来很方便，但是当需要自定义样式时却不是很方便，我们可以使用<view>组件代替，如图 6-12 所示。

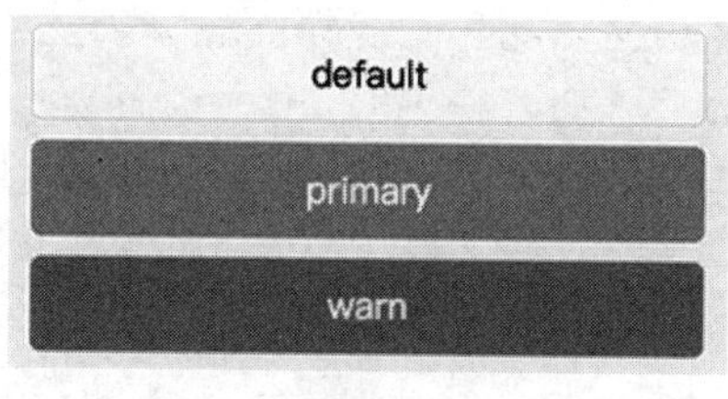

图 6-12

2. checkbox

复选框：

```
<checkbox-group bindchange="checkboxChange">
    <label class="checkbox" wx:for="{{checkBoxItems}}" wx:key="index">
        <checkbox value="{{item.value}}" checked="{{item.checked}}" />
        {{item.name}}
    </label>
</checkbox-group>
```

```
Page({
    data: {
        checkBoxItems: [
            { name: 'USA', value: '美国' },
            { name: 'CHN', value: '中国', checked: 'true' },
            { name: 'BRA', value: '巴西' },
            { name: 'JPN', value: '日本' },
            { name: 'ENG', value: '英国' },
            { name: 'TUR', value: '土耳其' }]
    }
})
```

checkbox 示意图如图 6-13 所示。

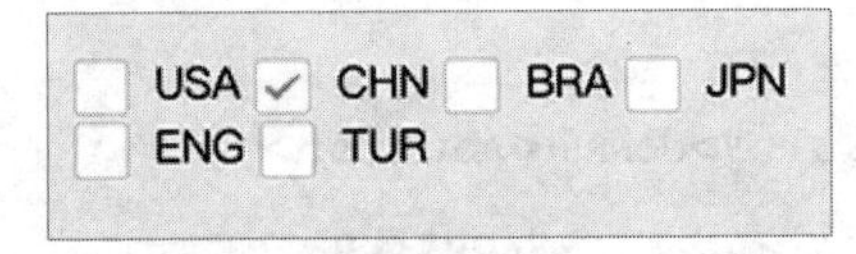

图 6-13

3. radio

单选按钮：

```
<radio-group class="radio-group" bindchange="radioChange">
    <label class="radio" wx:for="{{radioItems}}" wx:key="index">
        <radio value="{{item.value}}" checked="{{item.checked}}" />
        {{item.name}}
    </label>
</radio-group>
Page({
    data: {
        radioItems: [
            { name: '男', value: '1' },
            { name: '女', value: '2', checked: 'true' }]
    }
})
```

radio 示意图如图 6-14 所示。

图 6-14

4. input

输入框：

```
<input placeholder="这是一个 input" />
```

input 示意图如图 6-15 所示。

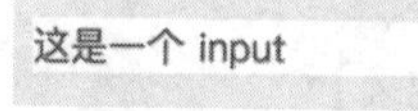

图 6-15

5. textarea

多行输入框：

```
<textarea placeholder="这是一个 textarea" />
```

textarea 示意图如图 6-16 所示。

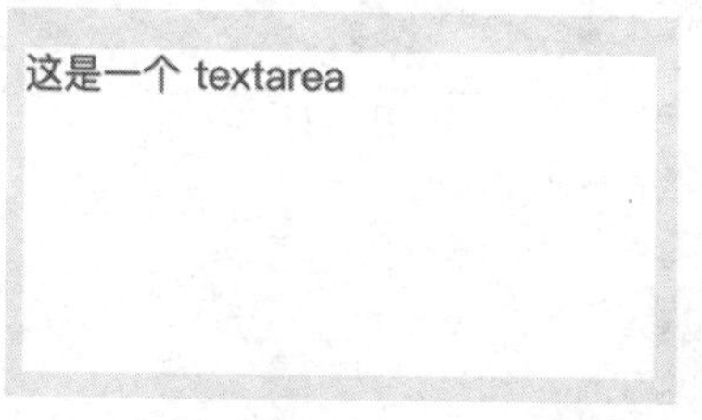

图 6-16

6. form

表单就是将组件内的用户输入的<switch/>、<input/>、<checkbox/>、<slider/>、<radio/>、<picker/>的内容提交。

当点击<form/>表单中 formType 为 submit 的<button/>组件时，会将表单组件中的 value 值进行提交，需要在表单组件中加上 name 来作为 key。

```
<form bindsubmit="formSubmit" bindreset="formReset">
    <button formType="submit">Submit</button>
    <button formType="reset">Reset</button>
```

```
</form>
```

7. slider

滑动选择器：

```
<slider bindchange="sliderChange" step="5" />
```

slider 示意图如图 6-17 所示。

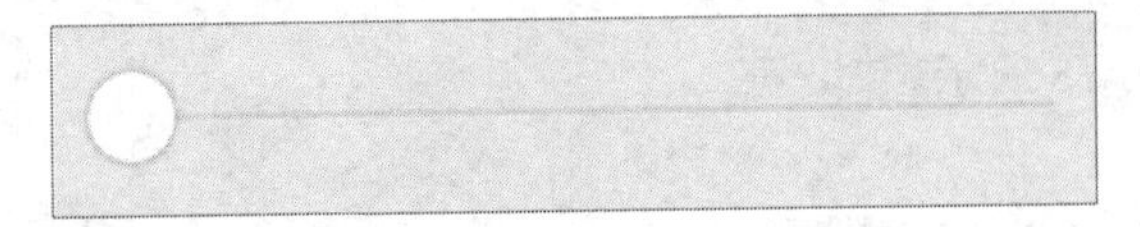

图 6-17

8. switch

开关选择器：

```
<switch bindchange="switchChange" />
```

switch 示意图如图 6-18 所示。

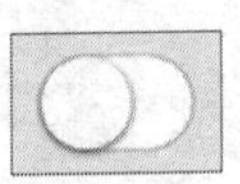

图 6-18

9. picker

从底部弹起的滚动选择器：

```
<picker bindchange="bindPickerChange" value="{{index}}" range="{{array}}">
    <view class="picker">当前选择：{{array[index]}}</view>
</picker>
Page({
    data: {
        array: ['美国', '中国', '巴西', '日本'],
        index: 1
    }
})
```

picker 示意图如图 6-19 所示。

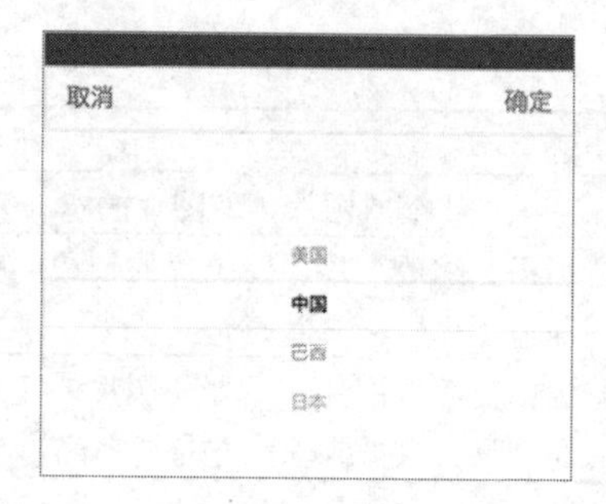

图 6-19

6.3.4　媒体组件

1. image

图片：

```
<image src="" mode="scaleToFill"></image>
```

image 示意图如图 6-20 所示。

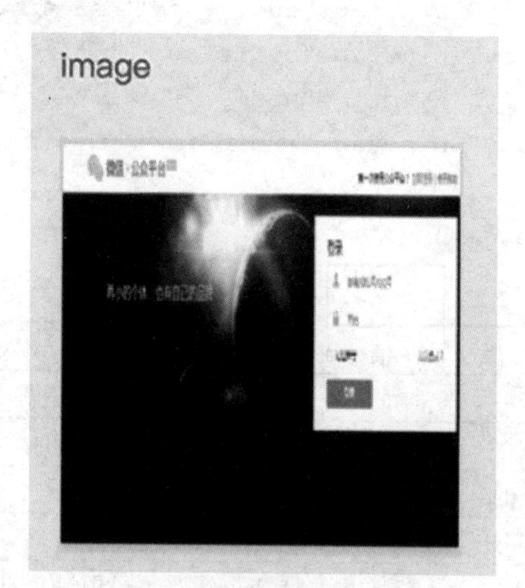

图 6-20

我们可以看到图片是变形的，这里与 mode="scaleToFill"有关，常用的 mode 属性如表 6-1 所示。

表 6-1

模　式	值	说　明
缩放	scaleToFill	不保持纵横比缩放图片，使图片的宽高完全拉伸至填满 image 元素
缩放	aspectFit	保持纵横比缩放图片，使图片的长边能完全显示出来。也就是说，可以完整地将图片显示出来
缩放	aspectFill	保持纵横比缩放图片，只保证图片的短边能完全显示出来。也就是说，图片通常只在水平或垂直方向是完整的，另一个方向将发生截取

2. audio

播放音频：

```
<audio poster="{{poster}}"
       name="{{name}}"
       author="{{author}}"
       src="{{audioSrc}}"
       id="myAudio"
       controls
       loop></audio>
<button type="primary" bindtap="audioPlay">播放</button>
<button type="primary" bindtap="audioPause">暂停</button>
<button type="primary" bindtap="audio14">设置当前播放时间为 14 秒</button>
<button type="primary" bindtap="audioStart">回到开头</button>
```

audio 常用的属性说明如表 6-2 所示。

表 6-2

属 性 名	类　型	默 认 值	说　明
id	String		audio 组件的唯一标识符
src	String		要播放音频的资源地址
loop	Boolean	false	是否循环播放
controls	Boolean	false	是否显示默认控件
poster	String		默认控件上的音频封面的图片资源地址，如果 controls 属性值为 false，则设置 poster 无效
name	String	未知音频	默认控件上的音频名字，如果 controls 属性值为 false，则设置 name 无效
author	String	未知作者	默认控件上的作者名字，如果 controls 属性值为 false，则设置 author 无效

audio 示意图如图 6-21 所示。

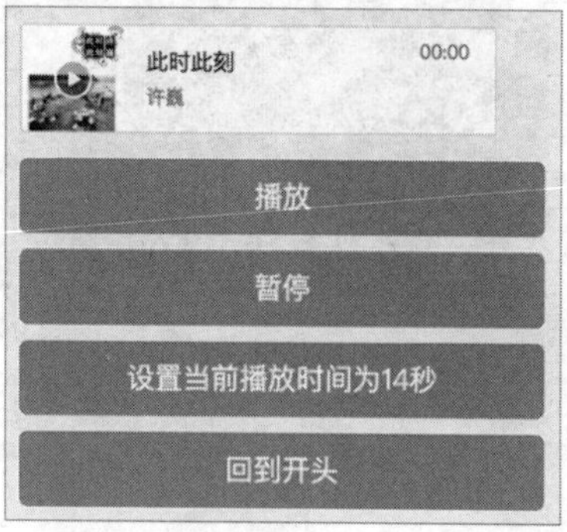

图 6-21

3. video

播放视频：

```
<video id="myVideo"
      src=""
      danmu-list="{{danmuList}}"
      enable-danmu
      danmu-btn
      controls></video>
<button bindtap="bindButtonTap">获取视频</button>
```

video 常用属性说明如表 6-3 所示。

表 6-3

属 性 名	类 型	默 认 值	说 明
src	String		要播放视频的资源地址
danmu-list	Object Array		弹幕列表
enable-danmu	Boolean	false	是否展示弹幕
danmu-btn	Boolean	false	是否显示弹幕按钮
controls	Boolean	true	是否显示默认播放控件

video 示意图如图 6-22 所示。

图 6-22

6.3.5 地图

map 的属性如表 6-4 所示。

表 6-4

属 性 名	类 型	默 认 值	说 明
longitude	Number		中心经度
latitude	Number		中心纬度
scale	Number	16	缩放级别，取值范围为 5～18
controls	Array		控件
bindcontroltap	EventHandle		点击控件时触发，会返回 control 的 id
markers	Array		标记点
bindmarkertap	EventHandle		点击标记点时触发，会返回 marker 的 id
polyline	Array		路线
bindregionchange	EventHandle		视野发生变化时触发
show-location	Boolean		显示带有方向的当前定位点

```
<map id="map"
    longitude="113.324520"
    latitude="23.099994"
    scale="14"
    controls="{{controls}}"
    bindcontroltap="controltap"
    markers="{{markers}}"
    bindmarkertap="markertap"
    polyline="{{polyline}}"
    bindregionchange="regionchange"
```

```
    show-location
    style="width: 100%; height: 300px;"></map>
```

6.3.6 web-view

展示网页（由于目前不对个人小程序开放这里不做展示）：

```
<web-view src="https://jeanboy.cn"></web-view>
```

小结：

这里仅仅分析了常用的组件，其他组件的介绍可以在微信公众平台→小程序开发→组件中找到。

本章节所有的示例代码详见：https://github.com/android-exchange/cross-platform-guide/tree/master/Chapter_6。

6.4 常用 API

本节我们来学习小程序项目开发中常用的 API。

6.4.1 网络

1. 上传

将本地资源（图片或者文件）上传到服务器端：

```
wx.chooseImage({//从手机中选取文件
    success: function (res) {//选取到的文件
        const tempFilePaths = res.tempFilePaths;
        wx.uploadFile({//开始上传文件
            url: 'https://example.weixin.qq.com/upload', //仅为示例，非真实的
                                                        //接口地址
            filePath: tempFilePaths[0],//设置文件地址
            name: 'file',
            formData: {
                'user': 'test'
            },
            success: function (res) {//图片上传成功
```

```
                const data = res.data;
                //do something
            }
        });
    }
});
```

2. 下载

从服务器下载文件资源到本地：

```
wx.downloadFile({
    url: 'https://example.com/audio/123', //仅为示例，并非真实的资源
    success: function (res) {
        //只要服务器有响应数据，就把响应内容写入文件并进入 success 回调
        //业务需要自行判断是否下载了想要的内容
        if (res.statusCode === 200) {
            let filePath = res.tempFilePath; //下载成功的文件路径
        }
    }
});
```

3. 请求

发起 HTTPS 网络请求：

```
wx.request({
    url: 'test.php', //仅为示例，并非真实的接口地址
    data: {//请求参数
        x: ''
    },
    header: {//请求头
        'content-type': 'application/json' //默认值
    },
    success: function (res) {//请求成功
        console.log(res.data);
        //请求成功后，这里将收到服务器返回的数据
    },
    fail: function (res) {//请求失败
        console.log(res)
```

```
        //请求失败后，这里将收到失败信息，包括状态码、错误消息等
    }
});
```

6.4.2 数据缓存

微信小程序的数据缓存主要是使用 localStorage 实现的：

```
wx.clearStorage();//清空所有数据，异步处理
wx.clearStorageSync();//清空所有数据，同步处理

wx.getStorage({//获取数据，异步处理
    key: 'key',
    success: function (res) {
        console.log(res.data);
    }
});
let data = wx.getStorageSync('key');//获取数据，同步处理

wx.removeStorage({//移除数据，异步处理
    key: 'key',
    success: function (res) {
        console.log(res.data);
    }
});
wx.removeStorageSync('key');//移除数据，同步处理

wx.setStorage({//保存数据，异步处理
    key: 'key',
    value: 'value'
});
wx.setStorageSync('key', 'value');//保存数据，同步处理
```

6.4.3 位置

获取当前的地理位置、速度。当用户离开小程序后，此接口无法调用：

```
wx.getLocation({
```

```
    type: 'wgs84',
    success: function (res) {
        const latitude = res.latitude;
        const longitude = res.longitude;
        const speed = res.speed;
        const accuracy = res.accuracy;
    }
});
```

6.4.4 设备

1. 网络

获取用户网络状态：

```
wx.getNetworkType({
    success: function (res) {
        const networkType = res.networkType;
    }
});
```

2. 电话

拨打电话：

```
wx.makePhoneCall({
    phoneNumber: '1340000' //仅为示例，并非真实的电话号码
});
```

3. 扫码

```
wx.scanCode({ //允许从相机和相册扫码
    success: function (res) {
        console.log(res);
    }
})

wx.scanCode({ //只允许从相机扫码
    onlyFromCamera: true,
    success: function (res) {
```

```
        console.log(res);
    }
});
```

6.4.5 开放接口

1. 授权

向用户发起授权请求。调用后会立刻弹窗询问用户是否同意授权小程序使用某项功能或获取用户的某些数据，但不会实际调用对应接口。如果用户之前已经同意授权，则不会出现弹窗，直接返回成功。

```
//可以通过 wx.getSetting 先查询一下用户是否授权了"scope.record"这个 scope
wx.getSetting({
    success: function (res) {
        if (res.authSetting['scope.record']) {//已授权
            //用户已经同意小程序使用录音功能，不会弹窗询问
            wx.startRecord();
        } else {//没有权限
            wx.authorize({//请求权限会弹窗询问
                scope: 'scope.record',
                success: function () {
                    //用户已经同意小程序使用录音功能，后续调用 wx.startRecord 接口
                    //不会弹窗询问
                    wx.startRecord();
                }
            });
        }
    }
});
```

微信小程序中常用的 scope 如表 6-5 所示。

表 6-5

scope	对 应 接 口	描 述
scope.userInfo	wx.getUserInfo	用户信息
scope.userLocation	wx.getLocation、wx.chooseLocation、wx.openLocation	地理位置
scope.address	wx.chooseAddress	通信地址

2. 支付

发起微信支付：

```
 wx.requestPayment({
    timeStamp: '',     //从服务器端获取
    nonceStr: '',      //从服务器端获取
    package: '',       //从服务器端获取
    signType: '',      //从服务器端获取
    paySign: '',       //从服务器端获取
    success: function (res) {
        //支付成功
    },
    fail: function (res) {
        //支付失败
    }
 });
```

3. 小程序跳转

小程序之间相互跳转：

```
wx.navigateToMiniProgram({  //打开另一个小程序
    appId: '',  //要打开的小程序 appId
    path: 'page/index/index?id=123',//打开的页面路径，如果为空则打开首页
    extraData: {  //需要传递给目标小程序的数据
        foo: 'bar'
    },
    envVersion: 'develop',
    success: function (res) {
        //打开成功
    }
});

wx.navigateBackMiniProgram({//返回上一个小程序
    extraData: {  //需要返回给上一个小程序的数据
        foo: 'bar'
    },
    success: function (res) {
        //返回成功
    }
});
```

4. 数据分析

自定义分析数据上报接口。使用前，需要在小程序管理后台自定义分析中新建事件，配置好事件名与字段。

```
wx.reportAnalytics('purchase', {
    price: 120,
    color: 'red'
});
```

6.4.6 更新

用于检查并管理小程序的更新：

```
//微信小程序检查更新
const updateManager = wx.getUpdateManager();
updateManager.onCheckForUpdate(function (res) {
    //请求完新版本信息的回调
    console.log("onCheckForUpdate:" + res.hasUpdate);
});

updateManager.onUpdateReady(function () {
    //updateManager 会自动下载更新
    //新的版本已经下载好，调用 applyUpdate 应用新版本并重启
    console.log("onUpdateReady");
    updateManager.applyUpdate();
});

updateManager.onUpdateFailed(function () {
    //新的版本下载失败
    console.log("onUpdateFailed");
});
```

小结：

这里仅仅分析了常用的 API，其他开放 API 的介绍可以在微信公众平台→小程序开发→API 中找到。

第 7 章 微信小程序实战

本章我们将进入微信小程序实战的部分，下面通过开发一个图书商城的例子来介绍微信小程序的开发流程。

7.1 项目结构

首先使用微信开发者工具创建一个项目，并选中左上角编辑器的按钮，如图 7-1 所示。

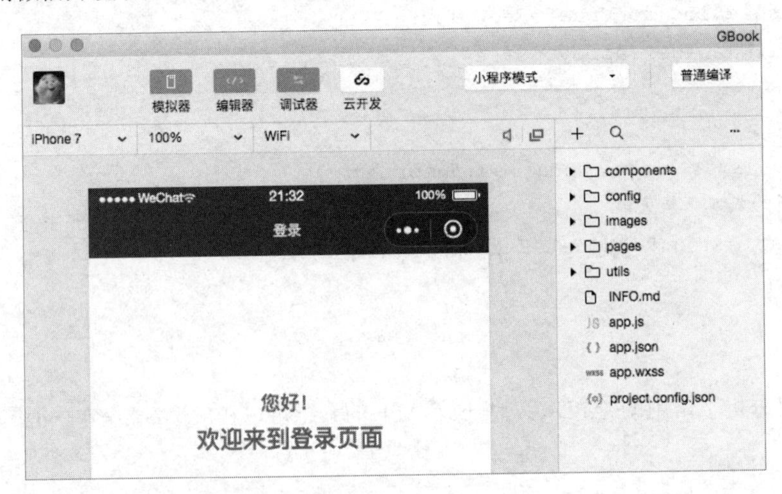

图 7-1

图 7-1 就是我们创建好的项目的目录，其中：

- `pages` 目录用于存放 App 页面，比如 index、logs。
- `utils` 目录用于存放工具类方法。
- `app.js` 文件是小程序的全局环境，在小程序初始化完成时回调，全局只回调一次。
- `app.json` 文件用来对小程序进行全局配置，决定页面文件的路径、窗口表现，以及设置网络超时时间、设置多 tab 等。
- `app.wxss` 文件用来定义小程序的全局样式，作用于每一个页面。
- `project.config.json` 文件是项目的配置文件，存放开发小程序的环境版本、appid、项目名称等。

只有上面的两个目录是不够用的，我们可以多创建几个目录来管理代码，如图 7-2 所示。

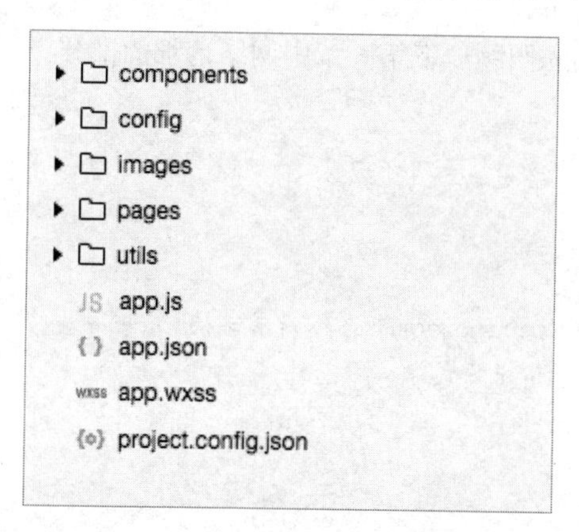

图 7-2

- `components` 目录用于存放自定义的组件（注：该项目暂未用到）。
- `config` 目录中用于存放项目的各种配置。
- `images` 目录中用于存放图片资源。

7.2　项目实战

接下来进入项目实战部分，图书商城的需求主要分为以下几个部分，如图 7-3 所示。

图书商城主要有登录与注册页面、首页、个人中心页面、图书详情页面、收藏页面。下面我们将一一介绍它们是如何实现的。

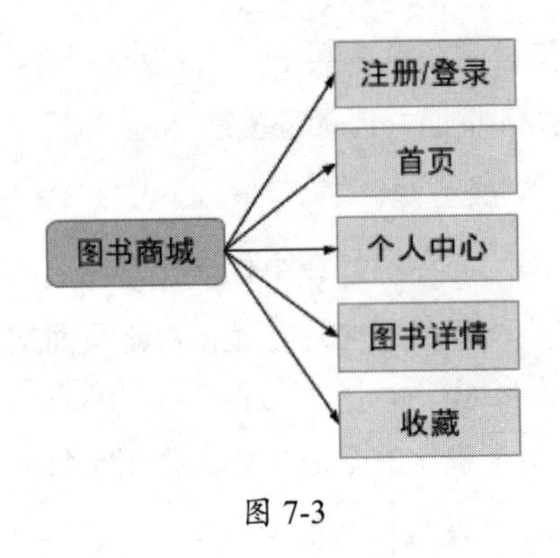

图 7-3

7.2.1 数据请求

在开始实战之前，我们先回顾一下第 6 章中网络请求的部分。示例代码如下：

```
wx.request({
    header: {//自定义响应头
        xxx: "xxx"
    },
    url: "https://www.xxx.com", //请求链接
    method: "GET",//请求方式
    data: {//请求参数
        xxx: "xxx"
    },
    success: function (res) {
        //处理响应成功
    },
    fail: function (error) {
        //处理响应失败
    }
});
```

所有通过网络获取的数据都可以使用该方式请求数据。需要注意的是，服务器域名仅支持 HTTPS，域名不能使用 IP 或 localhost，域名必须经过 ICP 备案。HTTPS 的配置和域名备案不在本书讨论的范围中，所以数据的获取使用本地数据来模拟。

7.2.2 登录与注册页面

我们先实现注册页面与登录页面，由于登录页面与注册页面很相似，所以这里仅展示注册页面的实现过程。先来看一下两个页面效果，如图 7-4 所示。

图 7-4

通过效果图可以看到，注册页面主要由 Logo、标题、输入框和注册按钮 4 部分组成。我们先来看一下注册页面结构图，如图 7-5 所示。

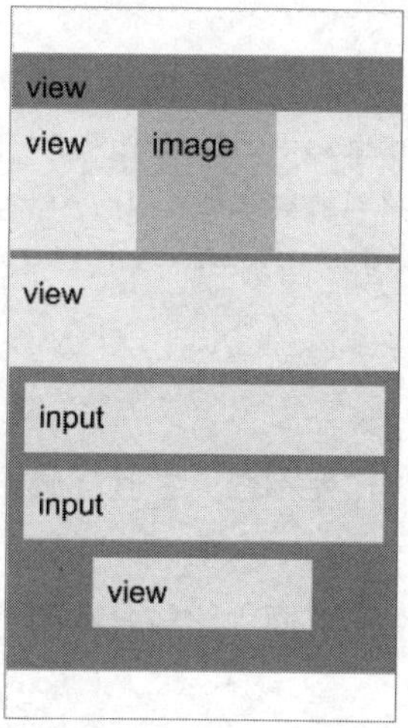

view
view image
view
input
input
view

图 7-5

从页面结构图可以看出，整个页面需要有一个大容器 view，水平和垂直方向都居中。容器中第一部分需要一个 view 作为 image 的父容器使 Logo 水平居中。容器中第二部分为标题和描述，下面是两个 input 输入框和一个注册按钮。我们先来看一下注册页面的结构代码：

```
<!-- pages/sign-up/sign-up.wxml -->

<view>
    <view class="container">
        <view class="logo-container">
            <image class="logo" src="/images/sign_up/bg_avatar_2x.png"
aspectFill />
        </view>
        <view class="tips-container">
            <text class="title">您好! </text>
            <view class="tips">欢迎来到注册页面</view>
        </view>
        <!-- bindinput 键盘输入时触发，用于接收键盘输入的值 -->
        <input class="input-username"
               placeholder="请输入用户名"
               auto-focus
               confirm-type="next"
               bindinput="onUsernameInput" />
        <input class="input-password"
               placeholder="请输入密码"
               password
               confirm-type="done"
               bindinput="onPasswordInput" />
        <!-- bindtap 当用户点击时触发绑定的函数 -->
        <view class="btn-sign-up" bindtap="toSignUp"></view>
    </view>
</view>
```

由于微信小程序系统的控件可操作性不强，并且样式无法覆盖，所以这里使用 view 来实现按钮的效果。

大容器水平和垂直方向居中是注册页面中比较复杂的部分，我们来看一下它是怎么实现的：

```
/* pages/sign-up/sign-up.wxss */
```

```
.container {
    /* 设置为绝对定位 */
    position: absolute;
    top: 50%;
    left: 50%;
    /* 使用 transform 将 image 向上和向左偏移 50%*/
    transform: translate(-50%, -50%);
    width: 100%;
    padding: 0 80rpx;
}
```

通过CSS可以看到，只需要设置容器尺寸并设置为绝对定位，设置上边和左边各为自身50%的距离，最后使用 transform 将自身向上和向左各偏移 50%，这样容器就在页面中水平和垂直方向居中了。

接下来我们来看一下 Logo 是怎么居中的：

```
/* pages/sign-up/sign-up.wxss */

.logo-container {
    text-align: center;
}

.logo {
    width: 200rpx;
    height: 200rpx;
}
```

通过前面的章节学习，我们知道 image 标签属于行内标签，所以只需要在其父容器中设置 text-align: center;就可以了。

最后我们来看一下注册页面的业务逻辑处理：

```
// pages/sign-up/sign-up.js
import config from '../../config/config.js';

Page({
```

```
data: {
    username: "",
    password: ""
},
onUsernameInput: function (e) {//当用户名输入框有内容输入时被回调
    this.setData({//将输入内容保存到 username 中
        username: e.detail.value
    });
},
onPasswordInput: function (e) {//当密码输入框有内容输入时被回调
    this.setData({//将输入内容保存到 password 中
        password: e.detail.value
    });
},
toSignUp: function () {//当注册按钮点击时被调用
    if (!this.data.username) {//用户名为空，提示用户输入用户名
        wx.showToast({
            title: "请输入用户名！",
            icon: "none",
            mask: true
        });
        return;
    }
    if (!this.data.password) {//密码为空，提示用户输入密码
        wx.showToast({
            title: "请输入密码！",
            icon: "none",
            mask: true
        });
        return;
    }
    //分别将用户名，密码保存到 local storage 中
    wx.setStorageSync(config.cacheKey.username, this.data.username);
    wx.setStorageSync(config.cacheKey.password, this.data.password);
    wx.showToast({
```

```
            title: "注册成功请登录",
            icon: "success",
            mask: true
        });
        wx.reLaunch({//关闭所有页面，并打开登录页面
            url: '/pages/sign-in/sign-in'
        });
    }
})
```

config.js 中的代码如下：

```
// pages/config/config.js

module.exports = {
    cacheKey: { //配置缓存中的 key，方便统一管理
        userInfo: "userInfo",
        username: "username",
        password: "password",
        favoriteBooks: "favoriteBooks",
    }
};
```

由于登录页面与注册页面比较相似，这里不再赘述。

7.2.3　首页

接下来我们实现首页页面，先来看一下效果图，如图 7-6 所示。

通过效果图可以看到，首页页面主要分为上下两个部分，上面部分主要是导航菜单，下面部分是一个列表。我们看一下拆分后的页面结构图，如图 7-7 所示。

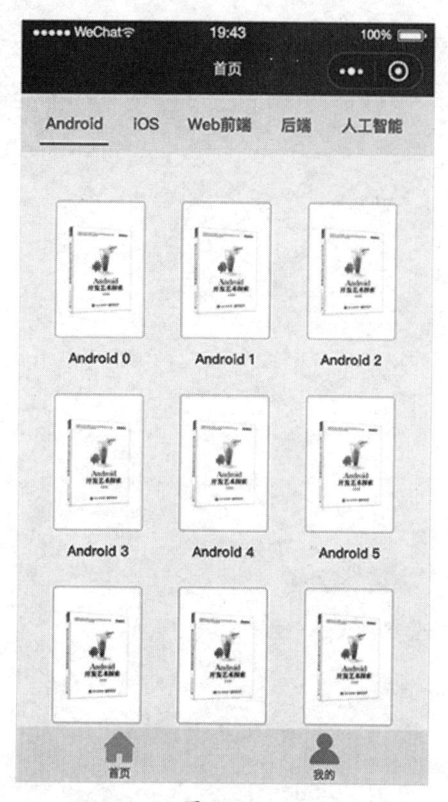

图 7-6

图 7-7

从页面结构图可以看出，首页页面需要一个导航菜单和一个滑动列表。我们先来看一下首页页面的结构代码：

```
<!-- pages/home/home.wxml -->

<view>
  <!-- 导航菜单 -->
  <!-- 使用scroll-view实现x轴滑动-->
  <scroll-view scroll-x="{{true}}">
      <!-- 更具tabList数量动态计算导航栏的宽度 -->
      <view class="tab-menu" style="width:{{tabList.length*150}}rpx;">
          <!-- 使用for循环遍历生成item的view -->
          <view class="item {{currentTabIndex==index?'active':''}}"
                wx:for="{{tabList}}"
                data-item="{{item}}"
                data-index="{{index}}"
```

```
                wx:key="index"
                bindtap="onTabItemClick">
              {{item.name}}
          </view>
        </view>
    </scroll-view>
    <!-- 滑动列表 -->
    <view class="list-container">
        <!-- 使用 for 循环遍历生成 item 的 view -->
        <view class="item"
            wx:for="{{dataList[currentTabIndex]}}"
            data-item="{{item}}"
            wx:key="index"
            bindtap="onItemClick">
          <view class="cover">
            <image src="{{item.image}}" scaleToFill />
          </view>
          <view class="name">{{item.name}}</view>
        </view>
    </view>
</view>
```

由于微信小程序没有系统的导航菜单，这里需要自定义一个导航菜单，导航菜单使用scroll-view来实现，具体实现见下面的代码。我们先来看一下导航菜单的样式实现：

```
/* pages/home/home.wxss */

.tab-menu {
    min-width: 750rpx;
    height: 104rpx;
    background-color: #EAE9E7;
    /* 使用 Flex 布局 */
    display: flex;
    /* 方向为纵向 */
    flex-direction: row;
    /* 设置为不可换行 */
    flex-wrap: nowrap;
    /* 从左边开始布局 */
```

```
    justify-content: flex-start;
    /* 垂直居中 */
    align-content: center;
    align-items: center;
    padding: 0 34rpx;
}

.tab-menu .item {
    height: 74rpx;
    line-height: 74rpx;
    padding: 0 10rpx;
    margin-right: 34rpx;
    font-size: 28rpx;
    font-family: SourceHanSansCN-Medium;
    font-weight: bold;
    color: rgba(99, 99, 98, 1);
}

.tab-menu .active {
    border-bottom: #636362 solid 4rpx;
}
```

可以看到导航菜单使用了 `Flex` 布局，这也是前面章节介绍过的知识，不清楚的读者可以回顾一下前面的章节。这里需要注意的就是在页面结构代码中根据 `tableList` 动态计算宽度的部分。

我们接着来看滑动列表的实现，基于小程序的特性我们只需要使用 `Flex` 进行布局，将每个 `item` 追加到页面上即可，当页面 item 数量足够多时就会把页面撑开，页面也就可以滚动了。我们来看一下滑动列表的样式实现：

```
/* pages/home/home.wxss */

.list-container {
    width: 100%;
    padding: 60rpx 0 60rpx 60rpx;
    /* 使用 Flex 布局 */
    display: flex;
    /* 方向为纵向 */
```

```
    flex-direction: row;
    /* 设置为可换行 */
    flex-wrap: wrap;
    /* 从左边开始布局 */
    justify-content: flex-start;
    /* 垂直居中 */
    align-content: center;
    align-items: center;
}

.list-container .item {
    /* 这里使用到了CSS中的calc计算函数，详见下面的介绍 */
    width: calc((100% - 180rpx) / 3);
    margin-right: 60rpx;
    margin-top: 20rpx;
    border-radius: 10rpx;
    padding: 5rpx;
}

.list-container .item .cover {
    width: 100%;
    height: 240rpx;
    border: 2rpx solid #B9B9BB;
    background-color: #ffffff;
    border-radius: 6rpx;
}

.list-container .item .cover image {
    width: 100%;
    height: 100%;
}

.list-container .item .name {
    text-align: center;
    height: 70rpx;
    font-size: 24rpx;
    font-family: SourceHanSansCN-Medium;
    font-weight: 500;
```

```
    color: rgba(52, 52, 52, 1);
    line-height: 70rpx;
}
```

注：calc() = calc（四则运算），用于动态计算长度值。

- 需要注意的是，运算符前后都需要保留一个空格，例如：`width: calc(100% - 10px);`
- 任何长度值都可以使用 calc()函数进行计算；
- calc()函数支持“+”、“-”、“*”、“/”运算；
- calc()函数使用标准的数学运算优先级规则。

最后我们来看一下首页页面的业务逻辑处理：

```
// pages/home/home.js
import config from '../../config/config.js';
import data from '../../utils/data.js';

Page({
    data: {
        tabList: [],
        currentTabIndex: 0, //当前选择的 tab
        dataList: []
    },
    onLoad: function (options) {
        //读取用户登录信息
        let userInfo = wx.getStorageSync(config.cacheKey.userInfo);
        if (userInfo) { //如果用户已登录，则直将用户信息保存到全局变量中
            getApp().globalData.userInfo = userInfo;
            this.toLoadData();
        } else {
            wx.reLaunch({ //如果用户未登录，则直接跳转至登录页面
                url: "/pages/sign-in/sign-in"
            });
        }
    },
    toLoadData: function () {
        this.setData({
            tabList: data.tabList,
```

```
            dataList: data.dataList
        });
    },
    onTabItemClick: function (e) {
        console.error(e);
        let item = e.currentTarget.dataset.item;
        let index = e.currentTarget.dataset.index;
        this.setData({
            currentTabIndex: index
        });
    },
    onItemClick: function (e) {
        let item = e.currentTarget.dataset.item;
        wx.navigateTo({ //通过URL传递参数，是不是跟HTML很像?
            url: "/pages/detail/detail?id=" + item.id + "&name=" + item.name
        });
    }
});
```

首页页面底部有一条 tabbar，tabbar 需要在 app.json 中配置：

```
{
    "...": "省略非主要部分",
    "tabBar": {
        "color": "#636362",
        "selectedColor": "#636362",
        "backgroundColor": "#EAE9E7",
        "borderStyle": "white",
        "list": [
            {
                "pagePath": "pages/home/home",
                "iconPath": "images/tabbar/ic_home_normal_2x.png",
                "selectedIconPath": "images/tabbar/ic_home_selected_2x.png",
                "text": "首页"
            },
            {
                "pagePath": "pages/mine/mine",
                "iconPath": "images/tabbar/ic_mine_normal_2x.png",
```

```
                    "selectedIconPath": "images/tabbar/ic_mine_selected_2x.png",
                    "text": "我的"
                }
            ]
        }
    }
```

7.2.4 个人中心页面

接下来我们实现个人中心页面，先来看一下效果图，如图 7-8 所示。

通过效果图可以看到，个人中心页面主要分为两大部分，上面的个人信息部分和下面的滑动列表部分。我们看一下拆分后的页面结构图，如图 7-9 所示。

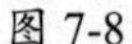

图 7-8

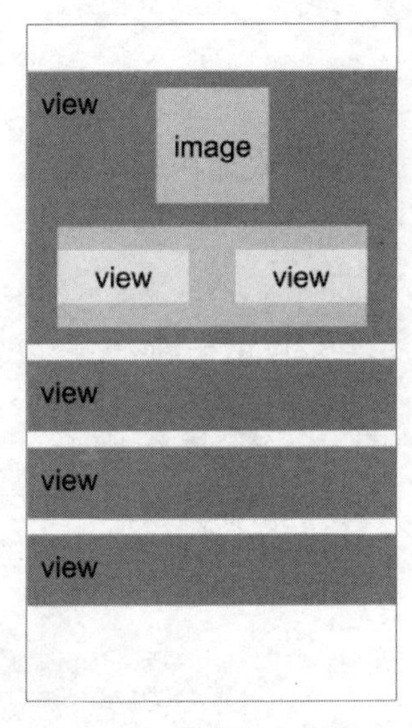

图 7-9

从页面结构图我们可以看出：个人信息展示部分需要一个父容器，头像水平居中。头像下面是推荐卡部分，可以使用 Flex 布局来实现推荐卡。下面是功能列表，比较简单。我们先来看一下个人中心页面的结构代码：

```
<!-- pages/mine/mine.wxml -->
```

```
<view>
    <!-- 个人信息 -->
    <view class="info-container">
        <view class="username">{{userInfo.username}}</view>
        <view class="avatar-container">
            <image class="avatar" src="/images/logo.png" aspectFill />
        </view>
    <!-- 推荐卡 -->
        <view class="card-container">
            <view class="left">
                <view class="title">强力推荐卡</view>
                <view class="tips">最给力的书单都在这里</view>
            </view>
            <view class="button"></view>
        </view>
    </view>
    <!-- 滑动列表 -->
    <view class="list-container">
        <view class="item favorite">我想要的书籍</view>
        <view class="item collection" bindtap="toFavorite">我收藏的书籍</view>
        <view class="item settings" bindtap="toSettings">设置</view>
    </view>
</view>
```

上面的个人信息展示部分中头像居中的效果在注册页面章节已经介绍过了，现在还有印象吗？比较复杂的就是推荐卡了，我们来看一下推荐卡的样式实现：

```
/* pages/mine/mine.wxss */

.info-container .card-container {
    width: 715rpx;
    height: 280rpx;
    margin: 8rpx auto;
    background-image: url(https://raw.githubusercontent.com/jeanboydev/
GBook/master/images/mine/bg_mine_hot_2x.png);
    background-repeat: no-repeat;
    background-size: 715rpx 280rpx;
    /* 使用 Flex 布局 */
```

```
    display: flex;
    /* 方向为纵向 */
    flex-direction: row;
    /* 设置为可换行 */
    flex-wrap: wrap;
    /* 水平居中 */
    justify-content: center;
    /* 垂直居中 */
    align-content: center;
    align-items: center;
}

.info-container .card-container .title {
    font-size: 33rpx;
    font-family: SourceHanSansCN-Medium;
    font-weight: bold;
    color: rgba(255, 255, 255, 1);
    line-height: 64rpx;
}

.info-container .card-container .tips {
    font-size: 28rpx;
    font-family: SourceHanSansCN-Medium;
    font-weight: 500;
    color: rgba(255, 255, 255, 1);
    line-height: 64rpx;
}

.info-container .card-container .button {
    margin-left: 120rpx;
    width: 203rpx;
    height: 63rpx;
    background-image: url(https://raw.githubusercontent.com/jeanboydev/
GBook/master/images/mine/btn_get_2x.png);
    background-repeat: no-repeat;
    background-size: 203rpx 63rpx;
}
```

通过 CSS 可以看到，头像居中效果依然是在其父容器中设置为 text-align: center;实现的。推荐卡的效果也是前面介绍过的 Flex 布局的应用。

接下来我们来看一下功能列表的实现：

```
/* pages/mine/mine.wxss */

.list-container {
    width: 100%;
}

.list-container .item {
    width: 100%;
    height: 160rpx;
    padding: 0 91rpx;
    line-height: 160rpx;
    margin-top: 16rpx;
    background-color: rgba(255, 255, 255, 1);
    font-size: 28rpx;
    font-family: SourceHanSansCN-Medium;
    font-weight: 500;
    color: rgba(99, 99, 98, 1);
}

.list-container .favorite {
    background-image: url(https://raw.githubusercontent.com/jeanboydev/
GBook/master/images/mine/ic_favorite_2x.png);
    background-repeat: no-repeat;
    background-size: 44rpx 38rpx;
    background-position: 31rpx center;
}

.list-container .collection {
    background-image: url(https://raw.githubusercontent.com/jeanboydev/
GBook/master/images/mine/ic_collect_2x.png);
    background-repeat: no-repeat;
    background-size: 30rpx 41rpx;
    background-position: 31rpx center;
}
```

```
.list-container .settings {
    background-image: url(https://raw.githubusercontent.com/jeanboydev/
GBook/master/images/mine/ic_agree_2x.png);
    background-repeat: no-repeat;
    background-size: 43rpx 43rpx;
    background-position: 31rpx center;
}
```

是不是很简单？都是很常见的 CSS 样式组合。这里有一点是需要注意的，在微信小程序中 `<image>`标签和 `background-image` 都可以用来展示图片，但只有`<image>`的 `src` 属性可以写本地的路径，`background-image` 的路径只能写线上路径，使用本地链接编译会报错。

最后我们来看一下个人中心页面的业务逻辑处理：

```
// pages/mine/mine.js

Page({
    data: {
        userInfo: null
    },
    onLoad: function (options) {
        this.setData({ //读取全局数据保存到当前页面中
            userInfo: getApp().globalData.userInfo
        });
    },
    onReady: function () { },
    onShow: function () { },
    onHide: function () { },
    onUnload: function () { },
    toFavorite: function () {
        wx.navigateTo({
            url: '/pages/favorite/favorite'
        });
    },
    toSettings: function () {
        wx.navigateTo({
            url: '/pages/settings/settings'
        });
    }
})
```

7.2.5 图书详情页面

接下来我们实现图书详情页面，先看一下效果图，如图 7-10 所示。

通过效果图可以看到，页面主要分为图书封面、图书标题、图书介绍、图书评论、底部评论框 5 部分。接下来我们看一下页面结构图，一步一步实现它，如图 7-11 所示。

图 7-10

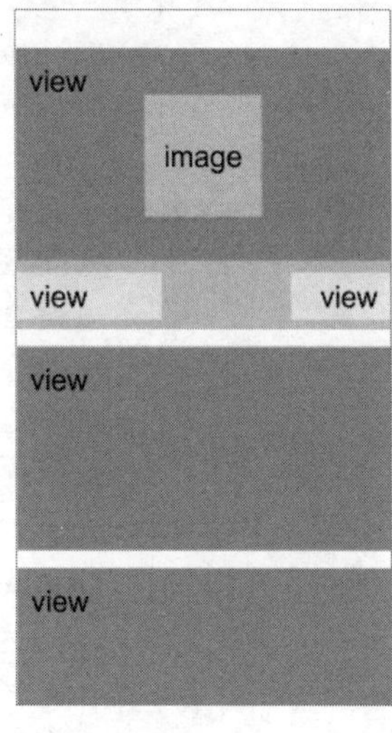

图 7-11

从页面结构中可以看出：图书封面需要一个 view 父容器，中间 image 水平和垂直方向居中显示；图书标题需要一个 view 父容器，标题居左、收藏居右显示；图书介绍只需要一个容器直接展示内容即可；图书评论需要一个 view 父容器，每条评论也需要一个父容器单独布局；底部评论框需要一个 view 父容器，输入框居左、按钮居右显示。

分析完页面结构，我们来看一下图书详情页面的结构代码：

```
<!-- pages/detail/detail.wxml -->
<view>
  <!-- 图书封面 -->
  <view class="cover">
      <image src="{{bookInfo.image}}" mode="aspectFit" />
  </view>
  <!-- 图书标题 -->
  <view class="title-container">
      <view class="title">{{bookInfo.name}}</view>
      <view class="favorite {{isMarked?'selected':'normal'}}"
```

```
                bindtap="toFavorite">
              {{isMarked?'已收藏':'收藏'}}
          </view>
      </view>
      <!-- 图书介绍 -->
      <view class="introduce">{{bookInfo.introduce}}</view>
      <!-- 图书评论 -->
      <view class="comment-title-container">评论</view>
      <view class="comment-info-container">
          <block wx:if="{{commentList.length>0}}">
              <view class="item"
                    wx:for="{{commentList}}"
                    data-item="{{item}}"
                    wx:key="index"
                    bindtap="onItemClick">
                  <view class="avatar"></view>
                  <view class="right">
                      <view class="text">
                          <view class="username">{{item.username}}</view>
                          <view class="content">{{item.content}}</view>
                      </view>
                      <view class="agree">0</view>
                  </view>
              </view>
          </block>
          <view wx:else>暂无评论</view>
      </view>
    </view>
    <!-- 底部评论框 -->
    <view class="comment-container">
      <input class="input-comment"
            placeholder="请输入评论信息"
            confirm-type="done"
            bindinput="onCommentInput"
            value="{{currentComment}}" />
      <button class="btn-submit" bindtap="toSubmitComment">完成</button>
    </view>
```

我们来看一下图书封面是怎么实现的：

```
/* pages/detail/detail.wxss */

.cover {
    width: 100%;
    height: 414rpx;
    /* 设置为相对定位 */
    position: relative;
    background-color: #ffffff;
}

.cover image {
    width: 235rpx;
    height: 306rpx;
    /* 设置为绝对定位 */
    position: absolute;
    top: 50%;
    left: 50%;
    /* 使用 transform 将 image 向上和向左偏移 50%*/
    transform: translate(-50%, -50%);
}
```

通过 CSS 可以看到我们需要先设置父容器的尺寸并设置为相对定位，然后设置图片尺寸并设置为绝对定位，设置上边和左边各为自身 50%的距离，最后使用 `transform` 将自身向上和向左各偏移 50%，这样图片就在父容器中在水平和垂直方向居中了。这种方式是不是很熟悉？其实就是注册页面大容器居中时用的方式。

接下来我们看一下图书标题的实现方式：

```
/* pages/detail/detail.wxss */

.title-container {
    /* 使用 Flex 布局 */
    display: flex;
    /* 方向为纵向 */
    flex-direction: row;
    /* 设置为不可换行 */
    flex-wrap: nowrap;
```

```
        /* 从左右两端开始布局，中间留间隙 */
        justify-content: space-between;
        /* 垂直居中 */
        align-content: center;
        align-items: center;
        padding: 0 40rpx;
        height: 133rpx;
        background-color: #ffffff;
        border-top: 6rpx dashed rgba(130, 129, 129, 1);
    }

    .title-container .title {
        font-size: 36rpx;
        font-family: SourceHanSansCN-Medium;
        font-weight: 500;
        color: rgba(99, 99, 98, 1);
        line-height: 133rpx;
    }

    .title-container .favorite {
        height: 133rpx;
        font-size: 33rpx;
        font-family: SourceHanSansCN-Medium;
        font-weight: 500;
        color: rgba(99, 99, 98, 1);
        line-height: 133rpx;
        padding-right: 66rpx;
    }

    .title-container .normal {
        background-image: url(https://raw.githubusercontent.com/jeanboydev/
GBook/master/images/detail/ic_favorite_normal_2x.png);
        background-repeat: no-repeat;
        background-size: 46rpx 46rpx;
        background-position: right center;
    }

    .title-container .selected {
```

```
    background-image: url(https://raw.githubusercontent.com/jeanboydev/
GBook/master/images/detail/ic_favorite_selected_2x.png);
    background-repeat: no-repeat;
    background-size: 46rpx 46rpx;
    background-position: right center;
}
```

图书标题主要使用 Flex 布局来实现标题居左、收藏居右的效果。

我们接着来看图书介绍和图书评论的实现方式：

```
/* pages/detail/detail.wxss */

.introduce {
    padding: 40rpx;
    font-size: 28rpx;
    font-family: SourceHanSansCN-Medium;
    font-weight: 500;
    color: rgba(99, 99, 98, 1);
    line-height: 64rpx;
}

.comment-title-container {
    padding: 0 40rpx;
    height: 133rpx;
    background-color: #ffffff;
    font-size: 33rpx;
    font-family: SourceHanSansCN-Medium;
    font-weight: 500;
    color: rgba(99, 99, 98, 1);
    line-height: 133rpx;
    border-bottom: 6rpx dashed rgba(130, 129, 129, 1);
}

.comment-info-container {
    padding: 40rpx 40rpx 200rpx 40rpx;
    background-color: #ffffff;
    font-size: 33rpx;
    font-family: SourceHanSansCN-Medium;
```

```
    font-weight: 500;
    color: rgba(99, 99, 98, 1);
}

.comment-info-container .item {
    height: 140rpx;
    /* 使用 Flex 布局 */
    display: flex;
    flex-direction: row;
    flex-wrap: nowrap;
    justify-content: flex-start;
    align-content: center;
    align-items: center;
}

.comment-info-container .item .avatar {
    width: 89rpx;
    height: 89rpx;
    background-image: url(https://raw.githubusercontent.com/jeanboydev/
GBook/master/images/logo.png);
    background-repeat: no-repeat;
    background-size: 89rpx 89rpx;
    border-radius: 89rpx;
}

.comment-info-container .item .right {
    /* 与 Flex 布局结合使用，表示该子元素填充剩余的空间 */
    flex-grow: 1;
    margin-left: 10rpx;
    display: flex;
    flex-direction: row;
    flex-wrap: nowrap;
    justify-content: space-between;
    align-content: center;
    align-items: center;
}

.comment-info-container .item .right .text {
```

```
    /* 嵌套使用Flex布局 */
    display: flex;
    flex-direction: column;
    flex-wrap: nowrap;
    justify-content: center;
    align-content: center;
    align-items: flex-start;
}

.comment-info-container .item .right .text .username {
    font-size: 28rpx;
    font-family: SourceHanSansCN-Medium;
    font-weight: 500;
    color: rgba(130, 129, 129, 1);
}

.comment-info-container .item .right .text .content {
    font-size: 33rpx;
    font-family: SourceHanSansCN-Medium;
    font-weight: 500;
    color: rgba(99, 99, 98, 1);
    margin-top: 10rpx;
}

.comment-info-container .item .right .agree {
    font-size: 28rpx;
    font-family: SourceHanSansCN-Medium;
    font-weight: 500;
    color: rgba(130, 129, 129, 1);
    line-height: 64rpx;
    padding-right: 65rpx;
    background-image: url(https://raw.githubusercontent.com/jeanboydev/
GBook/master/images/detail/ic_agree_2x.png);
    background-repeat: no-repeat;
    background-size: 45rpx 45rpx;
    background-position: right center;
}
```

图书介绍比较简单，这里不再赘述。图书评论主要也是 Flex 布局的应用，细心的读者可以发现灵活地使用 Flex 布局，可以实现绝大部分界面结构。

我们来看一下底部评论框的实现：

```
/* pages/detail/detail.wxss */

.comment-container {
    width: 100%;
    height: 116rpx;
    background-color: #EAE9E7;
    /* 使用 fixed 定位使 view 固定在底部 */
    position: fixed;
    left: 0;
    bottom: 0;
    /* 使用 Flex 布局 */
    display: flex;
    /* 方向为纵向 */
    flex-direction: row;
    /* 设置为不可换行 */
    flex-wrap: nowrap;
    /* 从左右两端开始布局，中间留间隙 */
    justify-content: space-between;
    /* 垂直居中 */
    align-content: center;
    align-items: center;
}

.comment-container .input-comment {
    flex-grow: 1;
    height: 70rpx;
    border: 1rpx dashed #D3D0D0;
    margin-left: 20rpx;
    font-size: 28rpx;
    font-family: SourceHanSansCN-Medium;
    font-weight: 500;
    color: rgba(130, 129, 129, 1);
    line-height: 70rpx;
    padding: 0 20rpx;
```

```
    background-color: #DFDDDD;
}

.comment-container .btn-submit {
    width: 180rpx;
    height: 70rpx;
    margin: 0 20rpx;
    font-size: 36rpx;
    font-family: SourceHanSansCN-Medium;
    font-weight: 500;
    color: rgba(130, 129, 129, 1);
    line-height: 70rpx;
}
```

底部评论框也是Flex布局的应用，这里不再进行分析，读者自行分析即可。

最后我们来看一下图书详情页面的业务逻辑处理：

```
//pages/detail/detail.js
import config from '../../config/config.js';
import data from '../../utils/data.js';

Page({
    data: {
        id: '',
        bookInfo: {},
        favoriteList: [],
        isMarked: false,
        commentList: [],
        currentComment: '',
        userInfo: null,
    },
    onLoad: function (query) {
        //query是通过URL传过来的参数的集合
        if (query.id && query.name) { //处理是否有id和name
            //匹配模拟数据
            let bookInfo = {};
            if (query.id.indexOf('android_') != -1) {
```

```
        bookInfo = data.detail.androidBookInfo;
    } else if (query.id.indexOf('ios_') != -1) {
        bookInfo = data.detail.iosBookInfo;
    } else if (query.id.indexOf('fe_') != -1) {
        bookInfo = data.detail.feBookInfo;
    } else if (query.id.indexOf('backend_') != -1) {
        bookInfo = data.detail.backendBookInfo;
    } else if (query.id.indexOf('ai_') != -1) {
        bookInfo = th.data.aiBookInfo;
    }
    bookInfo.id = query.id;
    bookInfo.name = query.name;
    this.setData({
        id: query.id,
        bookInfo: bookInfo
    });
}
//读取已经收藏的图书列表
let favoriteBooks = wx.getStorageSync(config.cacheKey.favoriteBooks);
if (favoriteBooks) {
    this.setData({
        favoriteList: favoriteBooks
    });
    this.setData({ //更新收藏状态
        isMarked: this.isMarked()
    });
}
//读取评论列表
let commentList = wx.getStorageSync(this.data.id);
if (commentList) {
    this.setData({
        commentList: commentList
    });
}
let userInfo = wx.getStorageSync(config.cacheKey.userInfo);
if (userInfo) {
    this.setData({
```

```
            userInfo: userInfo
        });
    }
},
toFavorite: function () { //收藏按钮点击
    if (this.isMarked()) { //如果图书已被收藏，则取消收藏
        let favoriteList = this.data.favoriteList;
        // indexOf 返回已经收藏的图书在 list 中的下标
        // splice(0,1); splice 函数有两个参数，第一个表示从哪个坐标开始删除，第
        // 二个表示删除多少个
        favoriteList.splice(favoriteList.indexOf(this.data.bookInfo), 1);
        //更新收藏列表
        wx.setStorageSync(config.cacheKey.favoriteBooks, favoriteList);
        this.setData({
            favoriteList: favoriteList,
            isMarked: this.isMarked()
        });
    } else { //如果图书未被收藏，则执行收藏
        let favoriteList = this.data.favoriteList;
        //push(); push 函数的作用是将元素追加到数组末尾
        favoriteList.push(this.data.bookInfo);
        //更新收藏列表
        wx.setStorageSync(config.cacheKey.favoriteBooks, favoriteList);
        this.setData({
            favoriteList: favoriteList,
            isMarked: this.isMarked()
        });
    }
},
isMarked: function () { //判断当前图书有没有被收藏过
    for (let book of this.data.favoriteList) {
        if (book.id == this.data.id) {
            return true;
        }
    }
    return false;
},
```

```
    onCommentInput: function (e) { //当评论输入框输入内容时回调
        this.setData({
            currentComment: e.detail.value
        });
    },
    toSubmitComment: function () { //保存评论
        if (!this.data.currentComment) return;
        let comment = {
            username: this.data.userInfo.username,
            content: this.data.currentComment
        };
        let commentList = wx.getStorageSync(this.data.id);
        if (!commentList) {
            commentList = [];
        }
        commentList.push(comment);
        this.setData({
            commentList: commentList
        });
        wx.setStorageSync(this.data.id, commentList);
        this.setData({
            currentComment: ''
        });
    }
})
```

7.2.6 收藏页面

接下来我们实现商城的图书收藏页面，先看一下效果图，如图 7-12 所示。

通过页面效果图可以看到，收藏页面只有一个滑动列表。我们看一下页面结构图，如图 7-13 所示。

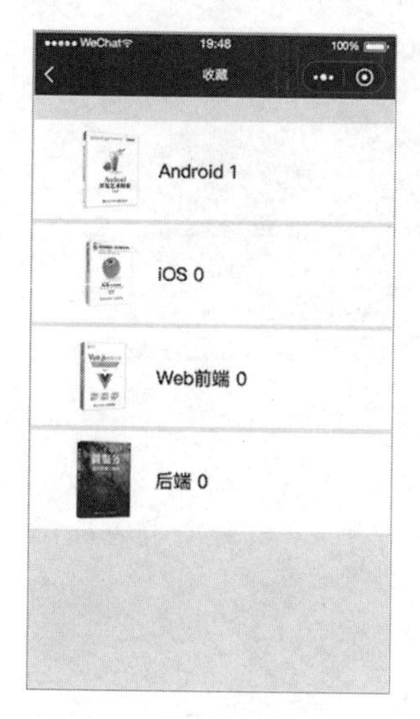

图 7-12

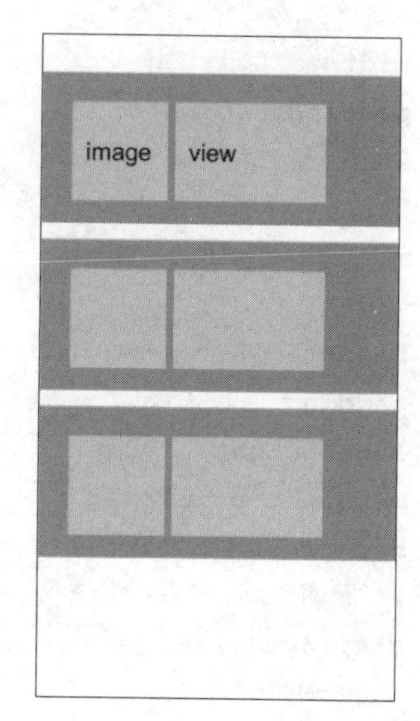

图 7-13

收藏页面整体比较简单，只需要对其中一个 item 进行布局就行了。我们先来看一下收藏页面的结构代码：

```
<!-- pages/favorite/favorite.wxml -->
<view>
  <view class="list-container">
      <!-- 使用 for 循环遍历生成 item 的 view -->
      <view class="item"
            wx:for="{{dataList}}"
            data-item="{{item}}"
            wx:key="index"
            bindtap="onItemClick">
         <image class="cover" src="{{item.image}}" aspectFill />
         <view class="title">{{item.name}}</view>
      </view>
  </view>
</view>
```

item 的布局也是 Flex 布局的应用，我们来看一下具体实现：

```
/* pages/favorite/favorite.wxss */

.list-container {
```

```
    width: 100%;
    padding: 40rpx 0;
}

.list-container .item {
    width: 100%;
    height: 200rpx;
    padding: 0 80rpx;
    line-height: 200rpx;
    margin-top: 10rpx;
    background-color: #ffffff;
    /* 使用Flex布局 */
    display: flex;
    /* 方向为纵向 */
    flex-direction: row;
    /* 设置为不可换行 */
    flex-wrap: nowrap;
    /* 从左边开始布局 */
    justify-content: flex-start;
    /* 垂直居中 */
    align-content: center;
    align-items: center;
}

.list-container .item .cover {
    width: 160rpx;
    height: 160rpx;
}

.list-container .item .title {
    margin-left: 20rpx;
}
```

最后我们看一下收藏页面的业务逻辑处理：

```
// pages/favorite/favorite.js
import config from '../../config/config.js';
```

```
Page({
    data: {
        dataList: []
    },
    onLoad: function (query) {
        //读取收藏的图书列表
        let favoriteBooks = wx.getStorageSync(config.cacheKey.favoriteBooks);
        this.setData({
            dataList: favoriteBooks
        });
    },
    onItemClick: function (e) {//图书点击跳转到详情页
        let item = e.currentTarget.dataset.item;
        wx.navigateTo({
            url: "/pages/detail/detail?id=" + item.id + "&name=" + item.name
        });
    }
})
```

7.3　打包上线

本节我们介绍怎么打包上线开发好的小程序。

7.3.1　上传代码

项目开发完成后就可以上传代码了，在微信开发者工具右上角可以找到上传按钮，点击“上传”按钮后再点击“确定”按钮，如图 7-14 所示。

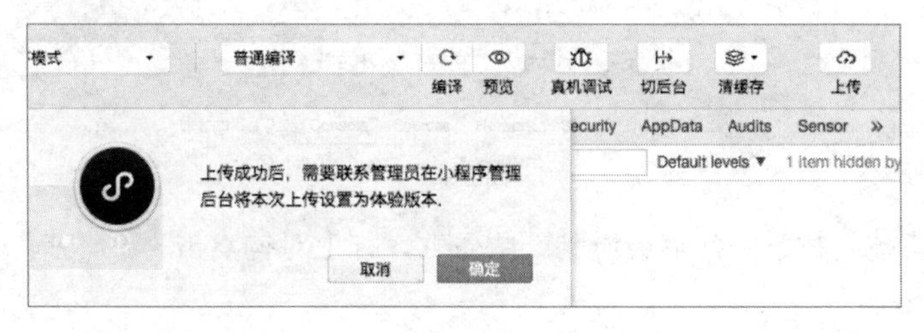

图 7-14

下面需要填写上传的版本信息，填写相关信息后点击“上传”即可，如图 7-15 所示。

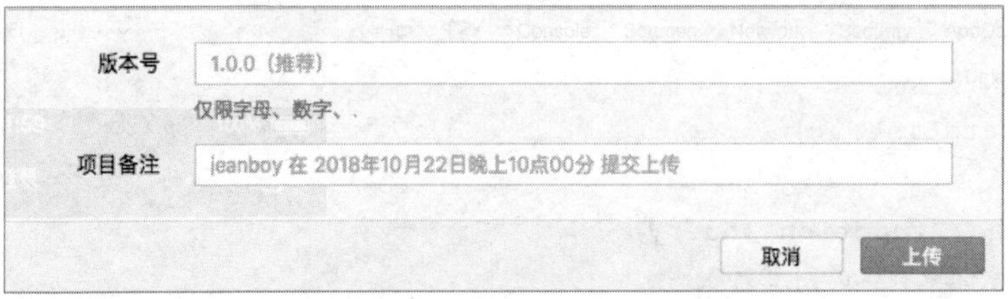

版本号
1.0.0（推荐）
仅限字母、数字、.
项目备注
jeanboy 在 2018年10月22日晚上10点00分 提交上传
取消
上传

图 7-15

7.3.2 提交审核

代码上传后，我们需要登录到微信公众平台。在微信公众平台的左侧找到开发管理，如图 7-16 所示。

微信公众平台 | 小程序
首页
开发管理
用户身份

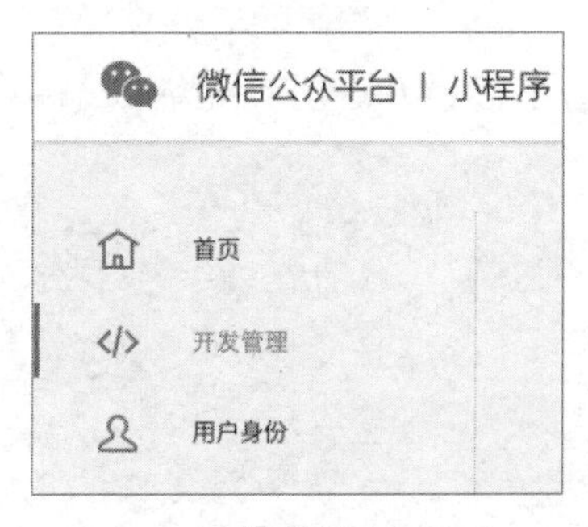

图 7-16

点击“开发管理”之后，我们在底部可以看到刚才上传的代码，如图 7-17 所示。

开发版本
版本号
1.0.0
开发者
jeanboy
提交时间
2018-09-08 20:58:00
描述
jeanboy 在 2018/9/8 下午8:58:33 提交上传
提交审核

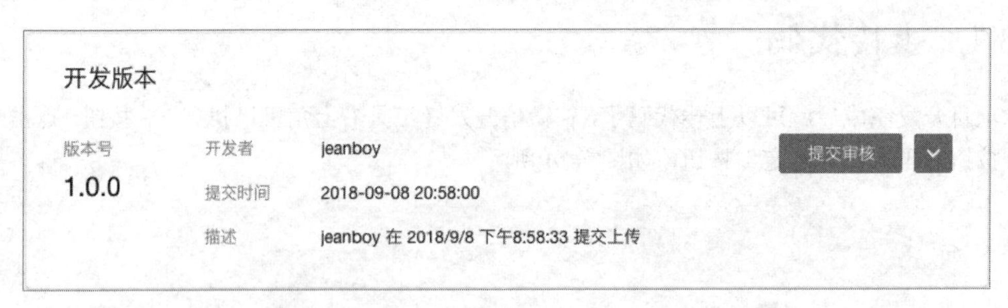

图 7-17

点击“提交审核”按钮，然后会看到一些条款，打上对钩点击“下一步”按钮，如图 7-18 所示。

到这里需要我们填写一些信息，选中首页页面路径，也就是 `app.json` 中 `pages` 下的第一个路径。填写完信息点击“提交审核”按钮，如图 7-19 所示。

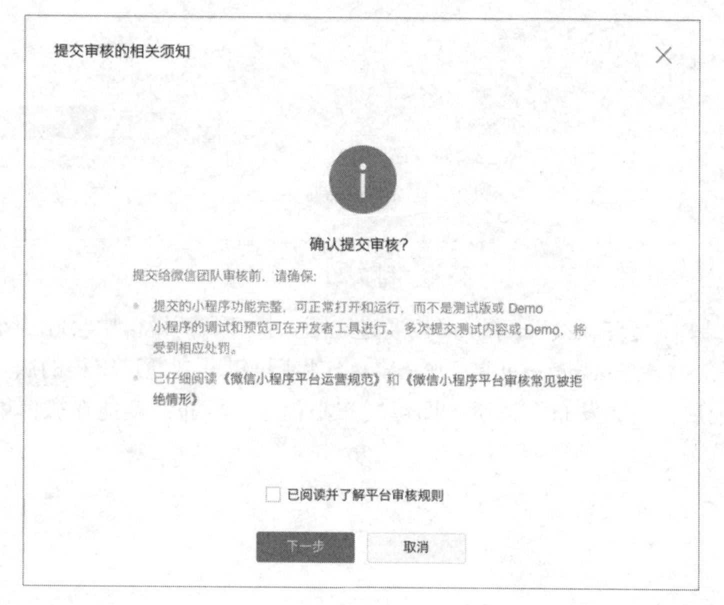

图 7-18

配置功能页面　至少填写一组，填写正确的信息有利于用户快速搜索出你的小程序
功能页面1
功能页面　pages/home/home
标题　推荐给程序员的书单　9/32
所在服务类目　教育　在线教育
功能页面和服务类目必须一一对应，且功能页面提供的内容必须符合该类目范围
标签　程序员
标签用回车分开，填写与页面功能相关的标签，更容易被搜索
添加功能页面
提交审核

图 7-19

提交审核之后会在开发管理下看到小程序已经处于审核中的状态了，如图 7-20 所示。

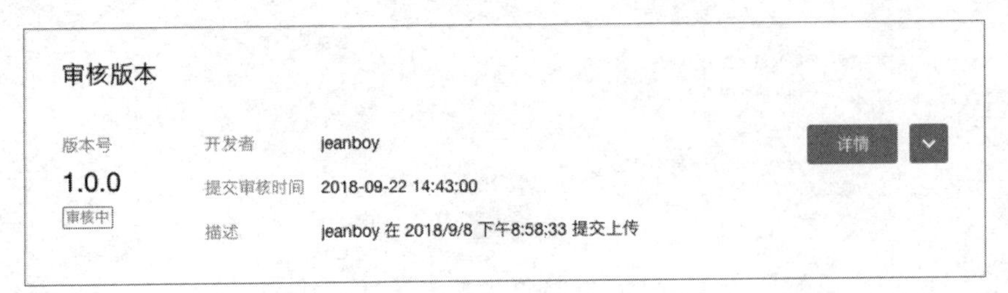

图 7-20

一般 2～3 小时就会审核通过了，审核通过之后，管理员的微信中会收到小程序通过审核的通知。此时在小程序管理后台→开发管理→审核版本中可以看到通过审核的版本。然后需要我们进行公测，最后点击“发布”按钮，即可发布小程序，发布后就能在微信中搜索到我们的小程序了。

第 8 章 Flutter 入门

Flutter 作为目前最新的跨平台框架引起了开发者的广泛关注，开发者都对它抱有很大的期待，这是因为它确实有很多优点值得我们去开启这门新框架的学习之路。经过众多开发者实测，Flutter 在 Android 和 iOS 上都具备较好的图形渲染性能，它在 UI 层可以帮助开发者很快地实现一次开发两端运行的效果，即使是复杂视图，也能够达到和原生相同的体验。

我们知道 Flutter 是 UI 框架，也就是说，它主要用来完成视图层的代码，不过官方也对常用的业务逻辑进行了封装，例如网络请求、文件读写、数据库存储等操作。当涉及和平台代码交互时，需要针对不同平台单独进行处理，例如我们用 Flutter 完成一个获取系统版本号的 demo，需要对 iOS 和 Android 两个平台分别编写代码进行处理，所以除了要学习它本身用的 Dart 语言，也要会一点 Android 开发和 iOS 开发才能完成这个跨平台的项目。不过不要担心，我们并不需要精通 iOS 和 Android 两个平台的开发，只需要在涉及和平台原生代码交互时了解一些通用代码就能应付日常开发工作了。所以从投入产出比的角度来看，Flutter 很值得我们学习，再加上 Google 这座大山“撑腰”，在快速的迭代之中，我们有理由相信 Flutter 会发展为一个很好的跨平台框架。

8.1 前期准备

既然 Flutter 有这么多的优点，又值得我们学习，那么接下来我们就正式上手 Flutter。本节主要做 Flutter 开发的前期准备工作，首先搭建开发环境，然后运行 Flutter 空项目体验它的优点，最后学习 Dart 的一些基础语法。

8.1.1 Flutter 简介

Flutter 是 Google 开源的跨平台移动 UI 框架，在 2018 年 2 月的世界移动大会上发布了第一个 Bcta 版本，12 月初的 Flutter Live 2018 上，发布了 1.0 稳定版。开发者可以快速在 iOS 和 Android 上构建高质量的跨平台应用，它可以运行在任何包含 Dart 虚拟机的平台上，甚至可以运行在 Google 最新操作系统 Fuchsia 上。它是一款跨平台的移动应用程序 SDK，包含框架、Widget 和一些工具，可以与现有原生代码一起工作，并且几乎达到了和原生应用相同的性能。Flutter 在 Google 内部已经被用来构建应用程序，在国内的闲鱼等 App 中也已经被大规模使用，并且正在被越来越多的开发者和组织使用。

Flutter 用 Dart 作为开发语言，在 Dart 中实现了大部分系统，核心只有一层较轻量的 C/C++ 代码。它使用我们所熟悉的面向对象的概念，所以对于有移动端开发经验的工程师来说很容易入门。它的独特之处在于既不使用 WebView，也不使用原生控件，而是用自己高性能渲染引擎来进行 Widget 的绘制。

Flutter 能够进行热重载开发循环，可以在设备或者模拟器上实现亚秒级的重载，并且应用程序的状态在重载后仍会保留，这让开发者可以在各个页面中快速更改而不需要重新开始整个程序。Flutter 为开发者提供了 Android Studio、VS Code 和 IntelliJ IDEA 插件，可以实现代码自动完成、语法高亮、代码辅助及调试支持等操作，具有很大的便捷性。

8.1.2 安装和配置编辑器

1. 搭建 Flutter 开发环境

（1）系统要求。

Windows

- 操作系统：Windows 7 或更高版本（64-bit）。
- 磁盘空间：400MB（不包含 Android Studio 等 IDE 的磁盘空间）。
- 依赖工具：Git for Windows（Git 命令行工具）、PowerShell（代替 cmd 的更方便的命令行工具，使用 cmd 也可以）。

如果已安装 Git for Windows，请确保命令提示符或 PowerShell 能够中运行“git”命令。从 Windows 7 开始，系统自带 PowerShell，如果没有可以到官网下载，Git 同理，这两个小工具不做详细介绍。

macOS

- 操作系统：macOS（64-bit）。
- 磁盘空间：700 MB（不包括 Android Studio 等 IDE 的磁盘空间）。
- 工具：同样依赖 Git 工具，工具安装不做详解。

（2）下载 Flutter SDK。

我们可以去 Flutter 官网（https://flutter.io/sdk-archive/）下载最新可用的安装包，在部分地区可能需要设置代理才能正常下载安装包，所以这里我们推荐去 GitHub 的 Flutter 项目中进行下载。这里我们需要执行如下 Git 命令“clone”项目到本地，这里下载的是 beta 版，以后需要其他版本可以进行更改。

```
git clone -b beta http://github.com/flutter/flutter.git
```

```
hp430@ZHANGXI MINGW64 /d/Developer/Flutter
$ git clone -b beta https://github.com/flutter/flutter.git
Cloning into 'flutter'...
remote: Counting objects: 136411, done.
remote: Compressing objects: 100% (9/9), done.
Receiving objects:   3% (4333/136411), 1.86 MiB | 45.00 KiB/s
```

不熟悉 Git 用法的读者可以去搜索 Git 及 GitHub 快速入门的相关资料，网上的教程很多，这里就不做详解。选择通过 GitHub 安装时，我们推荐通过上述 Git 命令“clone”项目到本地，因为需要和 GitHub 上的项目建立关联。如果没有设置代理，则 GitHub 连接网络时可能会不稳定，笔者尝试多次才成功。执行 Git 的 clone 的命令时，如果使用的是 HTTPS，则可能会遇到 SSL 证书验证问题，可以更换为 HTTP，或者使用以下代码跳过 SSL 证书验证即可。跳过 SSL 验证代码：

```
git config --global http.sslVerify false
```

在安装目录的 flutter 文件下找到 flutter_console.bat，双击运行该文件，看到命令行启动后，就可以在命令行中运行 Flutter 命令了：

```
Flutter
```

到这里 Flutter SDK 就安装好了，接下来进行环境变量的配置，方便在终端运行 Flutter 命令。

（3）配置环境变量。

为了能够在终端命令行中使用 Flutter 命令，我们需要将 Flutter 的路径添加到 Path 中，和配置 Java 环境变量过程相同。在 Windows 中找到 Flutter 安装路径，比如笔者的是 D:\flutter\bin，复制该路径，右键选择“我的电脑”→“属性”→“高级系统属性”→“环境变量”，找到 PATH（如果没有的话则需要新建），点击“编辑”按钮，把 Flutter 路径粘贴进来，和前面已有内容用分号隔开，最后确定即可，如图 8-1 所示。

图 8-1

如果是 macOS 用户，则打开$HOME/.bash_profile（一般在当前用户目录下），编辑添加 Flutter 的路径：

```
export PATH=[Flutter 项目目录]/flutter/bin:$PATH
```

然后刷新当前终端窗口：

```
source $HOME/.bash_profile
```

验证 PATH 中是否包含 flutter/bin 目录：

```
echo $PATH
```

上面我们分别讲了在 Windows 和 macOS 系统下配置环境变量的过程，开发者只需关注自己系统的配置过程即可。由于在访问 Flutter 有时可能会受限制，为了方便使用，建议自行设置网络代理，网络代理设置方法这里我们不展开介绍了，希望开发者可以通过查阅相关资料自行完成。如果不想设置网络代理，那么也可以通过配置镜像达到相同的目的，我们需要进行镜像站点的配置，这里配置 Flutter 社区镜像。设置过程和环境变量 PATH 的设置过程相同，将如下两个变量分别添加到系统的环境变量中即可，如图 8-2 所示。

```
FLUTTER_STORAGE_BASE_URL: https://storage.flutter-io.cn
PUB_HOSTED_URL: https://pub.flutter-io.cn
```

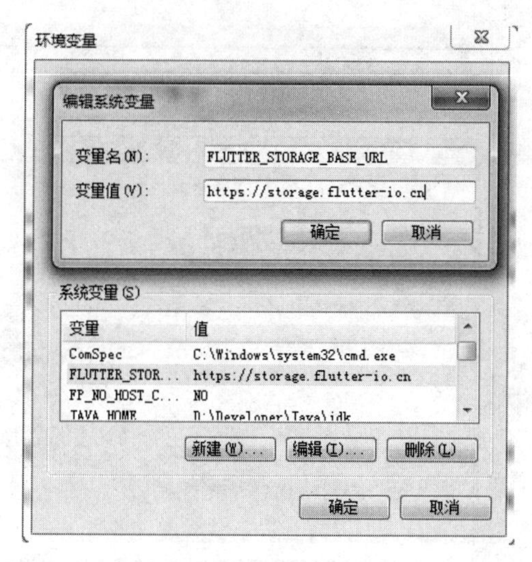

图 8-2

注意：此镜像为临时镜像，并不能保证一直可用，请参考 Using Flutter in China（https://github.com/flutter/flutter/wiki/Using-Flutter-in-China）以获得有关镜像服务器的最新动态。

打开一个新的终端窗口或 PowerShell 窗口并运行以下命令，Flutter 会自动安装所需依赖，并进行编译，初次运行可能会比较慢：

```
flutter doctor
```

运行完毕后，我们通过 flutter --vsersion 可以看到当前版本号（注意是两个“-”），再次运行 flutter doctor 可以看到列表中有[√]，这是安装成功的，如果有标记[×]则是失败的，需要我们重新安装。

2. 配置 IDE

可以使用命令行工具配合任何编辑器来开发 Flutter 应用程序，在命令行中输入 flutter help 查看可用工具。不过我们一般选择插件来获得丰富的 IDE 体验，更便捷地编辑、调试和运行应用程序。下面我们介绍如何配置编辑器插件。

它支持在 Android Studio、IntelliJ、Visual Studio Code 中进行开发，配置过程较为简单，根据提示添加插件即可。这里我们举例说明一下在 Android Studio 中的配置过程，对于 iOS 开发者不太友好的是，在 Xcode 中不支持添加 Flutter 插件进行开发。

在 Android Studio 中，Flutter 需要 Flutter 插件和 Dart 插件才可以使用，安装步骤非常简单：

File→settings→Plugins→Browse repositories，然后输入 Flutter 就可以下载了，Dart 也会自动包含在其中，重启 Android Studio 后插件生效，如图 8-3 所示。其他 IDE 中配置过程相似，这里就不一一说明了。

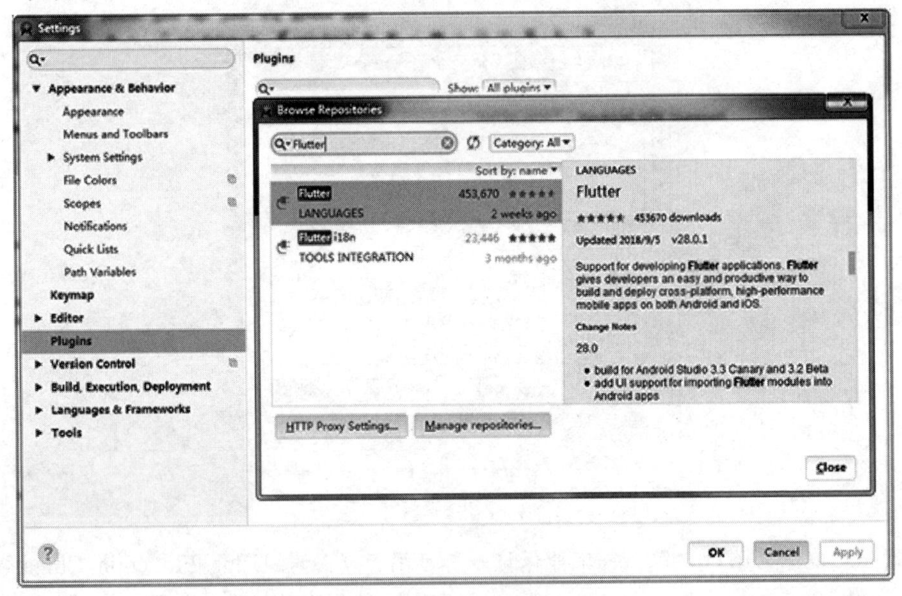

图 8-3

可以看到编辑器的配置工作非常简单，到这里我们就完成了开发环境的相关搭建工作。

8.1.3 体验 Flutter

我们已经完成了开发环境的搭建工作，现在构建一个新的 Flutter 应用程序，将它运行到手机上，学习和体验 Flutter 应用程序。

1. 创建新应用

（1）在 Android Studio 中选择 File→New Flutter Project，或者直接“Start a new Flutter project”。

（2）选择 Flutter application 作为 project 类型，然后点击“Next”。

（3）输入项目名称（我们取名为 read），然后点击“Next”。

（4）输入项目的包名（我们以 com.yugangtalk.read 为例），点击“Finish”。

（5）等待 Android Studio 完成项目即可。

经过上述操作，我们创建了一个 Flutter 项目 read，包含一个使用 Material 组件的简单演示应用程序，在编辑器左侧的 project 目录下可以看到如图 8-4 所示的项目结构。

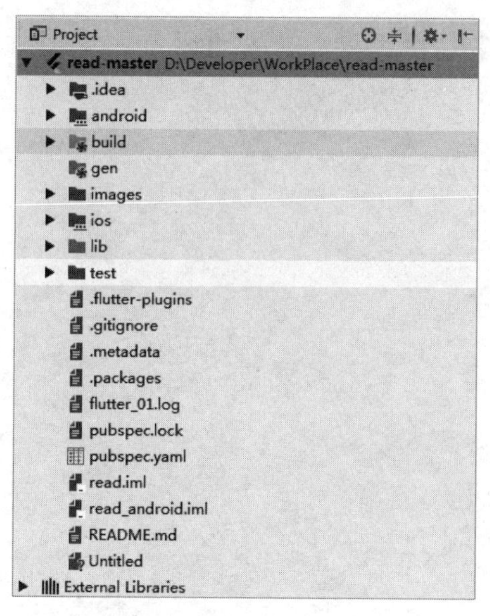

图 8-4

- android 目录：存放与 Android 原生交互的代码。
- ios 目录：与 iOS 原生交互的代码。
- lib 目录：Dart 语言编写的 Flutter 的核心代码，我们创建的这个示例项目的代码就在这个目录下的 main.dart 中。
- pubspec.yaml 文件：用来完成依赖项相关的配置，比如远程 pub 仓库的依赖，或者指定本地资源（图片、字体、音频、视频等）。

2. 运行 Flutter 程序

（1）熟悉 Android Studio 的工具栏，如图 8-5 所示。

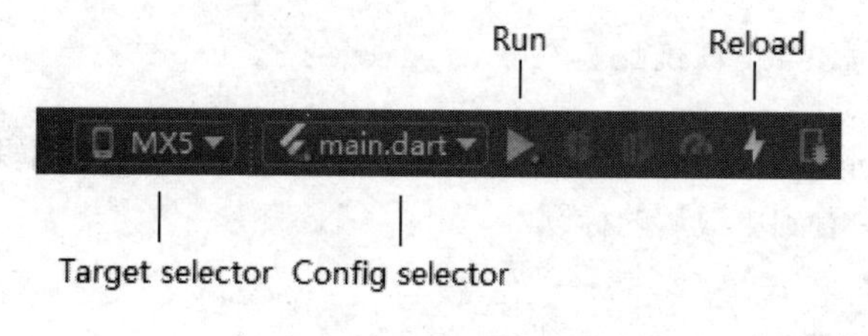

图 8-5

（2）在 Target selector 中选择 Android 设备，如果没有，则可以选择 Tools→Android→AVD Manageer 创建一个虚拟机。

（3）点击工具栏中的 Run 按钮。

（4）在设备中看到启动的应用程序，如图 8-6 所示。

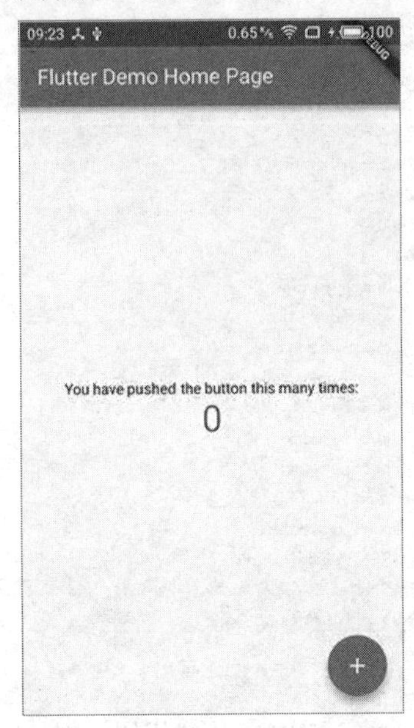

图 8-6

3. 体验热重载

能够进行代码的热重载是 Flutter 的一大特色，在更改代码后无须重启应用就能实现程序的实时更新，而且还能保留程序状态，无须从启动页开始。现在更改 ToolBar 中的默认标题，在 lib/main.dart 文件的 MyApp 类中找到如下代码：

```
home: new MyHomePage(title: 'Flutter Demo Home Page')
```

然后更改为：

```
home: new MyHomePage(title: 'read Demo Home Page')
```

这里更改了首页的标题，完成了代码的更改后，点击 reload 按钮，编辑器就会进行热重载，我们立刻就能在设备中看到更改后的标题。

8.1.4 Dart 语法

1. 简介

Flutter 用 Dart 作为其框架和 Widget 的开发语言，FLutter 团队在综合考虑多种语言后，最终发现只有 Dart 在各个维度的综合评估上得分最高，符合他们的标准和要求，其中包含 Dart 运行时和编译器支持 Flutter 的两个关键特性的组合。

- 基于 JIT（Just In Time，即时编译）的快速开发周期：可以在开发过程中进行代码的热重载，极大地提高了开发效率。
- AOT（Ahead Of Time，运行前编译）编译器：可生成高效的 ARM 代码，在运行期间拥有较好的性能。

Dart 开发人员对其在 Flutter 中的使用做了很多优化，对于提高它的性能做了很多有效的帮助。综合来看 Dart 具有以下优点。

- 较高的开发效率：开发人员可以使用相同的代码库同时为 iOS 和 Android 创建应用程序，从而节省了工程资源。高效的 Dart 语言进一步缩短了开发周期，并且在保持高效的同时不会牺牲代码的可读性，这让 Flutter 更具吸引力。
- 面向对象：大多数开发人员都具有面向对象开发的经验，让学习和使用 Flutter 进行开发变得更简单。
- 可预测，高性能：Dart 是一种既能提供高性能又能提供可预测性能的语言，可以在每个动画帧中运行大量的代码，而不会出现丢帧的周期性暂停，使开发人员能够快速实现流畅的用户体验。
- 快速内存分配：Dart 能够有效地处理小的、短期的内存分配，让依赖于底层内存分配器的 Flutter 能够更有效地工作。

2. Dart 初探

这里用一个简单的案例带大家了解 Dart，了解它的基础特性：

```
//定义一个函数
printBookName(String bookName) {
  print('The book name is $bookName'); //输出信息到控制台
}

//程序执行入口
main() {
  var book = 'Android 开发艺术探索'; //声明和初始化变量
  printBookName(book); //调用函数
}
```

这个案例实现了输出信息到控制台的效果，包含 Dart 语言的基本特点，我们通过分析这个案例来了解 Dart。

（1）单行注释。

```
//这是一个单行注释
```

（2）表示字符串这种数据类型，其他内置类型还有 int、List 和 bool 等。

```
String
```

（3）输出信息到控制台。

```
print('这是输出内容')
```

（4）一个字符串字面量，通过单引号或双引号实现。

```
'...' 或者 "..."
```

（5）字符串中引用变量的值需要在变量或表达式前添加符号“$”表示引用其字面量。

```
$variableName
${expression}
```

（6）这是一种特殊的、必需的顶级函数，应用程序从这里开始执行。

```
main()
```

（7）声明变量而不指定其类型。

```
Var
```

3. 变量与常量

Dart 语言是动态类型语言，可以使用 var 声明变量，也可以使用具体类型（比如 String）来直接声明变量。当使用 var 声明变量时，可赋予不同类型的值，变量类型会在编译时根据值的类型确定，例如：

```
//创建并初始化变量实例
var book = 'Android 开发艺术探索'; //字符串类型
var number = 1;//整数类型

//显式声明类型，例如使用 String 显式声明字符串类型
String book3 = 'Android 开发艺术探索';
```

变量类型不确定时也可以用 Object 或 dynamic 关键字声明变量，它们均可以接收任意类型的值，不过两者却有区别。Object 是所有类的父类，而 dynamic 表示不确定当前类型。使用 Object 时会在编译时进行检测，如果有错误的方法则会报错，而 dynamic 编译时不做类型检测，如果有错误则会在运行时抛出。例如：

```
//对象没有明确类型时，可以用 Object 或 dynamic 关键字
Object book1 = 'Android 开发艺术探索';
dynamic book2 = 'Android 开发艺术探索';

book2['obj'] = 4//可以编译通过，但在运行时会抛出 NoSuchMethodError
```

如果想定义一个不会改变值的变量，那么使用 final 或 const，被 final 修饰的变量只能被设置一次；const 变量是一个编译时常量，也就是在声明的同时就要进行初始化。被 final 或 const 修饰的变量不能和 var 同时使用，变量类型可以省略：

```
//final String book = 'Android 开发艺术探索';
final book = 'Android 开发艺术探索';

//const String book = 'Android 开发艺术探索';
const book = 'Android 开发艺术探索';
```

4. 特殊数据类型

Dart 中支持以下特殊类型：numbers（数字）、strings（字符串）、booleans（布尔）、list（集合）、maps（map 集合）、runes（字符）、symbols（符号）。runes 和 symbols 用得很少，初学者可以先不关心，其他类型和 Java 中的用法相似，这里举例说明其中几个相对复杂类型的使用方法。

（1）list 集合。

```
//创建一个 int 类型的 list
List list = [1, 2, 3];

//创建一个编译时常量 const 的 list
List constantList = const[1, 2, 3];
```

（2）map 集合。

```
//1.直接声明，用{}表示，里面写 key 和 value，每组键值对中间用逗号隔开
Map books = {'first': 'Android 开发艺术探索', 'second': '大前端开发指南', 'third':
'剑指 offer'};
```

```
//2.先声明，再赋值
Map books = new Map();
books['first'] = 'Android开发艺术探索';
books['second'] = '大前端开发指南';
books['third'] = '剑指offer';
```

5. 函数 Function

在 Dart 中函数也是对象，属于 Function 类型，它可以被分配给变量或作为参数进行传递，以下是一个函数的例子：

```
bool isGoodBook(String bookName) {
  return _goodBooks[bookName] != null;
}
```

官方建议我们写函数的返回类型，不过也可以省略：

```
isGoodBook(bookName) {
  return _goodBooks[bookName] != null;
}
```

对于以上只有一个表达式的函数可以进行简写：

```
bool isGoodBook(String bookName) => _goodBooks[bookName] != null;
```

注意：箭头（=>）和分号（;）之间只能出现一个表达式，不能出现语句。例如，不能在箭头和分号之间放一个 if 语句，但可以使用一个条件表达式。

（1）main()函数。

每个应用程序都必须有一个顶层 main()函数，它作为应用程序的入口，返回 void 并具有 List 参数的可选参数，例如：

```
void main() {
  querySelector('#buyBook') // Get an object.
    ..text = 'buyBook' // Use its members.
    ..classes.add('important')
    ..onClick.listen((e) => window.alert('buyBook!'));//这里用到了匿名函数，
                                                      //请看后续介绍
}
```

上述代码中的（..）语法称为级联，通过级联符号可以在同一个对象上进行一系列操作。除了函数调用，还可以访问同一对象上的字段。这让代码变得更加简洁，上述代码相当于：

```
void main(){
  var button = querySelector('#buyBook');
  button.text = 'buyBook';
  button.classes.add('important');
  button.onClick.listen((e) => window.alert('buyBook!'));
}
```

级联符号是 Dart 语法中比较特殊的地方，当函数返回值是 void 时不能构建级联，比如：

```
var sb = StringBuffer();
sb.write('book')
  ..write('Android'); //这里会报错
```

（2）可选命名参数。

定义函数时，使用{param1, param2, …}指定可选命名参数。例如：

```
//设置[bold]和[hidden]标志
void enableFlags(int num, {bool bold, bool hidden}) {
    // ...
}
```

调用包含可选命名参数的函数时，需要使用键值对方式指定命名参数。例如：paramName: value。

```
enableFlags(10, bold: true);
```

（3）可选位置参数。

包装一组函数参数，用“[]”将它们标记为可选的位置参数：

```
String say(String name, String msg, [String device, String device2]) {
  var result = '$name says $msg';
  if (device != null) {
    if(device2 != null){
        result = '$result with a $device $device2';
    }else{
        result = '$result with a $device';
```

```
      }
    }
    return result;
  }
```

可以通过不带可选参数或携带可选参数来调用这个函数，例如：

```
//不带可选参数
say('Yugang', 'Hello'); //结果是: Yugang says Hello
//携带 1 个可选参数
say('Yugang', 'Hello', 'smoke signal'); //结果是: Yugang says Hello with a smoke signal
//携带 2 个可选参数
say('Yugang', 'Hello', 'smoke signal', '!'); //结果是: Yugang says Hello with a smoke signal!
```

（4）匿名函数。

匿名函数即无方法名，有点类似 Java 中的匿名内部类，例如：

```
var list = ['Android', 'iOS', 'Flutter'];
//这里省略了方法名，只保留了参数 forEach 为 Iterable 提供的遍历接口
list.forEach((item) {
  print('${list.indexOf(item)}: $item');
});
```

8.2 构建用户界面

我们已经学习了一些基础知识，接下来介绍如何完成 UI 视图的搭建。要搭建视图就要了解 Widget，它是整个视图的基础，使用不同类型的 Widget 可以完成复杂视图的构建，视图的交互事件也是在 Widget 中完成的。

8.2.1 如何布局？布局文件跑哪去了

通过上面创建的简单的 Flutter App 可以发现，它并没有像 Android 中的 XML 或 iOS 中 xib 的布局文件一样，并且也没有前端开发中 CSS 这种概念。这是它的布局中比较独特的地方，没有通过单独的 Layout 文件来实现，而是用 Widget 构建的 UI。也就是说，布局的实现是通过 Widget 完成的。通过设置 Widget 的属性来改变它的状态，当状态改变时，Widget 会对 UI 进行

重绘，这时它会对比前后变化来确定底层渲染树所需要做的最小更改。

8.2.2 Widget 组件介绍

Widget 是整个视图描述的基础，在 Flutter 中的核心设计思想是“Everything is a Widget”，即一切都是 Widget。Widget 是其功能的抽象描述，所以学习 Flutter 就要从 Widget 开始，Flutter 有一套丰富、强大的基础 Widget，我们先来看几个常用的。

- Text：该 Widget 用来进行文字的显示，拥有丰富的属性配置，提供了和原生同等的能力。例如：

```
new Text('Android 开发艺术探索',
        textAlign: TextAlign.center,
        maxLines: 1,
        overflow: TextOverflow.ellipsis,
        style: TextStyle(fontSize: 20.0,color: Colors.black),
)
```

- Row、Column：分别表示水平布局和垂直布局，这种弹性空间布局方式像 Android 中的 LinearLayout 或 Web 开发中的 Flexbox 布局模型，它可以让子控件按照一定的方向排列布局。例如：

```
new Center(
  child: new Column(
    children: <Widget>[
      new Row(
        crossAxisAlignment: CrossAxisAlignment.center,
        children: <Widget>[
          new Text('row1'),
          new Text('row2'),
          new Text('row3'),
        ],
      ),
      new Column(
        crossAxisAlignment: CrossAxisAlignment.center,
        children: <Widget>[
          new Text('col1'),
          new Text('col2'),
```

```
            new Text('col3'),
          ],
        )
      ],
    ),
  ),
```

- Stack：可以理解为层式布局，类似于 Android 中的 RelativeLayout 或 FrameLayout，Stack 允许子 Widget 堆叠。它的子 Widget 有两种：Positioned 和 non-Positioned，可以使用 Positioned 来定位它们相对于 Stack 的上下左右四条边的位置，或者通过父 Widget Stack 的属性来控制布局。例如：

```
new Container(
    height: 300.0,
    width: 400.0,
    color: Colors.blue,
    child: new Stack(
      children: <Widget>[
        new Positioned(
          left: 50.0,
          top: 100.0,
          child: new Container(
              height: 50.0,
              width: 100.0,
              color: Colors.amber,
              alignment: Alignment.center,
              child: Text('Positioned')),
        ),
        new Container(
          color: Colors.pinkAccent,
          height: 50.0,
          width: 100.0,
          alignment: Alignment.center,
          child: Text('unPositioned'),
        ),
      ],
    ),
  ),
```

- Container：Container可以理解为一个矩形容器，用来容纳其他Widget，通过设置边距（margins）、内边距（padding）和应用于其大小的约束（constraints）等属性实现布局要求。Decoration是对Container进行装饰的描述，类似与Android中的shape，一般会用到它的子类BoxDecoration，可以设置background、边框、阴影等属性。例如：

```
new Container(
    alignment: Alignment.center,
    padding: EdgeInsets.all(10.0),
        margin: EdgeInsets.all(10.0),
        decoration: new BoxDecoration(
        border: new Border.all(
            color: Colors.blue,
        ),
        image: DecorationImage(
            image: NetworkImage('http://pemggb6h6.bkt.clouddn.com/
18-9-13/51359747.jpg'),
            fit: BoxFit.contain,
        ),
        borderRadius: BorderRadius.only(
            topLeft: Radius.circular(3.0),
            topRight: Radius.circular(3.0),
            bottomLeft: Radius.circular(3.0),
            bottomRight: Radius.circular(3.0),
        ),
        ),
        child: Text('Android开发艺术探索'),
    ),
```

我们使用的大多数Widget都继承自StatefulWidget或StatelessWidget，这两种Widget也是目前最常用的。StatelessWidget是状态不可变的Widget，初始状态设置后就不可再改变其属性，如果需要改变则需要重新创建，我们上面提到的Container就属于这一类。如果一个控件需要动态地改变相关属性或状态，例如内容、色值、大小等，那么一般都继承自StatefulWidget，常见的有CheckBox、AppBar、TabBar等，StatefulWidget可以保存自己的状态。

由于篇幅原因，我们只介绍了常见的几个Widget，供入门者熟悉其用法和逻辑，在真正的项目中需要学习更多的Widget的用法，不过用法大致都是相同的，只是相关细节不同罢了，所以当你熟悉了Flutter后，可以去官网了解更多的Widget的用法，这里就不一一展开了。

8.2.3 添加交互

通过上面的学习,我们已经学会了使用简单的Widget来完成UI展示,现在我们来添加交互。在Flutter中"一切皆是Widget",交互也是在Widget中实现的。所谓交互就是通过用户的操作改变Widget的状态,而StatelessWidget是无状态的,不过可以通过容纳它的有状态的父类Widget来管理其状态,也能达到交互的目的,这里我们对有状态的Widget交互方式进行举例说明。

前面我们创建的read App中默认带了一个简单的交互,当点击浮动Button的时候,控件Text会显示点击的次数。下面分析一下实现过程,`MyHomePage`是一个有状态的Widget,在`createState()`方法中返回了它的状态管理类,该类实现了点击事件的处理,我们一起来分析代码:

```
class MyHomePage extends StatefulWidget {
  //构造函数,通过this.title简写的方式对title进行初始化,冒号实现了调用父类构造函数
  MyHomePage({Key key, this.title}) : super(key: key);

  final String title;

  @override
  _MyHomePageState createState() => new _MyHomePageState();
}
```

状态管理类:

```
class _MyHomePageState extends State<MyHomePage> {
  int _counter = 0;
  //通过调用setState方法通知Widget进行更改
  void _incrementCounter() {
    //这里用了匿名方法体,省略了方法名
    setState(() {

      _counter++;
    });
  }

  @override
  Widget build(BuildContext context) {
```

```
return new Scaffold(
  appBar: new AppBar(
    //设置标题名称
    title: new Text(widget.title),
  ),
  body: new Center(
    child: new Column(
      mainAxisAlignment: MainAxisAlignment.center,
      children: <Widget>[
        new Text(
          'You have pushed the button this many times:',
        ),
        new Text(
          //引用了_counter变量，显示点击次数
          '$_counter',
          style: Theme
              .of(context)
              .textTheme
              .display1,
        ),
      ],
    ),
  ),

  floatingActionButton: new FloatingActionButton(
    //点击事件的监听
    onPressed: _incrementCounter,
    tooltip: 'Increment',
    child: new Icon(Icons.add),
  ),
);
}
```

通过分析这部分代码我们可以知道点击事件的实现在 `onPressed: incrementCounter` 这部分中，onPressed 为点击事件接口，incrementCounter 是我们自定义的方法，当点击悬浮窗的时候会调用自定义的方法，执行次数增加操作，可以看到属性_counter++操作是在 setState()内完成的，这样当它的值发生变化时会通知框架其状态已经改变，实现了更改 UI 的目的。

8.2.4 手势监测和事件处理

手势操作是最常见的UI交互操作，在Flutter中手势识别当然也是通过Widget实现的。Flutter中的手势系统有两个独立的层，第一层有原始指针（Pointer）事件，它描述了屏幕上指针（触摸、鼠标和触控笔）的位置和移动。第二层有手势（GestureDetector），描述由一个或多个指针移动组成的语义动作，使用时只需要将GestureDetector包裹在目标Widget外面，再实现对应事件的函数即可，从点击到长按，从缩放到拖动，这个类基本上都有相应的实现，一般情况下监听事件都用这个类实现。

1. Pointer 指针

指针（Pointer）是用户与设备屏幕交互的原始数据。有四种类型的指针事件：

- PointerDownEvent，指针接触到屏幕的特定位置。
- PointerMoveEvent，指针从屏幕上的一个位置移动到另一个位置。
- PointerUpEvent，指针停止接触屏幕。
- PointerCancelEvent，指针的输入事件不再针对此应用（事件取消）。

在指针按下时，框架对应用程序执行“命中测试”，以确定在屏幕上需要对指针触摸事件进行处理的相关Widget有哪些，指针按下事件（以及该指针的后续事件）会被分发到由“命中测试”确定的直接相接触的Widget，也就是最内部的Widget。从那里开始，该事件的连续事件（按下、滑动、抬起等连续操作）会在Widget树中进行传递和分发，这些事件会从最内部的Widget被传递到Widget根的路径上的相关部件。要直接从Widget层监听指针事件，可以使用Listenerwidget。初学者在这里不必做过多的纠结，常用事件处理都已经被封装到了手势中，通常情况下用GestureDetector即可满足事件处理需求。

2. GestureDetector 手势

大多数Widget已经对tap或手势做出了相应的处理，例如IconButton和FlatButton响应presses（taps），ListView响应滑动事件触发滚动。但还是有很多Widget不具有相应的事件，对于这些Widget，使用GestureDetector作为其父项即可。GestureDetector（手势）当然也是一个Widget，它不具有显示效果，通过“手势”我们可以完成基本的事件处理，它能够准确地获得相应的指针事件（轻敲、拖动和缩放）。它封装了对指针事件处理和分发的过程，能够从多个指针或多个指针事件中识别相应的语义动作，执行相应的方法回调。也就是说，只需要在其相应的事件处理方法中执行我们所需要的操作即可。完整的一个手势可以分派多个事件，手势相应事件的方法如下。

（1）Tap（单击）。

- onTapDown，指针已经在屏幕特定位置按下。
- onTapUp，指针停止在屏幕特定位置抬起。
- onTap tap，事件触发（点击事件）。
- onTapCancel，正在处理的焦点离开 Widget，不会再触发其他 tap 事件。

（2）双击。

- onDoubleTap，双击，用户快速连续两次在同一位置轻敲屏幕。

（3）长按。

- onLongPress，指针在相同位置长时间保持与屏幕接触。

（4）垂直拖动。

- onVerticalDragStart，指针已经与屏幕接触并可能开始垂直移动。
- onVerticalDragUpdate，指针与屏幕接触并已沿垂直方向移动。
- onVerticalDragEnd，先前与屏幕接触并垂直移动的指针不再与屏幕接触。

（5）水平拖动。

- onHorizontalDragStart，指针已经接触到屏幕并可能开始水平移动。
- onHorizontalDragUpdate，指针与屏幕接触并已沿水平方向移动。
- onHorizontalDragEnd，先前与屏幕接触并水平移动的指针不再与屏幕接触。

需要说明的是，如果同时设置了垂直拖动和水平拖动的事件方法，那么在一个手势里，只有一个会触发（例如用户首先在水平方向移动，则整个过程只触发 onHorizontalDragUpdate，不会触发 onVerticalDragUpdate）。下面我们来看一个例子：

```
new GestureDetector(
    //点击事件
    onTap: () {
      print('onTap');
    },
    //双击事件
    onDoubleTap: (){
      print('onDoubleTap');
    },
    //长按事件
```

```
        onLongPress: (){
          print('onLongPress');
        },
        child: new Container(
          height: 60.0,
          width: 180.0,
          decoration: new BoxDecoration(
              //圆角和颜色
              borderRadius: new BorderRadius.circular(5.0),
              color: Colors.blue),
          child: new Center(child: new Text('GestureDetector点击监听')),
        ),
      )
```

前面说过 GestureDetector 也是一个 Widget，所以把上面这段代码放在最开始案例中替换某个 Widget 运行即可，经过点击操作后在 Console 中我们可以看到打印的日志：

```
I/flutter (26451): onTap
I/flutter (26451): onLongPress
I/flutter (26451): onDoubleTap
```

可以看到控制台中打印了相应的日志，到这里我们实现了简单的手机操作。

8.2.5 在 Flutter 中添加资源和图片

图片在这个越来越重视多媒体内容的时代，在页面展示中扮演着很重要的角色，它是 UI 部分的最重要的组件之一。在 Flutter 中提供了 Image 组件，默认的 Image 组件不能直接显示图片，它需要一个 ImageProvider 来提供具体的图片资源（即 Image 中的 image 字段）。其实这并不麻烦，ImageProvider 并不需要完全重新自己实现，在 Image 类中目前提供了各类别的 ImageProvider，基本能满足常见的需求，如表 8-1 所示。

表 8-1

ImageProvider	作　用
Image.asset	从 asset 资源文件中加载图片
Image.network	从网络中加载图片
Image.file	从本地文件中加载图片
Image.memory	从内存中加载图片

例如：

```
new Image.network(
    'http://pemggb6h6.bkt.clouddn.com/18-9-13/51359747.jpg',
    fit: BoxFit.contain,//缩放模式
    width: 300.0,
    heigth: 200.0,
    ),
```

8.3 使用设备和 SDK API 相关

在 8.2 节我们学会了简单的视图构建方法，接下来就要完成具体的业务逻辑了，涉及网络请求、数据库操作、文件读写等操作。官方提供了相应的 API 供我们使用，当这些 API 不能满足需求时，我们也能自己进行封装，为 Flutter 生态做贡献。

8.3.1 异步 UI

在 iOS 和 Android 中，当我们要执行耗时操作如网络请求、数据存储读取等工作时，会创建子线程来异步执行，这样可以避免 UI 界面的卡顿。在 Flutter 中 Dart 是单线程模式，在 Dart 中有一个很重要的概念叫 isolate，它其实就是一个线程或进程的实现，具体取决于 Dart 的实现。默认情况下，我们用 Dart 写的应用都是运行在 main isolate 中的（相当于 Android 中的 main thread）。在需要的时候可以创建新的 isolate，利用多核 CPU 特性来提高运行效率。在 Dart 中 isolate 之间是无法直接共享内存的，不同的 isolate 之间只能通过 isolate API 进行通信。

Dart 线程中有一个消息循环机制（Event loop）和两个队列（Event queue 和 Microtask queue）。

- Event queue 包含所有外来的事件：I/O、mouse events、drawing events、timers、isolate 之间的 message 等。任意 isolate 中新增的 event（I/O、mouse events、drawing events、timers、isolate 的 message）都会放入 event queue 中排队等待执行，好比机场的公共排队大厅。
- Microtask queue 只在当前 isolate 的任务队列中排队，优先级高于 Event queue。

Event Loop 会按照先进先出的顺序依次处理 event，优先处理完 Mircotask queue 中的 event 后，才会执行 Event queue 中的 event，循环执行直到两个队列中的 event 都执行完。在这个过程中只能确定每个 event 执行的顺序，并不清楚它们执行的具体时间，因为这是一个循环调度的过程，并不是时钟调度。当 Event Loop 正在处理 Microtask Queue 中的 event 时，Event Queue 中的 event 就停止处理了，此时 App 不能绘制任何图形，不能处理任何鼠标点击事件，不能处理文件 I/O，等等。到这里我们就明白了 Dart 的事件处理过程，可以参照图 8-7 理解。

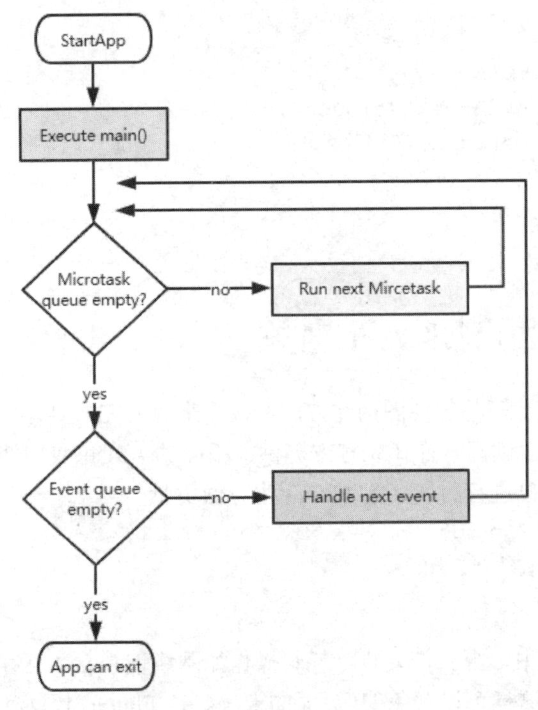

图 8-7

在 Flutter 中，虽然 Dart 是基于单线程模型的，但这并不意味着我们不能进行异步操作。在 Dart 中直接使用 async 和 await 就可以实现异步方法，它会向 Event queue 中插入 event 来实现异步操作。在异步方法中可以使用 await 表达式挂起该异步方法中的某些步骤，从而实现等待某步骤完成的目的。await 表达式的表达式部分通常是一个 Future 类型，即在 await 处挂起后交出代码的执行权限直到该 Future 完成。在 Future 完成后将包含在 Future 内部的数据类型作为整个 await 表达式的返回值，接着异步方法从 await 表达式挂起点后继续执行。

例如：

```
loadData() async {
    //用 async 修饰
    String dataURL = 'http://renyugang.io/api/read.php?action=category';
    http.Response response = await http.get(dataURL);
    //完成 await 的工作后进行 UI 更新操作
    setState(() {
      widgets = json.decode(response.body);
    });
  }
```

8.3.2　页面跳转和生命周期事件

1. 页面跳转

在 Android 中使用 Intent 实现切换 Activity 和调用外部组件，在 iOS 中使用 UINavigation-Controller 实现在不同的 view controller 之间跳转。在 Flutter 中同样有类似的实现，Flutter 中切换屏幕可以通过访问路由来绘制新的 Widget，多页面之间的管理通过 Route 和 Navigator 实现。Route 是应用程序的“屏幕”或“页面”的抽象（类比为 Android 中的 Activity），Navigator 是管理 Route 的 Widget。Navigator 可以通过 push 和 pop route 来实现页面切换。Android 开发者在 Flutter 中若需要调用 Intent，则可以通过 Native 整合来触发 Intent，不过这里我们不做详解。在 Android 中可以在 AndroidManifest.xml 中声明 Activities。而在 Flutter 中，可以将具有指定 Route 的 Map 传递到顶层 MaterialApp 实例：

```
void main() {
  runApp(new MaterialApp(
    home: new MyAppHome(), // becomes the route named '/'
    routes: <String, WidgetBuilder> {
      '/a': (BuildContext context) => new MyPage(title: 'page A'),
      '/b': (BuildContext context) => new MyPage(title: 'page B'),
      '/c': (BuildContext context) => new MyPage(title: 'page C'),
    },
  ));
}
```

然后通过 Navigator 来切换到命名路由的页面：

```
Navigator.of(context).pushNamed('/b');
```

Navigator 类不仅用来处理路由，还可以用来获取刚“push”到栈中的路由返回的结果（类似于 Android 中的 startActivityForResult 方法），通过 await 等待路由返回的结果。例如要跳转到“好友”路由来让用户选择一个联系人：

```
Map coordinates = await Navigator.of(context).pushNamed('/friends');
```

之后，在 friends 路由中，在用户选择了联系人后携带结果一起“pop()”出栈：

```
Navigator.of(context).pop({'id':'1234','name':'nodzhang'});
```

2. 生命周期事件

在 Android 中，Activity 简单来讲是一个页面，我们通过重写 Activity 的生命周期方法方法来获得 Activity 的生命周期回调。在 iOS 中同样可以通过重写 ViewController 中的方法来获得它的视图的生命周期，或者在 AppDelegate 中注册生命周期的回调函数来获得生命周期事件。在 Flutter 中可以通过挂接到 WidgetsBinding 观察并监听 didChangeAppLifecycleState 更改事件来监听生命周期事件。我们可以监听到的生命周期事件有：

- resumed——应用程序可见并响应用户输入。这是来自 Android 的 onResume。
- inactive——应用程序处于非活动状态，并且未接收用户输入。此事件在 Android 上未使用，仅适用于 iOS。
- paused——应用程序当前对用户不可见，不响应用户输入，并在后台运行。这是来自 Android 的暂停。
- suspending——该应用程序将暂时中止。这在 iOS 上未使用。

8.3.3 文件读写

在 Flutter 中可通过 PathProvider 插件和 Dart 的 I/O 库实现读写文件。PathProvider 插件提供了一种平台透明的方式来访问设备文件系统上的常用位置。该类当前支持访问两个文件系统位置。

- 临时目录：系统可随时清除的临时目录（缓存）。在 iOS 上对应于 NSTemporaryDirectory() 返回的值；在 Android 上是 getCacheDir()返回的值。
- 文档目录：应用程序的目录，用于存储只有自己可以访问的文件。只有当应用程序被卸载时，系统才会清除该目录。在 iOS 上对应于 NSDocumentDirectory；在 Android 上是 AppData 目录。

读写文件的示例：

```
//读取文件
Future<String> _readFile() async {
  try {
    File file = await _getLocalFile();
    //读取文件内容
    String contents = await file.readAsString();
    return contents;
  } on FileSystemException {
    return 'null';
```

```
    }
  }

  //获得默认文件存储
  Future<File> _getLocalFile() async {
    String dir = (await getApplicationDocumentsDirectory()).path;
    return new File('$dir/text.txt');
  }

  //写入文件
  Future<Null> _writeFile() async {
    await (await _getLocalFile()).writeAsString('write test');
  }
```

8.3.4　网络和 HTTP

网络请求几乎是一个应用的必备能力，官方使用 dart io 中的 HttpClient 发起请求，不过 HttpClient 本身功能较弱，很多常用功能都不支持。建议使用 dio 来发起网络请求，它是一个强大易用的 Dart HTTP 请求库，支持 RESTful API、FormData、拦截器、请求取消、Cookie 管理、文件上传/下载等，这里我们分别进行介绍。

1. HttpClient 发起网络请求

```
//这里导入引用库
import 'dart:io';

get() async {
  //创建 client
  var httpClient = new HttpClient();
  //构造 Uri
  var uri = new Uri.http('example.com', '/path1/path2', {'param1': '42',
'param2': 'foo'});
  //发起请求，等待请求，同时也可以配置请求 headers、body
  var request = await httpClient.getUrl(uri);
  //关闭请求，等待响应
  var response = await request.close();
  //解码响应的内容
```

```
    var responseBody = await response.transform(UTF8.decoder).join();
  }
```

2. dio 发起网络请求

```
//添加依赖
import 'package:dio/dio.dart';
```

发起一个 GET 请求：

```
Dio dio = new Dio();
Response<String> response=await dio.get('http://renyugang.io/api/read.php?action=category');
print(response.data);

//请求参数也可以通过对象传递，上面的代码等同于：
response=await dio.get('http://renyugang.io/api/read.php',data:{'action':'category'})
print(response.data.toString());
```

发起一个 POST 请求：

```
response=await dio.post('url',data:{'id':1,'name':'yugang'})
```

发起多个并发请求：

```
response= await Future.wait([dio.post('url'),dio.get('url')]);
```

下载文件：

```
response=await dio.download('http://renyugang.io/','./xx.html')
```

发送 FormData：

```
FormData formData = new FormData.from({
   'name': 'yugang',
   'age': 28,
});
response = await dio.post('http://renyugang.io/', data: formData)
```

8.3.5 JSON 和序列化

8.3.4 节我们学习了如何完成网络通信，其中数据的传递通常情况下用 JSON 格式来完成，相信这对于开发者是非常熟悉的一种格式，对数据的处理过程涉及 JSON 的序列化和反序列化，序列化就是把对象状态信息转换为可存储或传输的形式。这里推荐使用官方的两种方式，可以基本覆盖大多数场景下的使用情况。

1. 手动序列化和反序列化

Flutter 中基本的 JSON 序列化非常简单，Flutter 有一个内置 dart:convert 库，其中包含一个简单的 JSON 编码器和解码器。其功能与 Java 中的 JSONObject（或者 iOS 的 NSJSONSerialization）类似，都是直接将 JSON 数据转成 Map（iOS 中的 NSDictionary），然后开发者通过字段名从中取值，在小项目中或较为简单的数据处理上比较方便，在复杂数据上就不太适用了。解码简单的 JSON 字符串并将响应解析为 Map：

```
Map data = JSON.decode(responseBody);
// Assume the response body is something like: [{ 'name': '大前端开发指南' },
{ 'name': 'Android 艺术探索' }]
String name = data[1]['name']; // name is set to Android 艺术探索
```

我们只需要将该对象传递给 JSON.encode 方法即可序列化一个对象：

```
String json = JSON.encode(data);//data 是一个对象
```

2. 通过代码自动生成

我们已经了解了 JSON 数据的序列化和反序列化过程，对于较为复杂的数据内容，手动序列化不仅工作量大，并且很容易出错。这时我们就需要外部库来自动生成序列化模板，这样可以在已知 JSON 结构和字段的情况下预置好模型类结构，在使用的时候可以直接调用该类的相关属性（点语法调用），从而避免了手动获取可能产生的书写错误，这样不仅获得 IDE 代码提示的辅助，并且减少手误，提高了开发效率。例如，json_serializable 和 built_value 就是这样的库。初学者入门会使用手动序列化与反序列化即可，这部分的进阶内容这里不做详解，感兴趣的读者可以到 Flutter 官网查看相关介绍。

8.3.6 数据库和本地存储

1. 轻量化本地存储 Shared_Preferences

在移动端的轻量化数据通常不会直接存储在数据库中，在 iOS 中使用我们熟悉的

UserDefaults，在 Android 上使用 SharedPreferences 以储键值对集合的形式来存储数据，在 Flutter 中可以使用 Shared Preferences plugin 来实现相似的功能。在项目中导入 shared_preferences 包：

```
import 'package:shared_preferences/shared_preferences.dart';
```

获得 sp 对象后，进行数据存取：

```
SharedPreferences prefs = await SharedPreferences.getInstance();
//以键值对形式存入数据
prefs.setString('bookname', '大前端');
//读取数据
var book = prefs.getString('bookname');
```

2.结构化数据存储

我们已经知道了轻量化数据的存储方法，对于复杂的结构化数据，在 Android 中我们使用的是 SQLite，在 iOS 中使用 CoreData 来实现。Flutter 中同样为我们提供了插件支持 sqflite，能够在 iOS 和 Android 中使用。SQFlite 支持事物和批量操作、自动版本管理、插入/查询/更新/删除助手、后台 DB 操作。使用步骤如下。

在项目中添加依赖：

```
dependencies:
  sqflite: ^0.12.0//这里填写版本号
```

导入 sqflite.dart

```
import 'package:sqflite/sqflite.dart';
```

数据库操作的基本方法：

```
//获取数据库路径
var databasesPath = await getDatabasesPath();
String path = join(databasesPath, 'demo.db');

//删除数据库
await deleteDatabase(path);

//打开数据库
Database database = await openDatabase(path, version: 1,
```

```
      onCreate: (Database db, int version) async {
    //在创建数据库后创建表
    await db.execute(
        'CREATE TABLE Test (id INTEGER PRIMARY KEY, name TEXT, value INTEGER,
num REAL)');
  });

  //在事物中插入数据
  await database.transaction((txn) async {
    int id1 = await txn.rawInsert(
        'INSERT  INTO  Test(name,  value,  num)  VALUES('some  name',  1234,
456.789)');
    print('inserted1: $id1');
    int id2 = await txn.rawInsert(
        'INSERT INTO Test(name, value, num) VALUES(?, ?, ?)',
        ['another name', 12345678, 3.1416]);
    print('inserted2: $id2');
  });

  //更新数据
  int count = await database.rawUpdate(
      'UPDATE Test SET name = ?, VALUE = ? WHERE name = ?',
      ['updated name', '9876', 'some name']);
  print('updated: $count');

  //获取数据
  List<Map> list = await database.rawQuery('SELECT * FROM Test');
  List<Map> expectedList = [
    {'name': 'updated name', 'id': 1, 'value': 9876, 'num': 456.789},
    {'name': 'another name', 'id': 2, 'value': 12345678, 'num': 3.1416}
  ];
  print(list);
  print(expectedList);
  assert(const DeepCollectionEquality().equals(list, expectedList));

  //获得数据量
  count = Sqflite
      .firstIntValue(await database.rawQuery('SELECT COUNT(*) FROM Test'));
```

```
assert(count == 2);

//删除数据
count = await database
    .rawDelete('DELETE FROM Test WHERE name = ?', ['another name']);
assert(count == 1);

//关闭数据库
await database.close();
```

这里提供了数据库操作的基本用法，还可以通过 SQL helpers 帮助我们完成操作，以及支持事务和批量等操作，这里就不详细展开了。有兴趣的读者可以去 Flutter 官网学习，由于篇幅有限，我们只提供了基础入门方法。

8.3.7 Flutter 插件

在移动开发中，我们会经常使用其他开发者或第三方的 SDK 进行某种业务逻辑的处理，这让我们可以快速构建应用程序，无须从头开始开发所有应用程序，不必重复造轮子。Flutter 同样支持使用由其他开发者贡献给 Flutter 和 Dart 生态系统的共享软件包。目前 Flutter 插件生态虽然还不够强大，不过现有的软件包也已经支持许多使用场景，例如，网络请求（HTTP）、自定义导航/路由处理（fluro）、集成设备 API（如 url_launcher&battery），以及使用第三方平台 SDK（如 Firebase）等。举例说明，将包 css_colors 添加到应用中的操作过程如下。

（1）添加依赖，打开 pubspec.yaml 文件，然后在 dependencies 下添加 css_colors。

```
dependencies:
  flutter:
    sdk: flutter
  css_colors: ^1.0.0
```

（2）安装，在 terminal 中运行 lutter packages get，或者在 IDE 中点击 pubspec.yaml 文件顶部的“Packages Get”。

（3）在代码中导入，在 Dart 代码中添加相应的 import 语句，然后就可以使用了。

```
import 'package:flutter/material.dart';
import 'package:css_colors/css_colors.dart';
```

```
void main() {
  runApp(new MyApp());
}

class MyApp extends StatelessWidget {
  @override
  Widget build(BuildContext context) {
    return new MaterialApp(
      home: new DemoPage(),
    );
  }
}

class DemoPage extends StatelessWidget {
  @override
  Widget build(BuildContext context) {
    return new Scaffold(
      body: new Container(color: CSSColors.orange)
    );
  }
}
```

8.3.8 封装新 API

当我们需要创建共享的模块化代码时，可以通过使用 Package 来实现，Packaged 的类型如下。

- Dart 包：对 Flutter 框架具有依赖性并包含 Flutter 的特定功能，仅将其用于 Flutter，而没有针对特定平台（Android、iOS）的实现，例如 fluro（https://pub.dartlang.org/packages/fluro）包。
- 插件包：专用的 Dart 包，主要包含针对 Android（使用 Java 或 Kotlin）和/或针对 iOS（使用 ObjC 或 Swift）平台的特定实现。例如 battery（https://pub.dartlang.org/packages/battery）插件包。

一个最小的 Package 包括：

- pubspec.yaml 文件——声明 package 的名称、版本、作者等元数据文件。
- lib 文件夹——包括包中公开的（public）代码，最少应有一个.dart 文件。

1. 开发 Dart 包

（1）创建 Dart 包。

使用--template=package 执行 flutter create：

```
$ flutter create --template=package read
```

这将在 read/文件夹下创建一个具有以下专用内容的 package 工程：

- lib/read.dart——Package 的 Dart 代码。
- test/read_test.dart——Package 的单元测试代码。

（2）实现 package。

对于 Dart 包，只需要在主 lib/.dart 文件内或 lib 目录的文件中添加功能即可。

2. 开发插件包

插件包用来解决涉及特定平台相关业务的实现问题，比如完成对 Android 或 iOS 某些 API 的调用，则需要开发插件包来完成，而 Dart 包只包含 Dart 部分代码，不涉及与原生 API 的交互，插件包是包含原生代码的特殊的 Dart 包。下面我们结合一个获取版本号的简单案例来进行说明。

（1）创建 package。

首先创建插件包，这里可以通过 Android Studio 进行创建，也可以通过命令行的方式进行创建，推荐大家使用 Android Studio 进行创建，官方对其的支持比较完善。

这里先介绍命令行创建方式，使用--template=plugin 参数执行 flutter create，使用--org 选项指定所属的组织机构，推荐使用反向域名表示法。该值用于生成 Android 和 iOS 代码中的各种包和包标识符。

```
$ flutter create --org com.example --template=plugin read_version_plugin
```

这将在 read/文件夹下创建一个具有以下专用内容的插件工程。

- lib/read_version_plugin.dart：插件包的 Dart API。
- android/src/main/java/com/yourcompany/read_version_plugin/ReadVersionPlugin.java：插件包 API 的 Android 实现。
- ios/Classes/ReadVersionPlugin.m：插件包 API 的 iOS 实现。
- example/：一个使用该插件的案例程序，用来介绍它的用法。

默认情况下，插件项目针对 iOS 代码使用 Objective-C，针对 Android 代码使用 Java。也可以使用-i/-a 为 iOS/Android 指定 Swift/Kotlin 为默认语言：

```
$ flutter create --template=plugin -i swift -a kotlin hello
```

上述介绍了命令行的创建方式，也可以在 Android Studio 中进行创建，操作比较简单，按照步骤执行即可。

（2）实现包 package。

在 Android Studio 中已经自动创建好了代码实现案例，打开 lib 文件夹下的 dart 文件：

```
import 'dart:async';
import 'package:flutter/services.dart';

class ReadVersionPlugin {
  static const MethodChannel _channel = const MethodChannel('read_version_
plugin');

  static Future<String> get platformVersion async {
    final String version = await _channel.invokeMethod('getPlatformVersion');
    return version;
  }
}
```

这是一个获取手机系统版本号的案例，Flutter 与 iOS 或 Android 的交互是通过 MethodChannel 完成的，为了保证 UI 流畅性，此过程需要异步处理。read_version_plugin 是 MethodChannel 的名字，Flutter 通过这个名字找到对应平台上的 MethodChannel，getPlatformVersion 是要调用的方法名。稍后我们需要在对应平台上按照相同的名字进行注册，就能实现 Flutter 与 Native 的交互。架构如图 8-8 所示（图片来自官网）。

Flutter 与 Native 的交互是双向的，在 Flutter 端 MethodChannel 发送方法调用消息，在 Native 端（Android 上的是 MethodChannel，iOS 上是的 FlutterMethodChannel）接收方法并返回结果，这样就完成了一次与 Native 的交互。

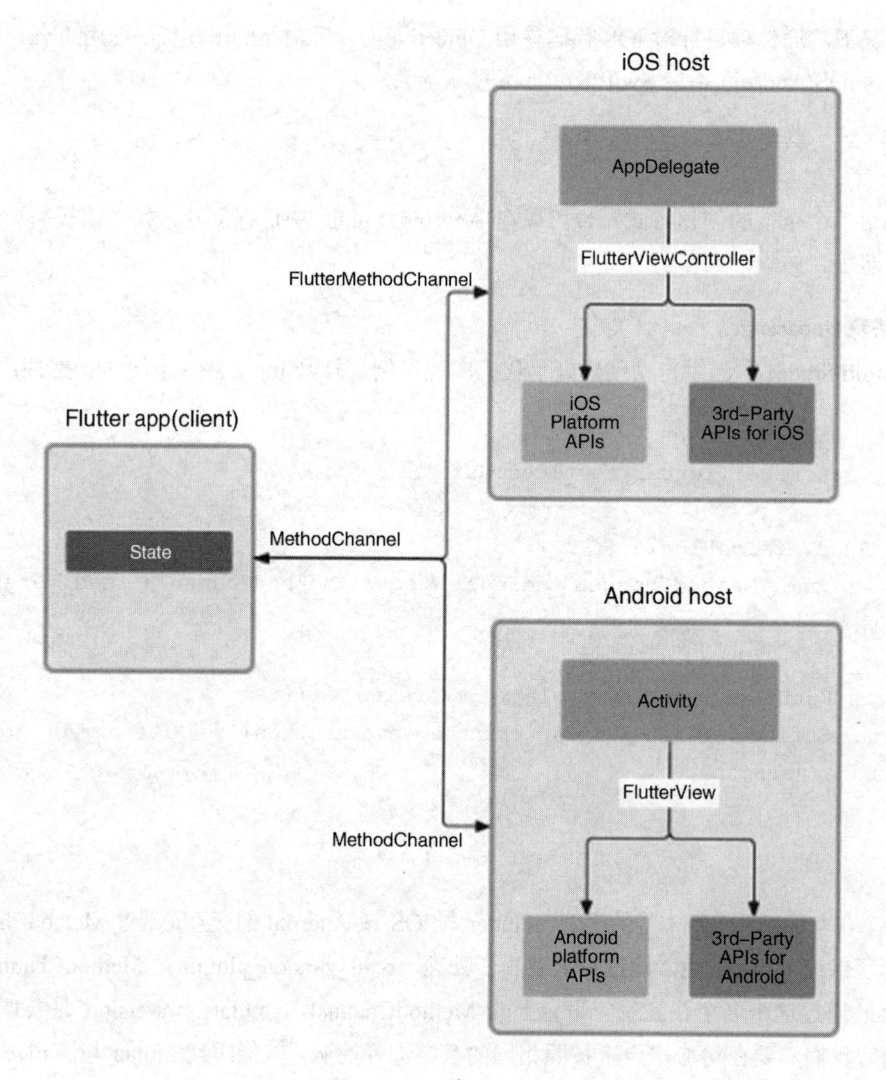

图 8-8

（3）**添加 Android 端代码。**

上一步我们实现了 Flutter 部分的代码，接下来要在 Android 端完成 MethodChannel 的注册：

```
public class ReadVersionPlugin implements MethodCallHandler {

  public static void registerWith(Registrar registrar) {
    final MethodChannel channel = new MethodChannel(registrar.messenger(),
"read_version_plugin");
```

```
    channel.setMethodCallHandler(new ReadVersionPlugin());
  }

  @Override
  public void onMethodCall(MethodCall call, Result result) {
    if (call.method.equals("getPlatformVersion")) {
      result.success("Android " + android.os.Build.VERSION.RELEASE);
    } else {
      result.notImplemented();
    }
  }
}
```

在 android 目录下，我们可以找到这部分 Java 代码。这里使用我们约定好的名字 read_version_plugin 进行注册。在 onMethodCall 方法中有两个参数，MethodCall 里包含要调用的方法名称和参数，Result 是给 Flutter 的返回值。通过 if 语句判断 MethodCall.method 来区分不同的方法，在获取版本号后通过 result.success()把值返回给 Flutter。

（4）添加 iOS 端代码。

在 ios/Classes 目录下找到.m 文件：

```
@implementation ReadVersionPlugin
+
(void)registerWithRegistrar:(NSObject<FlutterPluginRegistrar>*)registrar {
  FlutterMethodChannel* channel = [FlutterMethodChannel
      methodChannelWithName:@"read_version_plugin"
            binaryMessenger:[registrar messenger]];
  ReadVersionPlugin* instance = [[ReadVersionPlugin alloc] init];
  [registrar addMethodCallDelegate:instance channel:channel];
}

- (void)handleMethodCall:(FlutterMethodCall*)call result:(FlutterResult)
result {
  if ([@"getPlatformVersion" isEqualToString:call.method]) {
    result([@"iOS " stringByAppendingString:[[UIDevice currentDevice]
systemVersion]]);
  } else {
    result(FlutterMethodNotImplemented);
```

```
    }
  }

@end
```

这里的处理过程和 Android 端相似，使用我们约定好的名字 read_version_plugin 注册 FlutterMethodChannel，FlutterMethodCall 里包含要调用的方法名称和参数，FlutterResult 是给 Flutter 的返回值。通过 if 语句判断 call.method 来区分不同的方法，在获取版本号后通过 result() 把值返回给 Flutter。

（5）发布 packages。

到这里我们完成了这个简单的获取版本号的 packages 的例子，在构建没有问题后，添加相关文档：介绍文件 pubspec.yaml、记录版本文件 README.md 和许可条款 CHANGELOG.md，检查文档内容都正确后就能发布到 Pub（https://pub.dartlang.org/）上了。在命令行中检查是否都准备完成：

```
flutter packages pub publish --dry-run
```

注意发布时需要设置网络代理，同时如果设置了 Pub 的镜像则要删掉，不然会向镜像地址发布。执行发布：

```
flutter packages pub publish
```

8.3.9 更多资料

- Flutter 官网（https://flutter.io/docs/）。
- Flutter 官方中文网（https://flutter-io.cn/）。
- 开发者自维护 Flutter 中文网（http://doc.flutter-dev.cn/）。
- Flutter GitHub 地址（https://github.com/flutter/flutter）。
- Dart 官网（https://www.dartlang.org/）。
- Dart 中文社区（https://www.dart-china.org/）。

第 9 章 Flutter 实战

经过了第 8 章对 Flutter 的系统学习，相信读者已经掌握了 Flutter 的基本用法，但是学习成果必须在实战中才能得到检验，理解加实践，才是学习一门语言的扎实之法。现在读者是不是已经迫不及待地想动手做项目了呢？那么本章将带领读者一起构建我们自己的 Flutter 应用，从架构到功能实现，手把手教你如何编写 Flutter 应用。当然由于篇幅所限，本章只会把核心关键代码给读者详细解释，更加详细的代码读者可以到 https://github.com/shishaoyan/read 中下载和查看源码。源码和文章一起阅读效果会更好。本章分为三个部分，第一部分是项目结构，第二部分是功能实现，第三部分是多平台打包。那么我们就开始 Flutter 实战吧！

9.1 项目结构

在开发之前要做一些准备工作，而不是马上写代码，我们要先对项目进行一个整体的规划，比如开发目录的分类、程序的架构，这样我们就会把握住项目整体，而不是漫无目的地随意编写，这样对理解一门语言也会有很大的帮助。

9.1.1 结构目录

开发目录是按照功能来区分的，这样可以清晰地展示各部分的功能，同时根据目录的分类，我们可以更容易地增加复用性和拓展性。当然读者也可以按照自己的习惯改写开发目录，这里不强制，只是一个推荐。读者也可以按照自己的开发习惯来分类。我们详细地说明一下这几个分类的作用。

```
lib
├── api //后端接口，同时也有网络封装
├── common //公共组件
├── models //自定义数据模型
├── widgets //自定义组件
├── pages //页面
└── main.dart //入口文件
```

- api：负责网络功能的封装和后端接口的功能实现。
- common：公共复用组件，可以理解为 utils 的拓展，但不局限于 utils，只要是公共部分的内容都可以抽出来，形成公共组件。
- models：自定义数据类型，相当于 Java 的 bean。
- widgets：自定义组件，可以是某个页面的部分 Widget。
- pages：页面 main.dart:入口文件，之所以单“拎出来”，是为了更容易地找到入口。

Flutter 没有了 Android 和 iOS 布局文件，也没有了前端的 CSS 文件，所有的布局和修饰全部写在一起，如果目录分类不清晰，那么阅读源码无异于在阅读“天书”。所以这个一定要重视，从目录、命名规范上来让我们更好地理解 Widget 的含义。这样才能有序、高效地进行开发，看名识意，对我们自己的开发和对别人的迭代的开发都有很重要的作用。

9.1.2 项目概述

我们在这个项目中尽可能地把实战中需要用的技术和细节展示给大家，从分类学习到实战，笔者遇到了很多“坑”，同时很多实战资料都是简单的运用，实际运用又是另外一回事，这也是笔者写书的目的，让读者少走些弯路，让读者能够更快地入门 Flutter，看到 Flutter 的“美”。

项目分为以下几个部分：

- 主页面（首页和我的页面两部分）；
- 侧边栏；
- 图书详情页面；
- 登录、注册页面。

这几个功能页面是开发过程中常用的几个页面，我们通过这些常用的页面来构造 App，让

读者可以更直接地理解 Flutter 确实可以做到和原生一样的页面和功能，同时读者也可以比较清晰地感受原生和 Flutter 在页面构造、功能实现方面的差异，对于理解 Flutter 会有很大的帮助。

9.2　项目代码

我们将以从简单到复杂的顺序依次向读者展示项目代码的实现，也通过一个循序渐进的步骤，让读者能够更轻松地将所学到的知识点运用到项目中，同时对于 Flutter 也会有一个更加深刻的理解，对于掌握 Flutter 编程思想有很大的帮助。

9.2.1　登录、注册页面

首先我们创建一个 Flutter 的项目，按照 9.1 节的目录进行创建，如图 9-1 所示。

本节将从登录页面开始实战之旅，作为“开胃小菜”。

1. 登录界面预览（如图 9-2 所示）

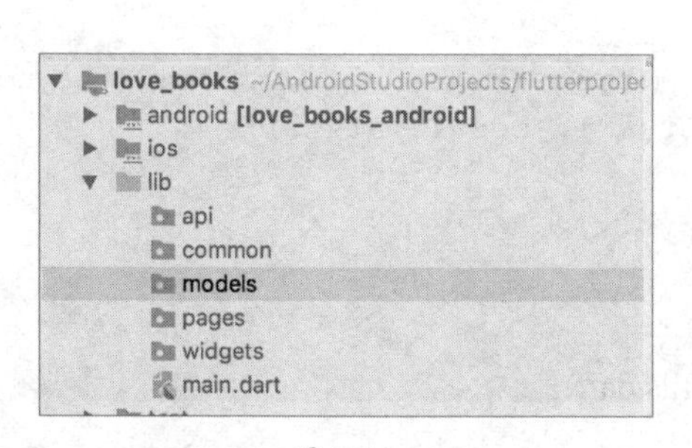

图 9-1

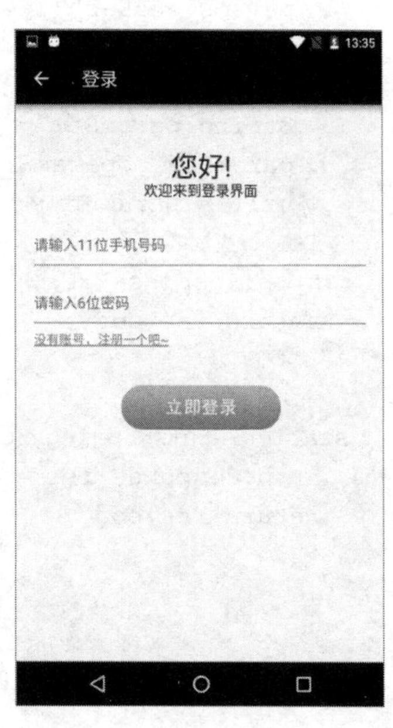

图 9-2

2. 登录页面的准备工作

首先在 api 目录下新建一个 Api.dart 用来存放登录所使用的 api：

```
class Api {
```

```
  static final String HOST = 'https://xxxxxxxxxx';
  static final String LOGIN = '$HOST/user/login';
}
```

然后添加应用的第三方依赖库：

```
dependencies:
//本地存储
  shared_preferences: ^0.4.2
```

因为用到了网络请求，所以在 api 目录下再新建一个 NetUtils.dart 工具类。这是对之前网络请求的一个简单封装，可以根据自己的需求进行优化。

```
class NetUtils {
  static Future<String> get(String url, {Map<String, String> params}) async {
    if (params != null && params.isNotEmpty) {
      StringBuffer sb = new StringBuffer('?');
      params.forEach((key, value) {
        sb.write('$key' + '=' + '$value' + '&');
      });
      String paramStr = sb.toString();
      paramStr = paramStr.substring(0, paramStr.length - 1);
      url += paramStr;
    }
    http.Response res = await http.get(url);
    return res.body;
  }

  static Future<String> post(String url, {Map<String, String> params}) async {
    http.Response res = await http.post(url, body: params);
    return res.body;
  }
}
```

最后还需要准备一个 Dialog 的工具类 DialogUtils.dart：

```
static show(BuildContext context, String title, String contont) {
  showDialog<Null>(
    context: context,
    barrierDismissible: false,
    builder: (BuildContext context) {
      return new AlertDialog(
```

```
            title: new Text(title),
            content: new SingleChildScrollView(
              child: new ListBody(
                children: <Widget>[
                  new Text(contont),
                ],
              ),
            ),
            actions: <Widget>[
              new FlatButton(
                child: new Text('确定'),
                onPressed: () {
                  Navigator.of(context).pop();
                },
              ),
            ],
          );
        },
      );
    }
```

图 9-3 是布局概略图，通过这个图我们能更直观地看到布局的情况。同时可以更加清晰地感受到 Flutter 的布局思路。

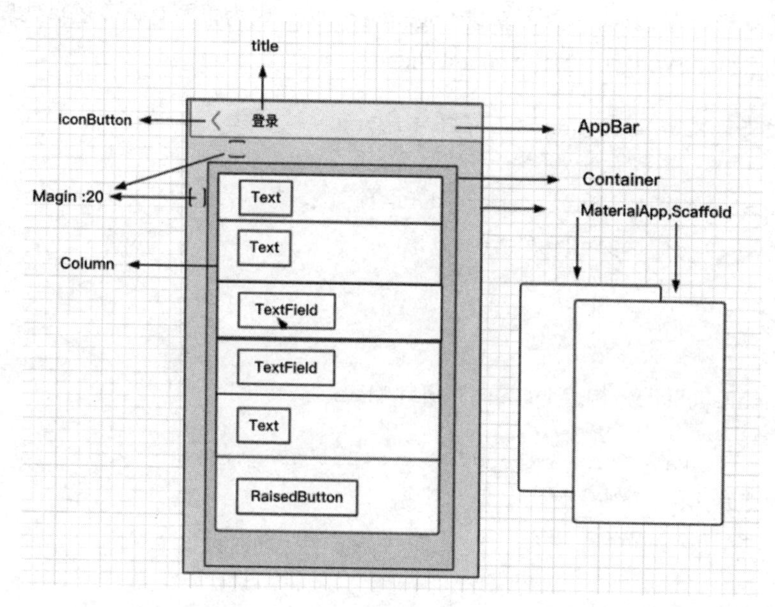

图 9-3

一个布局概略图怎么能够呢？再来一个 Widget 结构图（见图 9-4），通过与概略图相结合，共同理解 Flutter 的布局思路。原来 Flutter 布局这么简单、直接。

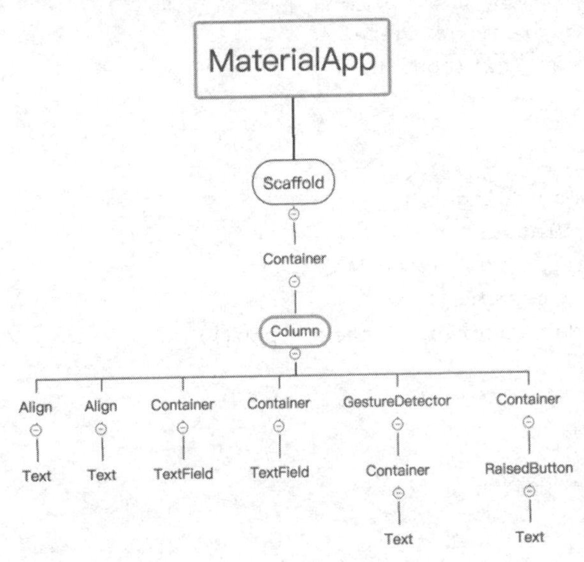

图 9-4

3. 登录页面的代码实现

工具准备妥当，在 pages 目录下新建 LoginPage.dart。因为里面有很多逻辑处理、状态的改变，所以选择 StatefulWidget。创建 StatefulWidget：

```
class LoginPage extends StatefulWidget {
  @override
  State<StatefulWidget> createState() {
    return new _LoginPageState();
  }
}
```

创建_LoginPageState，构造 UI 界面和事件响应：

```
class _LoginPageState extends State<LoginPage> {
  //所填账户信息字符串
  var _str_account = '';

  //所填密码信息字符串
```

```
var _str_pass = '';

//文本编辑控制器，可用于监听文本内容的改变
TextEditingController accountController = new TextEditingController();
TextEditingController passController = new TextEditingController();

@override
Widget build(BuildContext context) {
  return MaterialApp(
    //设置主题颜色
    theme: ThemeData(primaryColor: Colors.black),
    home: Scaffold(
      appBar: AppBar(
        title: Text('登录'),
        leading: IconButton(
            icon: BackButtonIcon(),
            onPressed: () {
              Navigator.pop(context);
            }),
      ),
      body: Container(
        margin: EdgeInsets.fromLTRB(20.0, 50.0, 20.0, 20.0),
        //共有 6 列，每一列设置自己的列布局
        child: Column(
          children: <Widget>[
            //左对齐
            Align(
              alignment: Alignment.center,
              child: Text('您好!', style: TextStyle(fontSize: 30.0)),
            ),
            Align(
              alignment: Alignment.center,
              child: Text('欢迎来到登录界面', style: TextStyle(fontSize: 16.0)),
            ),
            Container(
              margin: EdgeInsets.only(top: 30.0),
              //添加 controller，监听 TextField 内容的改变
              child: TextField(
```

```
          controller: accountController,
          keyboardType: TextInputType.phone,
          decoration: InputDecoration(hintText: '请输入11位手机号码'),
        ),
      ),
      Container(
        margin: EdgeInsets.only(top: 20.0),
        child: TextField(
          controller: passController,
          //是否以密码形式显示(*)
          obscureText: true,
          //设置hintText
          decoration: InputDecoration(
            hintText: '请输入6位密码',
          ),
        ),
      ),
      //监听Text的点击事件
      GestureDetector(
        onTap: () {
          Navigator.of(context).push(
              MaterialPageRoute(builder: (context) => RegisterPage()));
        },
        child: Container(
          margin: EdgeInsets.only(top: 10.0),
          alignment: Alignment.topLeft,
          child: Text(
            '没有账号，注册一个吧~',
            style: TextStyle(
                //设置下画线
                decoration: TextDecoration.underline,
                color: Colors.blue),
          ),
        ),
      ),
      Container(
        margin: EdgeInsets.only(top: 40.0),
        child: MaterialButton(
```

```
              child: Image.asset(
                'images/login.png',
                width: 180.0,
                height: 50.0,
              ),
              //按钮点击事件
              onPressed: () {
                //获取 TextField 的文本内容
                _str_account = accountController.text;
                _str_pass = passController.text;
                //登录逻辑处理
                localLogin(_str_account, _str_pass);
              },
            ),
          ),
        ],
      ),
    ),
  ),
);
}
```

网络登录逻辑:

```
void login(String account, String pass) async {
 if (account.trim() == '') {
   DialogUtils.show(context, '提示', '账号不能为空');
   return;
 }

 if (pass.trim() == '') {
   DialogUtils.show(context, '提示', '密码不能为空');
   return;
 }
 String url = Api.LOGIN;
 var map = {'username': account, 'password': pass};

 NetUtils.post(url, params: map).then((data) {
```

```
      if (data != null) {
        Map<String, dynamic> map = json.decode(data);

        if (map['code'] == 1000) {
          var msg = map['data'];
          DialogUtils.show(context, '提示', '登录成功');
        } else {
          DialogUtils.show(context, '提示', '登录失败');
        }

        setState(() {});
      }
    });
  }
```

本地登录可以替换 login 方法，我们在接下来的例子中都采用本地登录的方式，有条件的读者可以以网络登录的方式进行编写。在这里实现了本地登录和网络登录两个方法，如果读者没有服务器端，那么也可以用本地存储登录信息的方法。

```
  void localLogin(String account, String pass) async {
    if (account.trim() == '') {
      DialogUtils.show(context, '提示', '账号不能为空');
      return;
    }

    if (pass.trim() == '') {
      DialogUtils.show(context, '提示', '密码不能为空');
      return;
    }
    var map = {'username': account, 'password': pass};
    //获取实例
    var prefs = await SharedPreferences.getInstance();
    //获取存储数据
    var _account = prefs.getString('account') ?? '';
    var _pass = prefs.getString('pass') ?? '';

    if (account == _account && pass == _pass) {
      await prefs.setBool('islogin', true);
```

```
      //DialogUtils.show(context, '提示', '登录成功');
      Navigator.of(context).pop();
    } else {
      DialogUtils.show(context, '提示', '登录失败');
    }
  }
```

4. 注册页面预览（如图 9-5 所示）

图 9-5

注册页面可以填写用户的账号、密码、昵称和头像，点击头像跳转到图库来选择图片，最后点击“立即注册”按钮，对用户信息进行本地保存。

5. 注册页面准备工作

首先我们需要引用第三方库，这里需要说明一下的是，在添加第三方库的时候很能会遇到添加无反应的情况，我们可以重启一下 IDE，相信随着 Flutter 和 IDE 的完善，这些问题就不会出现了。

```
dependencies:
  image_picker: ^0.4.1
  shared_preferences: ^0.4.2
  fluttertoast: ^2.0.7
```

6. 注册页面代码实现

创建注册页面 Widget:

```
class RegisterPage extends StatefulWidget {
  @override
  State<StatefulWidget> createState() {
    return new _RegisterPageState();
  }
}
```

基本框架代码:

```
class _RegisterPageState extends State<RegisterPage> {

  var strAccount = '';//账户
  var strPass = '';//密码
  var strNick = '';//昵称
  File imageHead;//头像图片
  //账户 TextEditingController
  TextEditingController _controller_account = new TextEditingController();
  //密码 TextEditingController
  TextEditingController _controller_pass = new TextEditingController();
  //昵称 TextEditingController
  TextEditingController _controller_nick = new TextEditingController();

  @override
  Widget build(BuildContext context) {
    return MaterialApp(
      theme: ThemeData(primaryColor: Colors.black),
      home: Scaffold(
        appBar: AppBar(
          title: Text('注册'),
          leading: IconButton(
              icon: BackButtonIcon(),
              onPressed: () {
                Navigator.pop(context);
              }),
        ),
```

```
      body: bodyPage(),
    ),
  );
}
```

主要界面实现在_body 方法中，逻辑很简单，就是填写信息，添加头像，然后把这些信息保存。

```
Widget bodyPage() {
    return Container(
      margin: EdgeInsets.all(20.0),
      child: Column(
        children: <Widget>[
          GestureDetector(
            onTap: () {
              getImage();
            },
            child: Container(
              child: imageHead == null
                  ? CircleAvatar(
                      backgroundImage: new AssetImage('images/user.png'),
                      backgroundColor: Colors.white,
                      radius: 50.0,
                    )
                  : CircleAvatar(
                      backgroundImage: new FileImage(imageHead),
                      backgroundColor: Colors.white,
                      radius: 50.0,
                    ),
            ),
          ),
          ···省略若干代码，详情参见源码
          Container(
            margin: EdgeInsets.only(top: 40.0),
            child: MaterialButton(
              child: Image.asset(
```

```
          'images/register.png',
          width: 180.0,
          height: 50.0,
        ),
        onPressed: () {
          strAccount = _controller_account.text;
          strPass = _controller_pass.text;
          strNick = _controller_nick.text;
          var _img_path = imageHead == null ? '' : imageHead.path;
          if (strAccount != '' &&
              strPass != '' &&
              strNick != '' &&
              _img_path != '') {
            register(strAccount, strNick, strPass, _img_path);
          } else {
            DialogUtils.show(context, '提示', '请完善信息');
          }
            ···省略若干代码，详情参见源码
```

这两个页面的代码不多，逻辑也很简单，我们需要的是把结构理清楚，然后一层一层地进行编写。把复杂的页面拆分成若干小部分，也就是把整体分成若干小的 Widget，利用了分层分块 Widget 的思想。至于逻辑的处理，只要改变引发 Widget 的状态变化的变量即可。充分利用响应式开发的优点，开发的时候思路也会更清晰，更加顺手。

9.2.2 首页

首页相对来说比较复杂，不过我们还是用拆分的思想把它拆分成一个个 Widget，这样就很简单了。首先我们看一下首页的截图，这是一个很经典的布局，在原生开发里很常见，我们就用 Flutter 来实现这个页面，如图 9-6 所示。

当然，只有 UI 截图是不直观的，通过下面的几个辅助图可以更好地理解和在脑海之中构造我们自己的布局。下面左边是通用结构，右边是首页具体结构。是不是很清晰了？其实拆分出来，每个部分都不过三个 Widget，如图 9-7 所示。

图 9-6

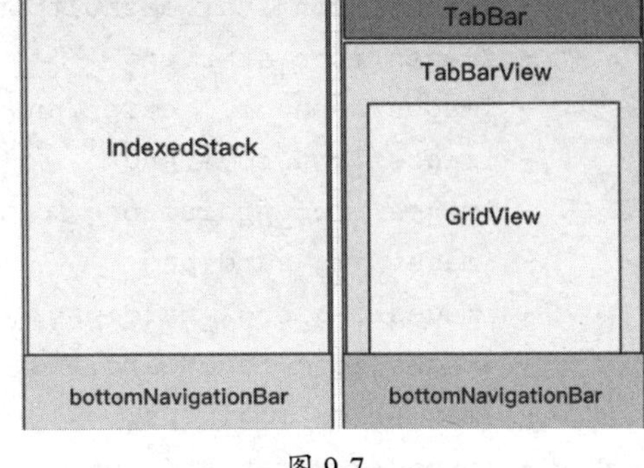

图 9-7

1. 准备工作

因为使用了图片（icon），所以先配置一下图片。在主目录下新建一个 images 文件夹，把我们所需的图片复制到该文件夹下，例如 home.png 和 home_default.png 是首页 icon 的两个不同状态的图片。在 pubspec.yaml 文件里进行如下配置，这样图片就可以使用了，具体结构如图 9-8 所示。

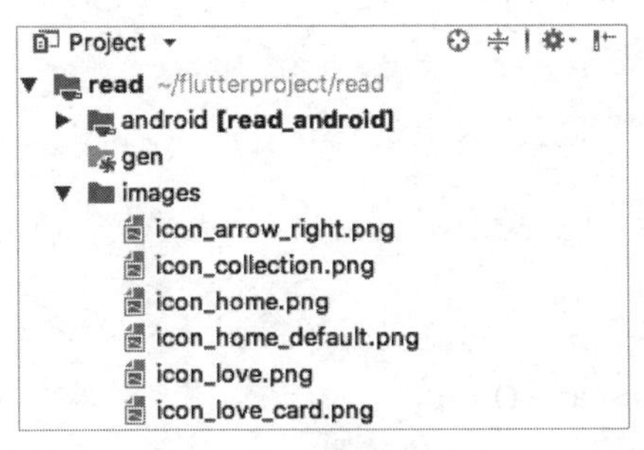

图 9-8

```
assets:
  - images/icon_home.png
  - images/icon_home_default.png
  - images/icon_my.png
```

```
    - images/icon_my_default.png
    - images/icon_arrow_right.png
    - images/img_book_yskf.jpg
    - images/img_bg.png
    - images/img_header.jpeg
    - images/icon_setting.png
    - images/icon_user.png
    - images/icon_star_checked.png
    - images/icon_star_default.png
    - images/icon_star.png
    - images/icon_collection.png
    - images/icon_love.png
    - images/icon_praise.png
    - images/img_card.png
    - images/img_book_card.png
    - images/icon_love_card.png
    - images/img_login.png
    - images/img_register.png
```

2. 代码实现

在 main.dart 里编写主界面的代码：

```
void main() {
  runApp(new MyApp());
}
```

构建 MyApp 组件：

```
class MyApp extends StatefulWidget {
  @override
  State<StatefulWidget> createState() {
    return new MyAppState();
  }
}
```

创建 State，代码里的注释很详细，可以根据注释和结构图一起去理解这个页面的实现原理和思路。

```
class MyAppState extends State<MyApp> with TickerProviderStateMixin {
  //设置需要展示的 tab 序列号
  int selectedIndex = 0;
  TabController controller;

  //底部 bottomNavigationBar，例如“首页”或“我的”，选中和未选中的颜色
  final tabTextStyleNormal =
      new TextStyle(color: Color(ColorsUtil.TYPEFACE_BLACK));
  final tabTextSytleSelected =
      new TextStyle(color: Color(ColorsUtil.TYPEFACE_BLACK));

  //image 数组
  var tabImages;
  var bodyStack;

  //appBar 的标题数组
  var appBarTitles = ['首页', '我的'];

  Image getTabImage(path) {
    return new Image.asset(path, width: 20.0, height: 20.0);
  }

  @override
  void initState() {
    super.initState();
    controller = TabController(vsync: this, length: 2);
    controller.addListener(() {
      setState(() {
        selectedIndex = controller.index;
      });
    });
  }

  void initData() {
    DbProvider commentProvider = new DbProvider();
    commentProvider.create();
    //当 tabImages 为空的时候初始化 tabImages
    if (tabImages == null) {
```

```
      tabImages = [
        [
          getTabImage('images/icon_home.png'),
          getTabImage('images/icon_home_default.png')
        ],
        [
          getTabImage('images/icon_my.png'),
          getTabImage('images/icon_my_default.png')
        ]
      ];
    }
    bodyStack = new IndexedStack(
      children: <Widget>[new BookStore(), new MyInfoPage()],
      index: selectedIndex,
    );
  }

  @override
  Widget build(BuildContext context) {
    initData();
    return new MaterialApp(
      theme: new ThemeData(primaryColor: Colors.black),
      home: new Scaffold(
        appBar: new AppBar(
          //随着selectedIndex的改变，title的值和style也会改变
          title: new Text(
            appBarTitles[selectedIndex],
            style: new TextStyle(color: Colors.white),
          ),
          iconTheme: new IconThemeData(color: Colors.white),
        ),
        // body: bodyStack,
        body: TabBarView(
          controller: controller,
          physics: NeverScrollableScrollPhysics(),
          children: <Widget>[new BookStore(), new MyInfoPage()],
        ),
        //这里设置bottomNavigationBar
```

```
      bottomNavigationBar: new CupertinoTabBar(
        backgroundColor: const Color(0xFFEAE9E7),
        items: <BottomNavigationBarItem>[
          new BottomNavigationBarItem(
              //图片和文字的样式是固定的
              icon: getTabIcon(0),
              title: getTabTitle(0)),
          new BottomNavigationBarItem(
              icon: getTabIcon(1), title: getTabTitle(1))
        ],
        //当前选中的序列
        currentIndex: selectedIndex,
        //选中后的事件
        onTap: (index) {
          //必须调用 setState 方法，否则界面不会更新
          setState(() {
            controller.index = index;
            selectedIndex = index;
          });
        },
      ),
      //这里是设置侧边栏的地方
      drawer: new DrawerPage(),
    ),
  );
}
```

实现几个工具方法：

```
//获取本地图片
Image getTabImage(path) {
  return new Image.asset(path, width: 20.0, height: 20.0);
}
//根据选中的状态返回对应的 TextStyle
TextStyle getTabTextStyle(int curIndex) {
  if (curIndex == selectedIndex) {
    return tabTextSytleSelected;
  }
  return tabTextStyleNormal;
```

```
}
//根据选中的状态返回对应的 Image
Image getTabIcon(int curIndex) {
  if (curIndex == selectedIndex) {
    return tabImages[curIndex][0];
  }
  return tabImages[curIndex][1];
}
//根据选中的序列返回对应的 Title
Text getTabTitle(int curIndex) {
  return new Text(
    appBarTitles[curIndex],
    style: getTabTextStyle(curIndex),
  );
}
```

主页面的结构可以用图 9-9 来进行说明。

主要就是 appbar、body、bottomNavigationBar 三部分，在 body 里面填写 IndexedStack，放置不同的页面，bottomNavigationBar 作为底部的导航栏，根据设置 IndexedStack 的 title 进行相应的显示。按照这些相应的参数进行简单的设置，基本框架就出来了。运行程序，得到如图 9-10 所示的界面。

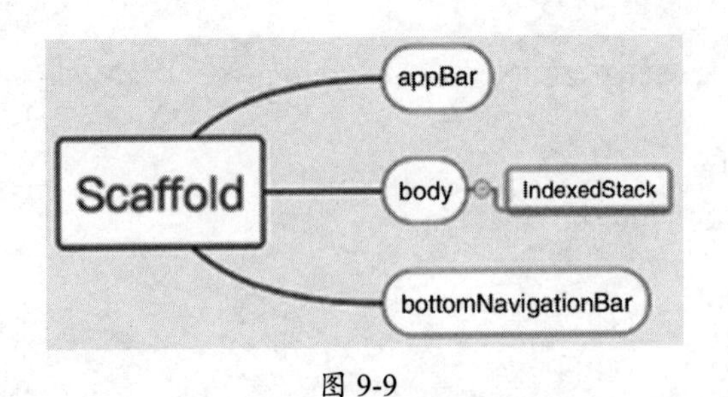

图 9-9

图 9-10

接下来对首页进行处理，首页嵌套在主页面里，布局较为简单，但是逻辑较为复杂，开发过程中会有很多“坑”和细节需要处理。老规矩，把复杂界面简单化，一个个击破，如图 9-11 所示。

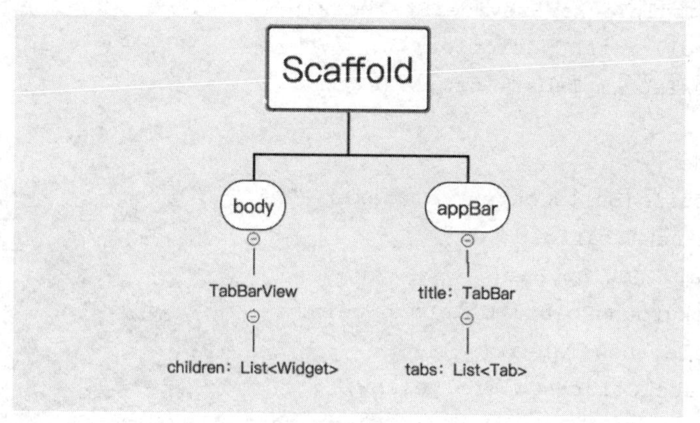

图 9-11

在 TabBar 中进行 List 填充操作，在 body 的 TabBarView 里进行局部页面 Widget 填充操作。了解完结构之后，我们再编写代码就简单得多了，当然还有很多需要注意的细节。

因为需要 Tab 和页面的对应关系，我们首先创建 BookTab 类：

```
/**
 * 定义 TAB 页对象，每个 TAB 对应不同的对象
 */
class BookTab{
//这是 Tab 的 title 名称
   String text;
//这是图书列表界面，可以简单地先写一个
   BookList bookList;
   BookTab(this.text,this.bookList);
}
```

接下来实现 BookStore.dart 首页页面，创建名为 BookStore 的 StatefulWidget：

```
class BookStore extends StatefulWidget {
  @override
  State<StatefulWidget> createState() {
    return new BookStoreState();
  }
}
```

创建 BookStoreState，给 BookStore 添加 State：

```
class BookStoreState extends State<BookStore>
    with SingleTickerProviderStateMixin {
  TabController tabController;
  List<BookTab> myTabs = new List();

  @override
  Widget build(BuildContext context) {
    return new Scaffold(
      appBar: new AppBar(
        backgroundColor: Colors.blue,
        title: new TabBar(
          labelColor: Colors.yellow,
          unselectedLabelColor: Colors.white,
          indicatorWeight: 2.0,
          controller: _tabController,
          tabs: myTabs.map((item) {
            return new Tab(text: item.text);
          }).toList(),
          //使用 Tab 类型的数组呈现 Tab 标签
          indicatorColor: Colors.yellow,
          isScrollable: true,
        ),
      ),
      body: new TabBarView(
        controller: _tabController,
        children: myTabs.map((item) {
          // return item.bookList;
          return item.bookList;
        }).toList(),
      ),
    );
  }

  @override
  void initState() {
    super.initState();
```

```
    tabController = new TabController(vsync: this, length: myTabs.length);
    getTabList();
    setState(() {});
  }

  @override
  void dispose() {
    tabController.dispose();
    super.dispose();
  }
}
```

异步网络请求获取 tab 的数组信息：

```
//异步网络请求获取 tab 的数组信息
  void getTabList() async {
    String url = Api.BOOK_TAB;
    NetUtils.get(url).then((data) {
      if (data != null) {
        Map<String, dynamic> map = json.decode(data);

        if (map['code'] == 1000) {
          var msg = map['data'];

          List _listdata = msg['cates'];

          for (int i = 0; i < _listdata.length; i++) {
            String str = _listdata[i]['name'];
            myTabs.add(new BookTab(str,
                new BookList(bookType: str)));
          }
        }
        tabController = new TabController(vsync: this, length: myTabs.length);
        setState(() {});
      }
    });
  }
```

运行结果如图 9-12 所示。

图 9-12

可以左右滑动，或者点击 Tab 切换 TabView，这样首页就完成了，已经有了一个 App 的雏形。接下来对 TabView 里的页面进行处理，我们做的是书单，采用 GridView 的形式，每行三列，当然还要支持下拉刷新和上拉加载，以及加载动画。这几点都是实际应用中必须有的功能，所以必须处理好这些功能和细节。

3. BookList 前期准备

需要了解以下几个类的使用场景。

- CircularProgressIndicator：循环进度指示器（进度条）。
- RefreshIndicator：刷新指示器（用来处理上拉下拉）。
- AutomaticKeepAliveClientMixin：tab 切换的时候，不执行 initState。

4. BookList 代码实现

创建 BookList：

```
class BookList extends StatefulWidget {
  final String bookType; //书籍类型
```

```
  BookList({Key key, this.bookType}) : super(key: key);

  @override
  State<StatefulWidget> createState() {
    return new _NewListState(bookType);
  }
}
```

设置 BookList 的状态_NewListState:

```
class _NewListState extends State<BookList> with AutomaticKeepAliveClientMixin {
  //数据的列表
  List listData = new List();
  //当前获取数据的页面
  var curPage = 1;
  //一页获取书籍数据的条数
  var pageSize = 20;
  //全部书籍的数量
  var listTotalSize = 0;
  //是否正在从网络获取数据
  bool isRun = false;
  //滑动控制器
  ScrollController controller = new ScrollController();
  //书籍的类型
  String bookType;

  _NewListState(String bookType) {
    this.bookType = bookType;
    controller.addListener(() {
      var maxScroll = controller.position.maxScrollExtent;
      var pixels = controller.position.pixels;
      //如果现在没有向网络获取数据，而且已经滑动到底部了，并且加载的数据小于数据的总数
      //那么就从网络上获取数据，并且页面加一，inrun 状态变成 true
      if (!isRun && pixels == maxScroll && (listData.length < listTotalSize)) {
        isRun = true;
        curPage++;
        getBookList(true);
      }
```

```
    });
  }

  @override
  void initState() {
    super.initState();
    //首次初始化
    if (listData.length > 0) {
    } else {
      getBookList(false);
    }
  }
  @override
  Widget build(BuildContext context) {
    if (listData.length == 0) {
      return new Center(
        child: new CircularProgressIndicator(),
      );
    } else {
      return new RefreshIndicator(
          child: createGridView(context), onRefresh: pullToFresh);
    }
  }
  @override
  bool get wantKeepAlive => true;
}
```

下拉刷新数据：

```
//下拉刷新数据
  Future<Null> pullToFresh() async {
    //print('NEWS_LIST:_pullToFresh');
    curPage = 1;
    getBookList(false);
    return null;
  }
```

从网络获取书籍列表：

```
//从网络获取书籍列表
  void getBookList(bool isLoadMore) {
    String url = Api.BOOK_LIST;
    url += '?page=$curPage&page_size=$pageSize';
    // print('NEWS_LIST: $url');
    NetUtils.get(url).then((data) {
      if (data != null) {
        Map<String, dynamic> map = json.decode(data);
        if (map['code'] == 1000) {
          isrun = false;
          var msg = map['data'];
          listTotalSize = msg['_pageinfo']['totalCount'];
          var tempData = msg['items'];
          setState(() {
            if (!isLoadMore) {
              listData.clear();
              listData = tempData;
            } else {
              listData.addAll(tempData);
              if (listData.length == listTotalSize) {
                // listData.add(Constants.END_LINE_TAG);
              }
            }
          });
        }
      }
    });
  }
```

创建书籍列表 Widget，每行三列：

```
Widget createGridView(BuildContext context) {
  var lg = listData.length;
  return Container(
    padding: EdgeInsets.all(8.0),
    child: new GridView.builder(
        physics: ClampingScrollPhysics(),
        shrinkWrap: true,
```

```
        controller: controller,
        gridDelegate: new SliverGridDelegateWithFixedCrossAxisCount(
            childAspectRatio: 1 / 2,
            mainAxisSpacing: 8.0,
            crossAxisSpacing: 8.0,
            crossAxisCount: 3),
        itemCount: listData.length,
        itemBuilder: (context, i) {
          return bookRow(i);
        }),
  );
}
```

构建每一本书籍 Item 的 Widget:

```
Widget bookRow(i) {
   var itemData = listData[i];

     return GestureDetector(
       onTap: () {
         Navigator.of(context).push(MaterialPageRoute(
             builder: (context) => BookPage(
            id:itemData['id'] ,
           title:  itemData['name'],
                )));
       },
       child: Container(
         child: Column(
           children: <Widget>[
             Expanded(
               child: Card(
                 elevation: 8.0,
                 child: AspectRatio(
                     aspectRatio: 3 / 4,
                     child: Hero(
                       tag: itemData['logo_url'],
                       child: FadeInImage(
                         fit: BoxFit.fill,
```

```
                    image: NetworkImage(
                      itemData['logo_url'],
                    ),
                    placeholder: AssetImage(
                      "assets/images/placeholder.png",
                    ),
                  ),
                )),
          ),
        ),
        Padding(
          padding: const EdgeInsets.all(8.0),
          child: Text(
            itemData['name'],
            maxLines: 1,
            overflow: TextOverflow.ellipsis,
            style: Theme.of(context).textTheme.body2,
          ),
        ),
        ...
```

最后运行代码，到此列表数据加载就完成了，下拉刷新、下拉加载、加载之前的 Loading 都已经实现。

9.2.3　个人中心页面

相信随着前几个页面的实现，读者对于界面 UI 布局和时间的响应有了比较深刻的认识，那么接下来个人中心页面的实现主要是给读者展示复杂页面的 Widget 折叠技巧，让代码不再像之前的页面那么混乱，把复杂页面简单化。本页面主要实现根据登录状态来改变显示的内容的功能，由于篇幅所限，登录下方的功能我们并没有实现，只是搭建了界面，相信这个对于读者肯定是“小菜一碟”，这里抛砖引玉，希望读者可以根据自己的想法完善这个项目，实现自己的功能。页面预览如图 9-13 所示。

图 9-13

我们把界面上下几部分的 Widgets 进行封装，这样可以很直观地看出界面的结构，以后需要修改的时候更容易进行定位和查找。MyInfoPageState 的实现代码如下所示。

```
class _MyInfoPageState extends State<MyInfoPage> {
  String nick = '';
  String des = '点击登录查看更多信息';
  File imageHeader;
  bool isLogin = false;

  @override
  void initState() {
    super.initState();

    getUserInfo();
  }

  @override
  Widget build(BuildContext context) {
    return new Container(
      margin: EdgeInsets.fromLTRB(0.0, 20.0, 0.0, 20.0),
      child: ListView(
```

```
        children: <Widget>[
          loginTop(),
          cardView(),
          //  _ColumnsBook(),
          Container(
            height: 10.0,
            color: const Color(0x559DA0A5),
          ),
          itemWant(),
          Container(
            height: 10.0,
            color: const Color(0x559DA0A5),
          ),

          Container(
            height: 10.0,
            color: const Color(0x559DA0A5),
          ),
          ItemFabulous(),
          Container(
            height: 5.0,
            color: const Color(0x559DA0A5),
          ),
          setting(),
          Container(
            height: 0.5,
            color: const Color(0x559DA0A5),
          ),
        ],
      ),
    );
  }
```

获取用户信息：

```
  void getUserInfo() async {
    //获取实例
    var prefs = await SharedPreferences.getInstance();
```

```
    //获取存储数据

    isLogin = prefs.getBool('islogin') ?? false;
    nick = isLogin ? prefs.getString('nick') ?? '' : '';
    String _userpath = prefs.getString('userimage') ?? '';
    if (isLogin) {
      des = 'hello flutter';
      if (_userpath != '') {
        imageHeader = new File(_userpath);
      }
    } else {
      des = '点击登录查看更多信息';
    }
    setState(() {});
  }
```

第一层分为头像和上部的昵称，根据登录状态填写相应的信息：

```
Widget loginTop() {
   return GestureDetector(
     onTap: () {
       if (!isLogin) {
         Navigator.of(context)
             .push(MaterialPageRoute(builder: (context) => LoginPage()))
             .then((str) {
           setState(() {
             getUserInfo();
           });
         });
       }
     },
     child: Column(
       children: <Widget>[
         Container(
           margin: EdgeInsets.fromLTRB(20.0, 0.0, 0.0, 5.0),
           child: Text(nick,
               style: TextStyle(
                 fontSize: 20.0,
```

```
            )),
            alignment: Alignment.center,
          ),
          Container(
            margin: EdgeInsets.fromLTRB(20.0, 0.0, 0.0, 5.0),
            child: (isLogin == false || imageHeader == null)
                ? CircleAvatar(
                    backgroundImage: new AssetImage('images/user.png'),
                    backgroundColor: Colors.white,
                    radius: 40.0,
                  )
                : CircleAvatar(
                    backgroundImage: new FileImage(imageHeader),
                    backgroundColor: Colors.white,
                    radius: 40.0,
                  ),
          ),
        ],
      ),
    );
  }
```

卡片布局：

```
  Widget cardView() {
    return Container(
        margin: EdgeInsets.fromLTRB(17.0, 0.0, 17.0, 0.0),
        child: Stack(children: <Widget>[
          Image.asset(
            'images/card.png',
            height: 150.0,
            width: 400.0,
          ),
          Container(
            height: 150.0,
            child: Row(
              children: <Widget>[
                Expanded(
```

```
          child: Container(
            child: Column(
              mainAxisAlignment: MainAxisAlignment.center,
              children: <Widget>[
                Container(
                  alignment: Alignment.centerLeft,
                  margin: EdgeInsets.fromLTRB(20.0, 15.0, 0.0, 5.0),
                  child: Text(
                    '强力推荐卡',
                    style:
                        TextStyle(fontSize: 20.0, color: Colors.white),
                  ),
                ),
                Container(
                  margin: EdgeInsets.fromLTRB(20.0, 5.0, 0.0, 15.0),
                  child: Text(
                    '最给力的书单就在这里',
                    style:
                        TextStyle(fontSize: 12.0, color: Colors.white),
                  ),
                  alignment: Alignment.centerLeft,
                ),
              ],
            ),
          ),
        ),
        Container(
          padding: EdgeInsets.fromLTRB(10.0, 5.0, 10.0, 5.0),
          decoration: BoxDecoration(
              border: Border.all(
                color: Colors.white,
              ),
              borderRadius: BorderRadius.all(Radius.circular(15.0))),
          margin: EdgeInsets.only(right: 20.0),
          child: Text(
            '立即领取',
            style: TextStyle(fontSize: 16.0, color: Colors.white),
          ),
```

```
            )
          ],
        ),
      ),
    ]));
}
```

底部的 Item 布局：

```
Widget itemCollect() {
  return Container(
    child: Row(
      children: <Widget>[
        Container(
          margin: EdgeInsets.all(25.0),
          child: Image.asset(
            'images/collection.png',
            width: 20.0,
            height: 20.0,
          ),
        ),
        Expanded(
          child: Text(
            '我收藏的书籍',
            style: TextStyle(fontSize: 16.0),
          ),
        ),
        Container(
            margin: EdgeInsets.all(20.0),
            child: Text(
              '0 本',
              style: TextStyle(fontSize: 16.0),
            )),
      ],
    ),
  );
}
```

到此为止，个人中心页面就完成了，当然也留给读者一些自己去实现功能的部分，面对 Flutter 一定要注意代码封装，我们所做的界面和逻辑已经很简单了，但是代码就让我们看得眼花缭乱，所以适当的封装和恰当的命名对于开发能起到事半功倍的效果。

9.2.4 图书详情页面

这个页面在本项目中是相对复杂的一个页面，笔者在写这个页面的时候遇到了不少“坑”，难点在于滑动布局的嵌套，因为有评论的功能，所以涉及上半部分的图书详情和下半部分评论列表的滑动嵌套，实现这个功能的时候一定要注意 Flutter 的布局思想，不能用原有的原生开发的思想，不然容易陷入“坑点”。笔者最开始采用单一 ListView 的布局，数据的初始化和更新都很不如意，最后采用了 Listview 嵌套 ListView 的方法。注意几种 ListView 的创造方法（参考第 8 章），合理搭配会更加得心应手。所以写界面布局的时候，一定要忘记自己之前的经验，运用 Flutter 的布局思想，这样才会写出属于 Flutter 的应用而不是仿原生应用。

数据库采用的是 sqflite：

```
dependencies:
//数据库
sqflite: ^0.12.0
```

页面预览如图 9-14 所示。

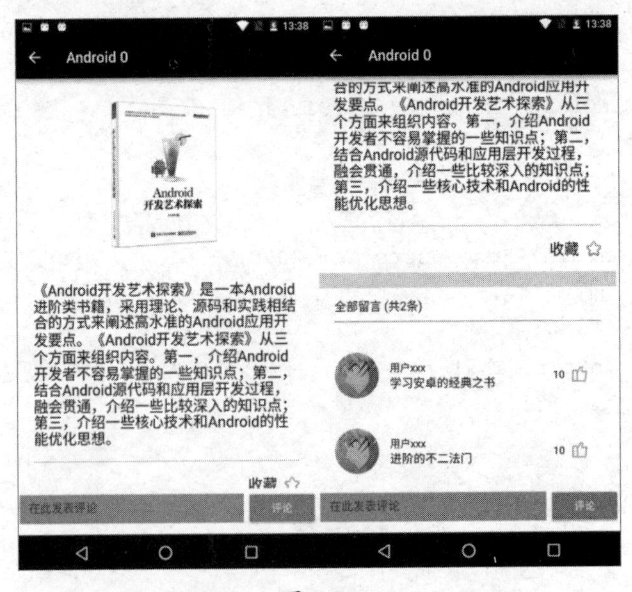

图 9-14

结构如图 9-15 所示。

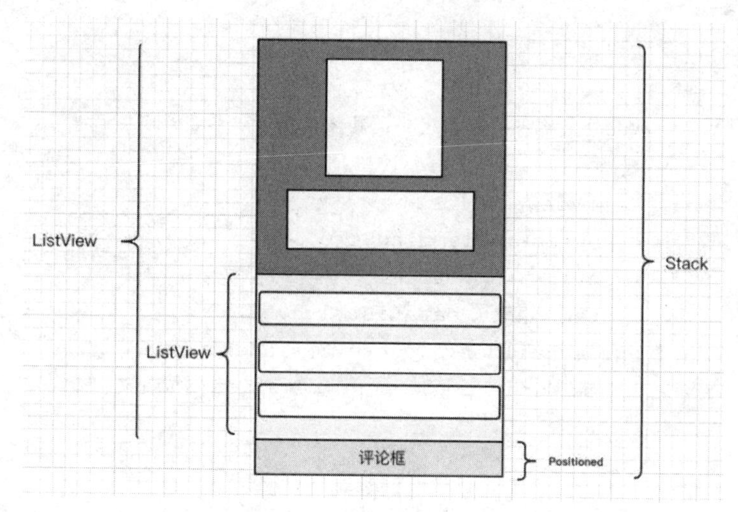

图 9-15

代码实现：

```
@override
 Widget build(BuildContext context) {
   return Scaffold(
     appBar: AppBar(title: Text(name)),
     body: Container(
       color: Colors.white,
       padding: EdgeInsets.symmetric(vertical: 8.0, horizontal: 4.0),
       child: Stack(
         children: <Widget>[
           Container(
             color: Colors.white,
             margin: EdgeInsets.only(bottom: 50.0),
             child: ListView(
               primary: true,
               children: <Widget>[
                 Container(
                   margin: EdgeInsets.all(20.0),
                   height: 200.0,
                   alignment: Alignment.center,
                   child: Image.network(
```

```
                imageHeader,
              ),
            ),

          ···//此处省略一些布局代码，具体代码可以参照源码

            ListView.builder(
              physics: ClampingScrollPhysics(),
              shrinkWrap: true,
              itemCount: dataList.length,
              itemBuilder: (context, index) {
                return itemComment(dataList[index]["book"]);
              },
            ),
          ],
        ),
      ),
    //这里采用Positioned把评论布局固定在底部
      Positioned(
        bottom: 0.0,
        left: 0.0,
        right: 0.0,
        child: CommentBar(),
      )
    ],
  ),
),
);
}
```

整体的结构和代码已经展示完毕，接下来详细展示一下评论功能的代码：

```
Widget CommentBar() {
  return Container(
    color: Colors.white,
    padding: EdgeInsets.symmetric(vertical: 2.0),
    child: Row(
      children: <Widget>[
```

```
        Expanded(
          child: TextField(
            controller: controller_edit,
            style: TextStyle(height: 0.8, color: Colors.black),
            decoration: InputDecoration(
              hintText: '在此发表评论',
              border: InputBorder.none,
              filled: true,
              fillColor: Colors.grey,
            ),
          ),
        ),
        SizedBox(
          width: 8.0,
        ),
        RaisedButton(
          onPressed: () {
            CommentProvider cp = new CommentProvider();
            cp.insert(new Comment(name, book, editController.text));
            getCommetList(name);
          },
          color: Colors.blue,
          child: Text(
            '评论',
            style: TextStyle(color: Colors.white),
          ),
        )
      ],
    ),
  );
}
```

这里简单地实现了数据操作功能，实际开发时利用 SQL 的知识灵活改变就可以了：

```
class CommentProvider {
  String tableComment = 'tableComment';
  static const columnId = 'id';
  static const columnName = 'name';
```

```
  static const columnContent = 'content';
  static const columnBook = 'book';
  String dbName = 'read.db';

  Future<String> getPath() async {
    var databasesPath = await getDatabasesPath();
    String path = join(databasesPath, dbName);
    return path;
  }

  Future<String> createDb(String dbName) async {
    String path = await getPath();
    if (await new Directory(path).exists()) {
      await deleteDatabase(path);
    } else {
      try {
        await new Directory(dirname(path)).create(recursive: true);
      } catch (e) {
        print(e);
      }
    }
    return path;
  }

  create() async {

  var  dbPath = await createDb(dbName);
    Database db = await openDatabase(dbPath);
    String sqlCreateTable =
        "create table  if not exists $tableComment($columnId integer primary
key autoincrement,$columnName text,$columnContent text ,$columnBook)";
    await db.execute(sqlCreateTable);
    await db.close();
  }

 //插入
  insert(Comment comment) async {
    String path = await getPath();
```

```
    Database db = await openDatabase(path);
    comment.id = await db.insert(tableComment, comment.toMap());
  //  await db.close();
  }

//查询
  Future<List<Map>> getCommentsByBook(String bookName) async {
    String path = await getPath();
    Database db = await openDatabase(path);
    List<Map> maps = await db.rawQuery("SELECT * FROM "+tableComment);
  //  await db.close();
    return maps;
  }
}
```

到此为止，图书详情页已经完成，之所以有时候会遇到一些困难或“坑”，是因为我们对控件源码不熟悉，有时候详细阅读控件源码会发现这些控件真的很强大，有很多我们不知道的功能，在文档匮乏的现状下，阅读源码是最好的学习和解决问题的方法。

9.2.5　侧滑页面

我们在开发过程中经常会遇到需要实现侧边栏的功能，比如 QQ 就在侧边栏放置了很多功能，所以 Flutter 也很人性化地对这个功能进行了实现，只需要调用 drawer:XXXPage()，编写 DrawerPage 页面，就可以很简单地实现侧滑页面。上文主界面写到实现侧滑页面的部分和这里是衔接的，放开注释即可。这个界面分为两部分，一部分是上面的用户的头像、昵称加上一段话。另一部分是下面的设置按钮，如果有更多功能，则可以复用设置按钮的代码。

图 9-16

页面预览如图 9-16 所示。

我们对页面采用了整体 ListView 的方式：

```
class _DrawerPageState extends State<DrawerPage> {
  static const double IMAGE_ICON_WIDTH = 30.0;
```

```
static const double IRROW_ICON_WIDTH = 16.0;

File imageHeader;
bool isLogin = false;
String nick;

var rightArrowIcon = new Image.asset(
  "images/ic_arrow_right.png",
  width: IRROW_ICON_WIDTH,
  height: IRROW_ICON_WIDTH,
);

List menuTitles = ["设置"];
List menuIcons = [
  './images/setting.png',
];

TextStyle menuStyle = new TextStyle(fontSize: 15.0);

@override
void initState() {
  super.initState();
  getUserInfo();
}

@override
Widget build(BuildContext context) {
  return new ConstrainedBox(
    constraints: const BoxConstraints.expand(width: 304.0),
    child: new Material(
      elevation: 16.0,
      child: new Container(
        decoration: new BoxDecoration(color: Colors.white),
        child: new ListView.builder(
            itemCount: menuTitles.length * 2 + 1, itemBuilder: renderRow),
      ),
    ),
  );
}
```

不同 Item 进行不同的处理：

```
Widget renderRow(BuildContext context, int index) {
  if (index == 0) {
    return Stack(
      alignment: Alignment(0.8, 1.3),
      children: <Widget>[
        Container(
          margin: EdgeInsets.all(15.0),
          width: 304.0,
          height: 200.0,
          decoration: BoxDecoration(
            image: new DecorationImage(
                image: ExactAssetImage('./images/book_card.png'),
                fit: BoxFit.fill),
          ),
          alignment: Alignment.topCenter,
          child: Column(
            children: <Widget>[
              Container(
                margin: EdgeInsets.only(top: 30.0, left: 25.0),
                child: Row(
                  children: [
                    (isLogin == false && imageHeader == null)
                        ? CircleAvatar(
                            backgroundColor: Colors.white,
                            radius: 40.0,
                          )
                        : CircleAvatar(
                            backgroundImage: new FileImage(imageHeader),
                            backgroundColor: Colors.white,
                            radius: 40.0,
                          ),
                    new Container(
                      margin: EdgeInsets.only(left: 20.0),
                      child: (isLogin == false)
                          ? new Text(
                              '未登录',
```

```
                              style: new TextStyle(
                                fontSize: 20.0,
                                fontWeight: FontWeight.bold,
                                color: Colors.white,
                              ),
                            )
                          : new Text(
                              nick,
                              style: new TextStyle(
                                fontSize: 20.0,
                                fontWeight: FontWeight.bold,
                                color: Colors.yellow,
                              ), ),  ), ], ), ),
                Container(
                  alignment: Alignment.centerLeft,
                  margin: EdgeInsets.fromLTRB(25.0, 20.0, 20.0, 0.0),
                  child: Text(
                    '送个程序员的爱心书单',
                    style: TextStyle(color: Colors.white, fontSize: 15.0),
                  ), )  ], ), ),
          Image.asset('images/love_card.png',width: 80.0,height: 80.0,),
        ],); }
        ···省略

  }
```

获取用户信息：

```
void getUserInfo() async {
//获取实例
    var prefs = await SharedPreferences.getInstance();
    //获取存储数据

    isLogin = prefs.getBool('islogin') ?? false;
    nick = isLogin ? prefs.getString('nick') ?? '未登录' : '未登录';
    String userpath = prefs.getString('userimage') ?? '';
    if (_isLogin) {
      if (userpath != '') {
```

```
        imageHeader = new File(userpath);
      }
    }
    setState(() {});
  }
```

到此侧滑页面也就实现了。

9.3 多平台打包

经过 9.2 节的学习，我们已经把实战项目完成了，但是我们会发现 App 的右上角一直出现 DEBUG 的字样，很明确地标识了 App 是 debug 版本，这一点和原生开发不大一样，但这样可以让我们更好地区分 debug 版本和 release 版本。当然还有一个更重要的区别，release 版本的速度比 debug 版本的速度快得多，很多人都在“吐槽”Flutter 运行速度太慢，那是因为没有打包 release 版本，相信体验了 release 版本的速度后，对 Flutter 会有一个新的认识。打包发布应用其实也很简单，其流程和正常打包 Android/iOS 的过程基本是一致的，这一点上 Flutter 做得很人性化，打开 Android Studio 或 Xcode，在这两个 IDE 上分别进行打包。打包完成后我们就可以发布应用到应用商店了。

9.3.1 Android 打包

Android 打包过程很简单，通过几个步骤就打包成功了。下面介绍两种打包方式，一种是可视化操作，直接明了；另一种是代码配置打包，更加方便。

1. 添加启动图标

打包之前先配置一下 APK 的 Logo，打开 AndroidManifest.xml 进行相应的修改：

```
<application
    android:name="io.flutter.app.FlutterApplication"
    <!--设置应用名称-->
    android:label="read"
    <!--设置应用 Logo-->
    android:icon="@mipmap/ic_launcher">
```

2. 可视化打包

（1）打开 android 目录下的 MainActivity，点击右上角的“Open for Editing in Android Studio”，

这样就进入这个 Flutter 项目对应的 Android 工程界面了。

（2）点击“Build”→“Generate Signed APK”，点击“Next”，如图 9-17 所示，跳转到如图 9-18 所示的界面。

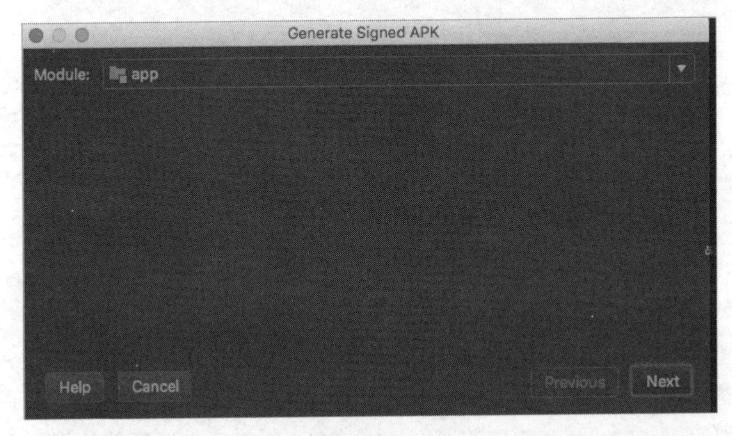

图 9-17

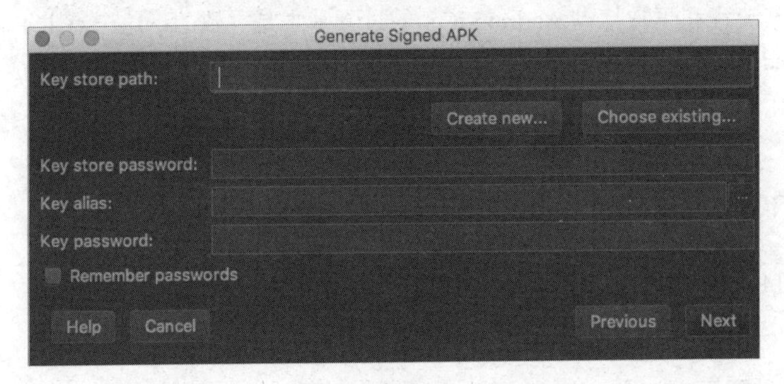

图 9-18

（3）点击“Create new”生成签名 keystore，点击“OK”，如图 9-19 所示，然后点击“Nest”，如图 9-20 所示。

（4）勾选“Signature Versions”，可以勾选 V1，也可以 V1、V2 一起勾选，根据自己的实际情况进行勾选即可，如图 9-21 所示。

（5）最后点击“Finish”，点击“lacate”跳转到该 APK 的目录，就找到打包成功的 APK 了。可以通过 adb install [路径]/app-release.apk 把 APK 安装到手机中，如图 9-22 所示。

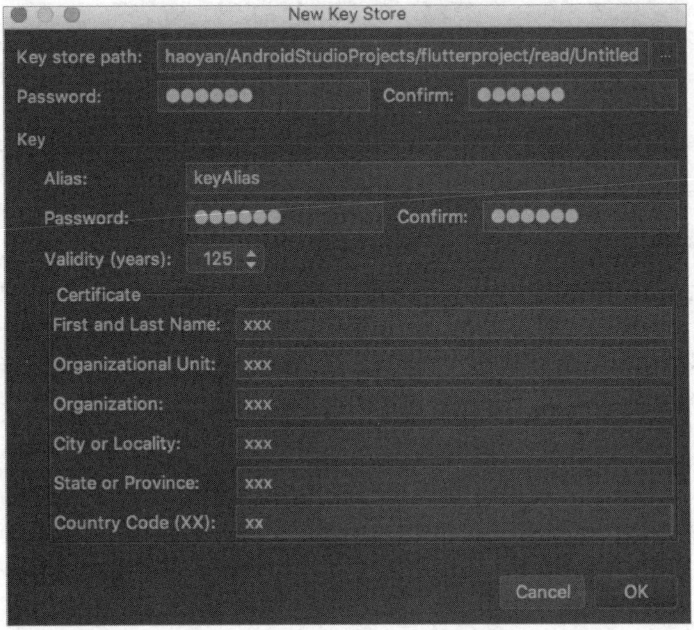

New Key Store

Key store path: haoyan/AndroidStudioProjects/flutterproject/read/Untitled
Password: ●●●●●● Confirm: ●●●●●●
Key
Alias: keyAlias
Password: ●●●●●● Confirm: ●●●●●●
Validity (years): 125
Certificate
First and Last Name: xxx
Organizational Unit: xxx
Organization: xxx
City or Locality: xxx
State or Province: xxx
Country Code (XX): xx
Cancel OK

图 9-19

Generate Signed APK

Key store path: Jsers/shishaoyan/AndroidStudioProjects/flutterproject/read/Untitled
Create new... Choose existing...
Key store password: ●●●●●●
Key alias: keyAlias
Key password: ●●●●●●
Remember passwords
Help Cancel Previous Next

图 9-20

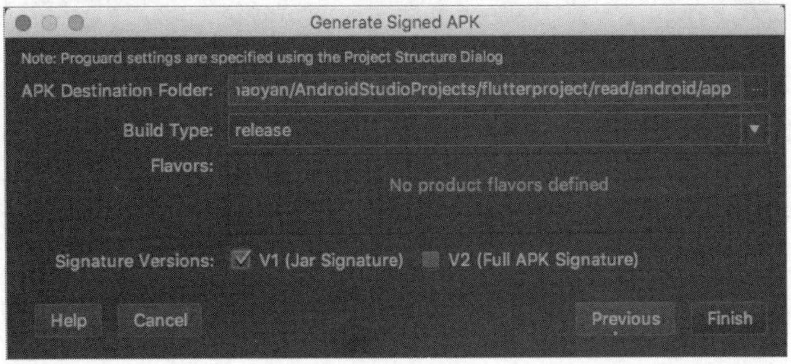

Generate Signed APK

Note: Proguard settings are specified using the Project Structure Dialog
APK Destination Folder: ıaoyan/AndroidStudioProjects/flutterproject/read/android/app
Build Type: release
Flavors: No product flavors defined
Signature Versions: V1 (Jar Signature) V2 (Full APK Signature)
Help Cancel Previous Finish

图 9-21

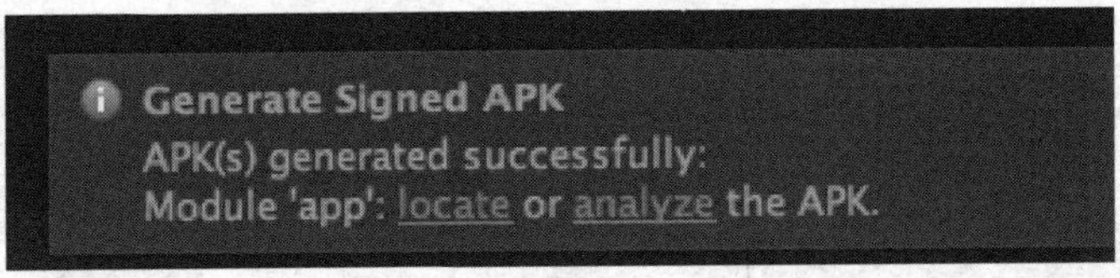

Generate Signed APK
APK(s) generated successfully:
Module 'app': locate or analyze the APK.

图 9-22

3. 代码配置打包

（1）生成 keystore 文件，在 Terminal 中输入以下命令：

```
keytool -genkey -v -keystore ~/key.jks -keyalg RSA -keysize 2048 -validity 10000 -alias key
```

下面是具体过程：

```
keytool -genkey -v -keystore ~/key.jks -keyalg RSA -keysize 2048 -validity 10000 -alias key
输入密钥库口令:
再次输入新口令:
您的名字与姓氏是什么?
  [Unknown]:  xxx
您的组织单位名称是什么?
  [Unknown]:  xxx
您的组织名称是什么?
  [Unknown]:  xxx
您所在的城市或区域名称是什么?
  [Unknown]:  xx
您所在的省/市/自治区名称是什么?
  [Unknown]:  xx
该单位的双字母国家/地区代码是什么?
  [Unknown]:  xx
CN=xxx, OU=xxx, O=xxx, L=xx, ST=xx, C=xx 是否正确?
  [否]:  y

正在为以下对象生成 2,048 位 RSA 密钥对和自签名证书 (SHA256withRSA) (有效期为 10,000 天):
         CN=xxx, OU=xxx, O=xxx, L=xx, ST=xx, C=xx
输入 < key > 的密钥口令
        (如果和密钥库口令相同, 按回车键):
```

```
再次输入新口令:
[正在存储 /Users/shishaoyan/key.jks ]
```

（2）引用应用程序中的 keystore 创建一个 android/key.properties 文件。需要注意的是，这些都是私密信息，不要加入公共源代码的控制中。

```
storePassword=123456
keyPassword=123456
keyAlias=key
如果 keystore 存储在本项目根目录下
storeFile=../key.jks
如果存储在项目外部，填写具体地址
storeFile=/Users/shishaoyan/key.jks
```

（3）打开 build.gradle 文件，对其进行修改。

```
//key.properties
def keystorePropertiesFile = rootProject.file("key.properties")
def keystoreProperties = new Properties()
keystoreProperties.load(new FileInputStream(keystorePropertiesFile))
android {
//添加 signingConfigs
    signingConfigs {
        release {
            keyAlias keystoreProperties['keyAlias']
            keyPassword keystoreProperties['keyPassword']
            storeFile file(keystoreProperties['storeFile'])
            storePassword keystoreProperties['storePassword']
        }
    }
    buildTypes {
//修改 release
        release {
            signingConfig signingConfigs.release
//是否开启混淆，如果不开启，则设置为 false
            minifyEnabled true
            useProguard true

//proguard 混淆文件
```

```
            proguardFiles  getDefaultProguardFile('proguard-android.txt'),
'proguard-rules.pro'
        }
    }
}
```

如果开始混淆，则创建/android/app/proguard-rules.pro 文件：

```
-keep class io.flutter.app.** { *; }
-keep class io.flutter.plugin.**  { *; }
-keep class io.flutter.util.**  { *; }
-keep class io.flutter.view.**  { *; }
-keep class io.flutter.**  { *; }
-keep class io.flutter.plugins.**  { *; }
```

（4）执行打包命令。

在 Terminal 中执行 flutter build apk 命令，APK 打包完成。

```
flutter build apk
Initializing gradle...                                          0.9s
Resolving dependencies...                                       1.0s
Running 'gradlew assembleRelease'...                            7.0s
Built build/app/outputs/apk/release/app-release.apk (6.2MB).
```

确认连接手机后，在 Terminal 中执行 flutter install 命令，将 APK 文件安装到手机中。

```
flutter install
Initializing gradle...                                          1.0s
Resolving dependencies...                                       1.3s
Installing app.apk to MI 6X...
Installing build/app/outputs/apk/app.apk...                     3.7s
```

以上两种打包方法可以按照自己的喜好进行选择，到这里 Android 打包就介绍完了，可以将打包好的 APK 文件上传到应用市场，开启 Flutter 正式版了。

9.3.2 iOS 打包

iOS 打包相对于 Android 打包要麻烦一些，因为 App Store 的审核相对于 Android 规则更加严格。在发布 iOS 应用的时候，请确保它符合 Apple 的 App Review Guidelines，注册 Apple 开发者计划，具体要求可以查阅说明文档 https://developer.apple.com/support/compare-memberships/。

1. 在 iTunes Connect 上注册应用程序

iTunes Connect 是管理 iOS 应用程序生命周期的地方。在这里需要填写应用名称和说明，添加屏幕截屏及设置价格，发布应用到 App Store，以及发布测试到 TestFlight。具体参阅说明文档 https:// developer.apple.com/support/app-store-connect/。

- 注册一个 Bundle ID

每个 iOS 应用程序都与一个 Bundle ID 关联，这个和 Android 的包名是一致的，这是一个在 Apple 注册的唯一标识符。注册步骤如下：

（1）打开开发者账户 App IDs 页面。

（2）点击“+”创建 Bundle ID。

（3）输入应用程序名称，选择“Explicit App ID”，输入 ID：com.yugangtalk.read。

（4）选择应用使用的服务，点击“Continue”。

（5）确认应用的详细信息，保证无误点击“Register”注册 Bundle ID。

- 在 iTunes Connect 上创建应用程序记录

（1）在浏览器中打开 iTunes Connect。

（2）登录并打开“My Apps”页面。

（3）点击 My App 页面左上角的“+”，选择“New App”。

（4）填写应用的详细信息。设置 Platforms，勾选 iOS。点击“Create”。

（5）进入“App Information”页面，选择“General Information”，确认注册 ID。

2. 查看 Xcode 项目设置

（1）进入 Runner，选择“General”。

（2）设置 Identity，如图 9-23 所示。

▼ Identity

Display Name	read
Bundle Identifier	com.yugangtalk.read
Version	1.0
Build	1

图 9-23

- Display Name：在主屏幕和其他地方显示的应用程序的名称。
- Bundle Identifier：在 iTunes Connect 上注册的 App ID。

（3）设置 Signing，如图 9-24 所示。

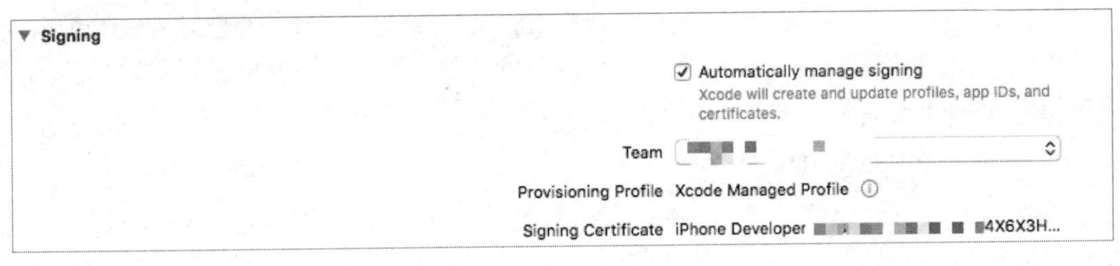

图 9-24

- Automatically manage signing：Xcode 是否应该自动管理应用程序签名和生成。默认设置为 true。
- Team：选择与注册的 Apple Developer 账户关联的团队。如果需要，则选择“Add Account ...”。

（4）设置 Deployment Info，如图 9-25 所示。

- Deployment Target：应用将支持的最低 iOS 版本。Flutter 支持 iOS 8.0 及更高版本。可以根据自己的需求适当进行修改。

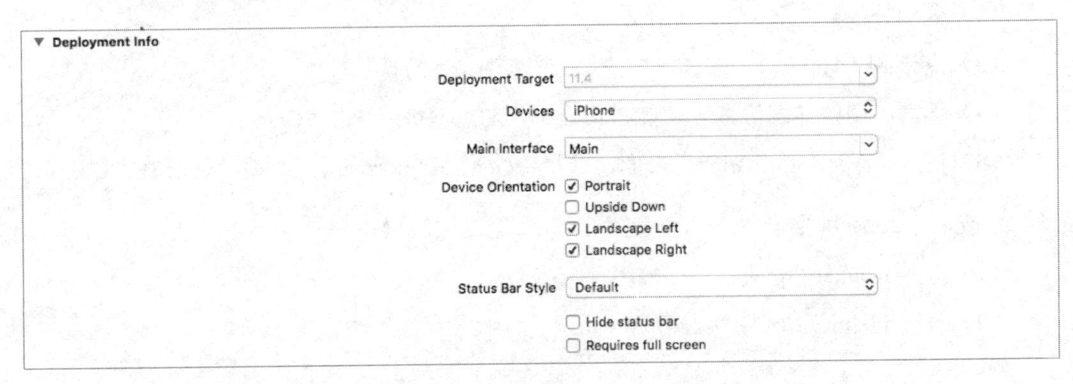

图 9-25

3. 添加应用程序图标并生成 release 版本

（1）在 Runner 文件夹中选择“Assets.xcassets”。使用自己的图标更换默认图标。

（2）通过命令行，在工程根目录下运行 flutter build ios 创建 release 版本。对于 Xcode 8.3 以下的版本，为了确保 Xcode 刷新 release 模式配置，我们需要重新打开 Xcode workspace。

4. 配置应用程序版本

（1）打开 Runner.xcworkspace。

（2）选择“Product”→“Scheme”→“Runner”。

（3）选择“Product”→“Destination”→“Generic iOS Device”。

（4）选择“Runner”，设置视图边栏中选择“Runner target”。

（5）设置 Identity 中的 Version，更新为我们要发布的版本号。

（6）设置 Identity 中的 Build 标识，更新为关联 iTunes Connect 上的唯一版本号。因为每次上传都需要这个唯一的 build 号。

5. 创建构建档案并上传到 iTunes Connect。

（1）选择“Product”→“Archive”进行构建档案操作。

（2）在 Xcode Organizer 窗口的边栏中，选择我们的 iOS 应用程序，并选择刚才生成的 build 档案。

（3）点击“Validate ...”上传档案。

（4）档案成功验证后，单击“Upload to App Store …”，便可以在 iTunes Connect 上的应用详情页面中的“Activities”选项卡中查看项目的构建状态了。

（5）一般会在 30 分钟内收到邮件回复，然后就可以在 TestFlight 上发布给测试人员，测试完毕就可以将 release 版本发布到 App Store 了。

6. 发布到 TestFlight

（1）打开 iTunes Connect 页面，点击应用程序详细信息页面的 TestFlight。

（2）在侧边栏上选择“Internal Testing”。

（3）选择我们要发布的 build（测试用），点击“Save”。

（4）添加内部测试人员的电子邮件地址。

更多内容可参阅 https://help.apple.com/xcode/mac/current/#/dev2539d985f。

7. 发布到 App Store

（1）在 iTunes 应用程序的应用程序详情页中选择“Pricing and Availability”，并填写相应信息。

（2）选择状态，如果是第一个版本，则选择状态为 1.0 Prepare for Submission。

（3）点击“Submit for Review”。

（4）当 App Store 完成审核后会通知我们，并根据我们设置的发布设定进行发布。

更多的内容可参阅 https://help.apple.com/xcode/mac/current/#/dev067853c94。

第 10 章 Weex、PWA 和快应用

前面的章节介绍了 React Native、Flutter 等跨平台的开发技术，也介绍了小程序这一种应用形态。新技术层出不穷，那么还有哪些技术值得我们关注呢？本章将介绍 Weex 这种类似 React Native 的跨平台开发方式，以及 PWA、快应用这两种应用形态。

10.1 Weex

前面介绍了 React Native 这种跨平台开发方式，前端开发者通过此项技术能够很方便地参与到移动应用的开发中。但由于 React 这一技术栈学习曲线陡峭，对于初学者并不是十分友好。那么有没有更加简单容易上手的跨平台开发框架呢？阿里巴巴（下面简称阿里）给出了一个较好的答案——Weex。本节将简单介绍 Weex 这种开发方式，然后搭建环境，开始创建 Hello World。

10.1.1 Weex 简介

Weex 是阿里在 2016 年开源的一个跨平台框架，其官方定义如下：

Weex 是一个使用 Web 开发体验来开发高性能原生应用的框架。

我们可以这样理解：这个框架能够让我们使用 Web 技术来开发高性能移动应用。很重要的一个特点是能够跨平台，开发者可以使用 JavaScript 像编写 Web 页面一样来编写 App 界面。而同一份代码既能在 Android 和 iOS 上运行，又是一个 Web 界面，这样就做到了“Write Once, Run Everywhere”。Weex 的另一个特点是可以实现动态更新，Weex 文件编译成 JS bundle 后，可以预下发或通过网络下载的方式存放在客户端。客户端的 JavaScript 引擎就会解析执行对应的 JS bundle。通过网络下发、客户端解析执行这样的方式就实现了移动应用的动态更新。总的说来，Weex 具备三个特点：Web 技术栈开发、跨平台和动态更新。

10.1.2 Weex 基础知识

Weex 应用需要依赖前端框架来编写，比如 Vue。我们就以.vue 文件来说明 Weex 的开发流程。

（1）使用 Weex 支持的标签及 CSS 样式规则编写 Vue 页面。

（2）Native：使用 weex-loader 处理.vue 文件，生成对应 Native 端的 JS。

（3）Native：引入 WeexSDK，做对应的初始化操作，然后把打包出来的 weex.js 本地引入或以在线方式引入，Native 端的页面就展示出来了。

Weex 提供了一套基础的内置组件。开发者可以对这些基础组件进行封装、组合形成自己的组件，也可以自定义全新组件来充分发挥系统的能力。内置组件主要如下：

- <a>组件用于实现页面间的跳转。
- <div>是通用容器。
- <text>将文本按照指定的样式渲染出来。
- <image>用来显示单个图片。
- <list>是提供垂直列表功能的核心组件。
- <input>是用来创建接收用户输入字符的输入组件。
- <scroller>是一个容纳子组件进行横向或竖向滚动的容器组件。
- <loading>为容器提供上拉加载功能。
- <video>组件用于在页面中嵌入视频内容。

此外对于那些不依赖于 UI 组件的功能，Weex 将它们包装成多个模块。在前端代码中，使用 weex.requireModule('xxx')引入一个模块，之后就可以调用它提供的各种方法。以下是主要的几种模块：

- <stream>模块提供了基本的网络请求能力，例如 GET 请求、POST 请求等，用于在组件的生命周期内与服务端进行交互。
- <navigator>通过前进或回退按钮来切换页面。

- <clipboard>用于获取、设置剪切板内容。
- <animation>模块可以用来在组件上执行动画。

以上简单介绍了 Weex 内置的基本组件和模块。我们也可以自定义组件及模块，将 App 特有的功能包装成自定义模块提供给前端调用。需要注意的是，由于平台本身的差异，可能同样的组件在不同的平台表现出不同的效果。

10.1.3 Weex 项目之 Hello World

程序员的学习都是从 Hello World 开始的，而 Hello World 则是从环境搭建开始的。下面我们也按照这个步骤来学习 Weex，从环境搭建开始学习。下面开始安装 Weex 相关的工具，weex-toolkit 是官方提供的一个脚手架命令行工具。可以使用它进行 Weex 项目的创建、调试及打包等操作。安装命令如下：

```
npm install weex-toolkit -g
```

安装后可以输入 weex help 查看是否安装成功，安装 Weex 的环境后，还需要安装另外的工具。weex-toolkit 是针对单个 Weex 页面的，将 Weex 文件打包成 JS Bundle 文件后，可以将文件预先存放在移动端，或者通过服务端下发来完成部署。

如果需要初始化一个完整的 App 工程，即包含 Android 和 iOS 的整个 App 部分，则需要安装 Weex-pack。这个工具能结合相应平台的打包工具最终打包成一个 Android App 和一个 iOS App。安装 Weex-pack 的命令如下：

```
npm install -g weexpack
```

新建项目，则需要使用下面这种 Weexpack 的方式。输入以下命令新建项目：

```
weex create yugangtalk
```

随后会进入创建项目的过程，在输入项目相关的信息之后，会下载相关的依赖。安装成功后的界面如图 10-1 所示。

另外打包等与平台相关的功能，Weex 只是调用 Android 或 iOS 的开发工具进行编译和打包等，即为了能编译打包成功，PC 上需要安装特定平台的开发工具。创建项目成功后的项目结构如图 10-2 所示。

```
Success! Created yugangtalk at F:\TODO\Weex\yugangtalk

Inside that directory, you can run several commands:


  npm start
  Starts the development server for you to preview your weex page on browser
  You can also scan the QR code using weex playground to preview weex page on native

  npm run dev
  Open the code compilation task in watch mode

  npm run ios
  (Mac only, requires Xcode)
  Starts the development server and loads your app in an iOS simulator

  npm run android
  (Requires Android build tools)
  Starts the development server and loads your app on a connected Android device or emulator

  npm run pack:ios
  (Mac only, requires Xcode)
  Packaging ios project into ipa package

  npm run pack:android
  (Requires Android build tools)
  Packaging android project into apk package

  npm run pack:web
  Packaging html5 project into `web/build` folder

  npm run test
  Starts the test runner

To get started:

  cd yugangtalk
  npm start

Enjoy your hacking time!
```

图 10-1

名称	修改日期	类型	大小
configs	2018/9/9 17:14	文件夹	
node_modules	2018/9/9 17:42	文件夹	
platforms	2018/9/9 17:14	文件夹	
plugins	2018/9/9 17:14	文件夹	
src	2018/9/9 17:14	文件夹	
test	2018/9/9 17:14	文件夹	
web	2018/9/9 17:14	文件夹	
.babelrc	2018/9/9 17:14	BABELRC 文件	1 KB
.eslintignore	2018/9/9 17:14	ESLINTIGNORE	1 KB
.eslintrc.js	2018/9/9 17:14	JetBrains WebSt	1 KB
.postcssrc.js	2018/9/9 17:14	JetBrains WebSt	1 KB
android.config.json	2018/9/9 17:14	JSON 文件	1 KB
ios.config.json	2018/9/9 17:14	JSON 文件	1 KB
package.json	2018/9/9 17:14	JSON 文件	3 KB
README.md	2018/9/9 17:14	Markdown File	1 KB
webpack.config.js	2018/9/9 17:14	JetBrains WebSt	1 KB

图 10-2

至此，Hello World 的完整项目就创建成功了。我们要编辑的文件都会放在 src 中，假设现在已经编辑完成，通过 npm install 命令安装依赖的第三方 JS 包后，就可以通过下面的命令来快速预览效果：

```
npm start
```

在编译成功后会打开浏览器网页，这时可以通过 Weex playground app 来预览在移动端的效果。但现在还不能打包，因为现在 platforms 目录下还是空的，还需要添加平台相关的应用模板。官方的模板默认支持 Weex bundle 调试，输入以下命令安装模板：

```
weexpack platform add android
```

iOS 对应的模板如下：

```
weexpack platform add ios
```

安装完模板后才可以打包应用，打包的命令如下：

```
npm run android
```

在连接上手机后，APK 就会顺利安装，至此我们的 Hello World 就真正运行起来了。效果如图 10-3 所示。

图 10-3

10.2 PWA

10.1 节介绍了 Weex 这种跨平台的开发方式。这个开发方式极大提升了原生应用开发的效率，能做到一次编写、到处运行。这种方式开发出来的应用还是属于原生应用。那么除了原生应用，有没有其他能够更加高效地触达用户的应用形态呢？本节我们将介绍 PWA。

10.2.1 PWA 简介

传统的 Web 应用在智能手机上也存在诸多限制：比如手机入口不够便捷，只能通过 URL 来访问；比较依赖网络等。虽然 Web 应用具有始终保持更新、跨平台、开发成本低等优势。但和原生的移动应用相比并不占优，如果想扮演更加重要的角色，则 Web 技术需要进化。PWA 便是谷歌等厂商给出的答案。

PWA（Progressive Web App）翻译成中文是渐进式网页应用，这是 Web 开发技术的一部分。PWA 可以认为是在传统的 Web 应用的基础上进行了拓展，通过引入 Service worker 和 manifest 等模块，增强传统 Web 应用的功能。增强的功能包括以下几点：

（1）传统 Web 应用运行在浏览器上，使用路径较长。而 PWA 可以被添加到主屏幕，显著缩短了用户的使用路径。

（2）传统 Web 应用不具备在离线情况下的能力，而 PWA 可以在离线情况下运行。

（3）传统 Web 应用没有消息推送，而 PWA 能够接受消息推送。

PWA 使 Web 开发者能够创建快速、可靠和吸引人的网站应用。PWA 具备如下特点：

- 响应式，适应任何环境，包括 PC、手机。
- 独立于网络连接，具备离线能力，且可以在弱网下使用。
- 持续更新，应用能始终保持更新。
- 渐进式，能让任何人使用，能在任何浏览器运行，以渐进增强为目的。
- 可安装，可以被添加到手机桌面。
- 可再次访问，通过推送通知等特点能让用户轻易再次访问。

这是 Web 开发者构建网站方式的一种转变，允许我们快速构建能够适应复杂多变的网络环境甚至是无网络环境，允许我们能够以较低的开发成本、跨平台的方式构建类似原生的应用。PWA 技术给 Web 应用媲美原生应用提供了可能。

10.2.2 PWA 基础知识

PWA 可以通过普通的 Web 技术构建，PWA 应用可以认为是在传统 Web 的基础上增加了功能。典型的 PWA 应用包括 manifest 和 Service Worker 等这些模块，以及 HTML、JS 等普通的网页文件。这里简单介绍 manifest 和 Service Worker。mainifest 包含网站相关的信息，包括图标、主题和方向等，这个文件将影响添加到手机主屏幕的效果。典型的 manifest 文件的内容如下：

```
{
  "name": "yugangtalk PWA demo",
  "short_name": "hello PWA",
  "start_url": "./index.html",//应用启动时的 URL
  "theme_color": "#00ff8b",
  "background_color": "#00ff8b",
  "display": "standalone",
  "icons": [//桌面图标
    {
      "src": "./images/news-144.png",
      "sizes": "144X144",
      "type": "image/png"
    },
    {
      "src": "./images/news-192.png",
      "sizes": "192X192",
      "type": "image/png"
    }
  ]
}
```

注释中列出了 mainifest 中各字段的含义，添加到桌面后的属性由 manifest 文件来定义，而被添加到主屏幕的操作则由支持 PWA 的浏览器提供支持。

Service Worker 是 PWA 的核心，是一个高度可编程、异常灵活且强大的 API。这个 API 是应用实现离线功能的关键，Service Workers 就像介于服务器和网页之间的拦截器，能够拦截进出的 HTTP 请求，从而完全控制你的网站，如图 10-4 所示。

图 10-4

Service Worker 是用 JavaScript 编写的，但和标准的 JavaScript 文件存在少许差异，Service Worker 具有如下几个特点：

- 运行在它自己的全局脚本上下文中；
- 不绑定到具体的网页；
- 无法访问 DOM，无法修改网页的元素；
- 只能使用 HTTPS。

Service worker 具备自己的生命周期，其生命周期包含如下阶段：下载、安装、激活。

（1）下载——浏览器下载包含 Service Worker 相关代码的 JS 文件。

（2）安装——即在 JavaScript 代码中对其进行注册。

（3）激活——安装完之后下一步即激活，该步骤是操作之前缓存资源的绝佳时机。这时 Service Worker 准备就绪，随时可以使用。

下面我们来看一个 Service Worker 的基础示例，假设创建了一个 Service Worker 的文件，命名为 ServiceWorker.js，我们可以在 HTML 界面引用它。下面是 HTML 中使用 Service Worker 的简单示例。

```
<html>
<head> The PWA demo project</head>
<body>
    <script>
    if ('serviceWorker' in navigator) { // 检查浏览器是否支持 service worker
        navigator.serviceWorker.register('/ServiceWorker.js').then
(function (registration) {
            //注册成功
            console.log('Service worker register succ');
        }).catch(function (err) {
            //注册失败
            console.log('Service worker register failed ');
        });
    }
    </script>
</body>
</html>
```

在代码中，首先会检测浏览器是否支持 Service Worker，如果支持，就会使用 register()函数去注册。该函数会通知浏览器下载 Service Worker 文件。如果注册成功，就会执行 Service Worker

的相关函数。

介绍完 Service Worker 的概念之后，我们来看看它具备哪些功能。前文提到 PWA 具备离线缓存及快速启动的特点，下面我们将会看到这两个特点是如何通过 Service Worker 实现的。以下代码是一个具体的 Service Worker 示例。

```
var cacheName = 'helloWorld';
self.addEventListener('install', event => {//安装阶段
  event.waitUntil( //确定安装所需的时间及是否安装成功
    caches.open(cacheName)
    .then(cache => cache.addAll([// 开始缓存
      './js/script.js',
      './images/hello.png'
    ]))
  );
});

self.addEventListener('fetch', function(event) { //fetch 事件的监听
  event.respondWith(
    caches.match(event.request)//传入的请求 URL 是否找到缓存中存在的内容
    .then(function(response) {
      if (response) {
        return response; //如果有 response，则不再请求网络
      }
      return fetch(event.request);//否则通过网络获取
    })
  );
});
```

在安装阶段，我们可以将可能用到的资源先缓存起来，以便后续访问。缓存准备好后，我们就可以访问其中的资源。让 Service Worker 监听 fetch 事件，这样就能通过 Service Worker 来控制请求。如果缓存命中，则从本地缓存中返回，否则还是从网络上请求。通过监听 fetch 事件和拦截的机制，一方面能加快访问速度，另一方面可以在离线网络情况下提供部分功能。

10.2.3 PWA 项目之 Hello World

前面介绍了 PWA 的概念和基础知识，本节将构建 HelloPWA 的 PWA 应用。首先创建一个 HelloPWA 的文件夹，然后准备一张（120×120）像素的图片，作为应用图标。接着依次创建如

下文件：index.html、main.css、manifest.json 和 sw.js 文件。创建 index.html 文件：

```
<!DOCTYPE html>
<html lang="en">
<head>
  <meta charset="UTF-8">
  <title>Hello PWA</title>
  <meta  name="viewport"  content="width=device-width,  user-scalable=no,
initial-scale=1.0, maximum-scale=1.0, minimum-scale=1.0">
  <link rel="stylesheet" href="main.css">
  <link rel="manifest" href="manifest.json">
</head>
<body>
  <h3>Hello PWA</h3>
</body>
<script>
  //检测浏览器是否支持 SW
  if(navigator.serviceWorker != null){
    navigator.serviceWorker.register('sw.js')
    .then(function(registartion){
      console.log('支持 sw:',registartion.scope)
    })
  }
</script>
</html>
```

mainfest.json 文件的内容如下：

```
{
  "name": "一个 PWA 示例",
  "short_name": "PWA 示例",
  "start_url": "/index.html",
  "display": "standalone",
  "background_color": "#fff",
  "theme_color": "#3eaf7c",
  "icons": [
    {
      "src": "/youhun.jpg",
```

```
        "sizes": "120x120",
        "type": "image/png"
      }
    ],
  }
```

sw.js 的内容如下：

```
importScripts("https://storage.googleapis.com/workbox-cdn/releases/3.1.0
/workbox-sw.js");
var cacheStorageKey = 'minimal-pwa-1'
var cacheList=[
  '/',
  'index.html',
  'main.css',
  'youhun.jpg'
]
self.addEventListener('install',e =>{
  e.waitUntil(
    caches.open(cacheStorageKey)
    .then(cache => cache.addAll(cacheList))
    .then(() => self.skipWaiting())
  )
})
self.addEventListener('fetch',function(e){
  e.respondWith(
    caches.match(e.request).then(function(response){
      if(response != null){
        return response
      }
      return fetch(e.request.url)
    })
  )
})
self.addEventListener('activate',function(e){
  e.waitUntil(
    //获取所有 cache 名称
    caches.keys().then(cacheNames => {
      return Promise.all(
```

```
        //获取所有不同于当前版本名称cache下的内容
        cacheNames.filter(cacheNames => {
          return cacheNames !== cacheStorageKey
        }).map(cacheNames => {
          return caches.delete(cacheNames)
        })
      )
    }).then(() => {
      return self.clients.claim()
    })
  )
})
```

为了让Service Worker在网站正常运行，需要通过HTTPS来提供服务。不过在开发的时候，可以在本地PC上通过localhost提供的页面来执行操作。此外还可以通过ngrok来启动服务，ngrox可以临时地将一个本地的Web网站部署到外网。

下面通过http-server和ngrok（https）进行调试。ngrok的安装比较简单，安装http-server的命令如下：

```
npm install http-server -g
```

然后在项目目录下执行如下命令：

```
http-server -c-1  //-c-1命令会关闭缓存
```

还需要开启另外一个终端，在ngrok文件的目录下执行如下命令：

```
./ngrok http 8080 //http-server默认开启8080端口
```

服务启动成功后的结果如图10-5所示。

```
Session Status                online
Session Expires               7 hours, 19 minutes
Version                       2.2.8
Region                        United States (us)
Web Interface                 http://127.0.0.1:4040
Forwarding                    http://1a0cca2e.ngrok.io -> localhost:8080
Forwarding                    https://1a0cca2e.ngrok.io -> localhost:8080

Connections                   ttl     opn     rt1     rt5     p50     p90
                              7       0       0.01    0.01    7.12    8.96

HTTP Requests
-------------
```

图10-5

这时用浏览器打开 HTTPS 对应的网址，就可以看到 PWA 应用正常运行起来了。

10.3 快应用

前面介绍了 PWA 作为新的 Web 技术，能够实现 Web 应用接近原生应用的功能，这是 Web 技术的进步。本节介绍 Android 上一种新的应用形态，也能够实现类似原生应用的功能。

10.3.1 快应用简介

在 2018 年 3 月 20 日，国内十家手机厂商共同举办了“快应用”标准启动发布会，这标志着快应用作为一种形态正式登上舞台。官方介绍快应用的目的是“为用户提供更好的用户体验，结合开发者扶持、多平台资源流量整合，实现一个统一、完整、健康的移动应用生态圈”。

（1）快应用是基于手机硬件平台的新型应用形态，标准是由主流手机厂商组成的快应用联盟联合制定的。

（2）快应用标准的诞生将在研发接口、能力接入、开发者服务等层面建设标准平台，以平台化的生态模式对个人开发者和企业开发者全品类开放。

（3）快应用具备传统 App 完整的应用体验，无须安装、即点即用。

这是官方对快应用的定义，快应用与手机系统深度整合。用户可以在多种情况下，无须下载即可访问快应用，从而获得更好的服务体验。因为手机厂商的支持，快应用就具有小程序、Web 应用等不具备的能力：比如厂商的流量支持、使用路径短、性能表现好、功能完整等特点。

一种典型的使用场景如下：用户在手机应用商店搜索饿了么，搜索出饿了么的 App 和快应用。不同的是快应用后面有个秒开的标志，如图 10-6 所示。当用户选择秒开的快应用后，快应用即从应用商店打开。当用户准备退出时，就会提示用户是否添加图标到桌面。

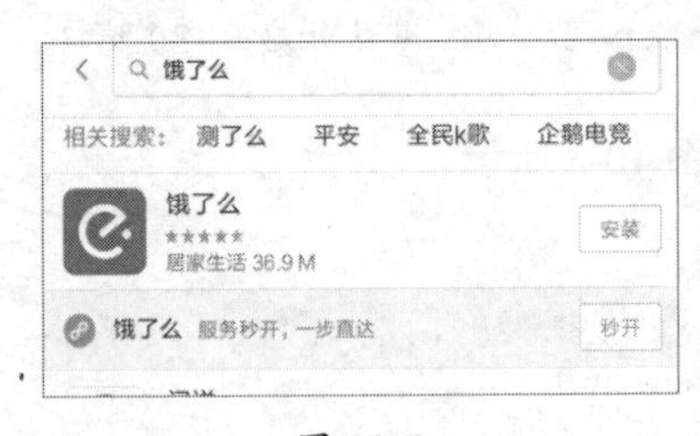

图 10-6

10.3.2 快应用基础知识

快应用由一个 manifest.json 和多个页面/组件 UX 文件组成。manifest.json 文件中定义应用描述、功能权限声明、系统配置和页面路由等信息；页面/组件 UX 文件中完成单个页面或组件的具体实现，包括 UI 模板、样式单、数据定义和回调事件处理等。

manifest.json 文件中包含应用描述、接口声明、页面路由信息。典型的 manifest 文件的内容如下：

```
{
  "package": "com.application.demo", //包名，确认与原生应用的包名不一致
  "name": "yugangtalk",
  "versionName": "1.0.0",
  "versionCode": "1",
  "minPlatformVersion": "101",
  "icon": "/Common/logo.png", //应用图标
  "features": [//接口列表，绝大部分接口都需要在这里声明，否则不能调用
    { "name": "system.prompt" },
    { "name": "system.router" },
    { "name": "system.shortcut" }
  ],
  "permissions": [
    { "origin": "*" }
  ],
  "config": {
    "logLevel": "off"
  },
  "router": {//定义页面的组成和相关配置信息
    "entry": "Demo",
    "pages": {// 定义单个页面路由信息
      "Demo": {
        "component": "index" //页面对应的组件名，与 UX 文件名保持一致
      },
      "DemoDetail": {
        "component": "index"
      },
      "About": {
        "component": "index"
      }
    }
  },
  "display": {//定义与 UI 显示相关的配置
```

```
    "titleBarBackgroundColor": "#f2f2f2",
    "titleBarTextColor": "#414141",
    "menu": true,
    "pages": {
      "Demo": { //各个页面的显示样式
        "titleBarText": "示例页",
        "menu": false
      },
      "DemoDetail": {
        "titleBarText": "详情页"
      },
      "About": {
        "menu": false
      }
    }
  }
}
```

页面和自定义组件均通过 UX 文件编写，UX 文件由 template 模板、style 样式和 script 脚本三部分组成，一个典型的页面 UX 文件示例如下：

```
<template>
  <div class="demo-page">
    <image id="icon" src="{{icon}}"></image>
    <text id="name">{{name}}</text>
    <text id="desc">{{desc}}</text>
    <div class="detail detail-first">
      <text class="detail-title">服务类型</text>
      <text class="detail-content">{{serviceType}}</text>
    </div>
  </div>
</template>

<style>
  .demo-page {
    flex-direction: column;
    align-items: center;
  }
```

```
  #icon {
    margin-top: 90px;
    width: 134px;
    height: 134px;
    border-radius: 10px;
    border: 1px solid #8d8d8d;
  }

  .btn {
    width: 550px;
    height: 86px;
    margin-top: 75px;
    border-radius: 43px;
    background-color: #09ba07;
    font-size: 30px;
    color: #ffffff;
  }
</style>

<script>
  export default {
    protected: {
      name: null,
      icon: null
    },
    private: {
      desc: '即点即用，秒安装',
      serviceType: '工具类',
      subjectInfo: 'xxx有限公司',
      copyright: ''
    },
    onInit () {
      this.$page.setTitleBar({ text: this.name })
    },
    createShortcut () {
      this.$app.$def.createShortcut()
    }
```

```
  }
</script>
```

快应用使用前端技术栈开发，原生渲染，同时具备 HTML5 页面和原生应用的双重优点。具备的接口能力包括以下几类：

- 常用组件，包括基础组件、高阶组件及自定义组件。
- 系统能力，包括文件读写、硬件能力和图形能力。
- 第三方服务，包括支付、分享和登录。
- 平台服务，包括账号、支付、推送和统计等。

这些功能的具体使用比较简单，可以参考官方的示例和教程。快应用具备的系统能力及第三方服务等能力，使得快应用比小程序和 Web 应用更加贴近原生应用。

10.3.3 快应用项目之 Hello World

介绍完快应用之后，下面就开始搭建环境，然后创建一个 Hello World。快应用使用的开发工具是 hap-toolkit，下面是安装 hap-toolkit 的命令：

```
npm install -g hap-toolkit
```

在命令行中执行 hap -V 会输出版本信息，表示 hap-toolkit 安装成功，接下来需要安装调试应用。快应用调试器是一个 Android 应用，需要从网上下载，准备完毕后我们就开始创建 Hello World。

首先通过全局 hap 命令创建一个项目模板，命令如下所示。

```
hap init <ProjectName>
```

其中<ProjectName>为自定义的项目名称，如 hap init yugangtalk。命令执行后，会在当前目录下创建<ProjectName>文件夹，作为项目根目录。这个项目已经包含项目配置与示例页面的初始代码，项目的主要结构如下：

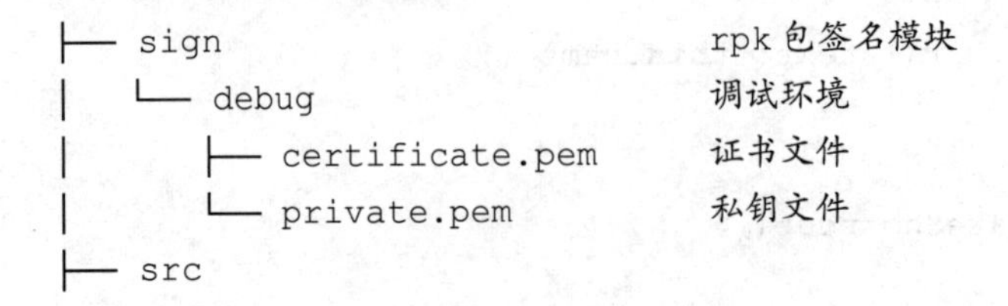

```
│   ├── Common               公用的资源和组件文件
│   │   └── logo.png         应用图标
│   ├── Demo                 页面目录
│   │   └── index.ux         页面文件，可自定义页面名称
│   ├── app.ux               App 文件，可引入公共脚本、暴露公共数据和方法等
│   └── manifest.json        项目配置文件，配置应用图标、页面路由等
└── package.json             定义项目需要的各种模块及配置信息
```

接下来，通过如下命令安装模块：

```
npm install
```

安装完之后，通过下面的命令编译项目：

```
npm run build
```

编译打包成功后，项目根目录下会生成文件夹：build、dist。

- build：临时产出，包含编译后的页面 JS、图片等。
- dist：最终产出，包含 rpk 文件。其实是将 build 目录下的资源打包并压缩为一个文件，后缀名为 rpk，这个 rpk 文件就是项目编译后的最终产出。

编译出 rpk 文件后，就可以使用前面安装的调试器应用进行调试。安装快应用有两种方式，一种是将 rpk 文件放到手机存储里面，然后使用快应用调试器本地安装。另一种是通过在线更新，这种适合开发时调试，步骤如下：

- 在项目目录下通过 npm run server 命令启动本地服务器。
- 连上手机 adb 后，打开调试器应用，选择在线更新即可安装快应用。

快应用 demo 运行效果如图 10-7 所示。

至此，Hello World 就成功运行起来了。

2018 年 9 月，官方提供了快应用的 IDE。用 IDE 可以更加方便开发调试，读者可以在快应用开发者论坛下载使用。

图 10-7

10.4 小结

本章首先介绍了 Weex 开发方式，Weex 既可以跨平台开发原生移动应用，又能够动态更新。随后介绍了 PWA，PWA 能够被添加到主屏幕，又具备离线能力，提供接近原生应用的体验。最后介绍了手机厂商推出的快应用这一应用形态，快应用只能在 Android 手机上运行，但具备 Web 应用和原生应用的优点，做到即点即用，且体验和原生应用类似。

随着用户尝试安装新 App 的次数越来越少，下载使用应用更多是由场景驱动的，比如要打车，就使用滴滴。那么如何让更多用户来使用应用，就需要结合场景来使用各种技术开发应用。有能力的公司，多种形态的应用都应该开发，这样才能触及最多的用户，才能最好地服务用户。一种合理的使用场景是新用户或轻度用户使用小程序、快应用等，稳定用户或重度用户使用原生应用。从公司角度考虑，技术应该被用来更好地服务用户，同时各项技术的发展，让我们在技术选型和平台策略上有了更充分的选择。